老男孩教育
oldboyedu.com

跟老男孩学 Python

PROGRAMMING WITH PYTHON

Python 编程基础

视频讲解版

老男孩 策划

Alex 武沛齐 王战山 编著

人 民 邮 电 出 版 社

北 京

图书在版编目（CIP）数据

Python编程基础 : 视频讲解版 / Alex, 武沛齐, 王战山编著. -- 北京 : 人民邮电出版社, 2020.4
ISBN 978-7-115-52438-6

Ⅰ. ①P… Ⅱ. ①A… ②武… ③王… Ⅲ. ①软件工具—程序设计 Ⅳ. ①TP311.561

中国版本图书馆CIP数据核字(2019)第240646号

内容提要

本书共 7 章，从编程语言介绍到面向对象再到最后的综合练习，由浅入深展开。主要内容包括：Python 发展历史与编程环境搭建、Python 编程基础知识、Python 基础数据类型、函数、模块、面向对象编程、综合案例——学生选课系统。

为提升学习效果，书中结合实际应用提供了大量的案例进行说明和训练，并配以完善的学习资料和支持服务，包括教学 PPT、教学大纲、源码、教学视频、配套软件等，为读者带来全方位的学习体验。

◆ 编　　著　Alex　武沛齐　王战山
责任编辑　刘　博
责任印制　王　郁　陈　犇

◆ 人民邮电出版社出版发行　　北京市丰台区成寿寺路 11 号
邮编　100164　　电子邮件　315@ptpress.com.cn
网址　http://www.ptpress.com.cn
北京虎彩文化传播有限公司印刷

◆ 开本：787×1092　1/16
印张：23　　　　　　　　2020 年 4 月第 1 版
字数：481 千字　　　　　2024 年 7 月北京第 4 次印刷

定价：59.80 元

读者服务热线：(010)81055256　印装质量热线：(010)81055316
反盗版热线：(010)81055315
广告经营许可证：京东市监广登字 20170147 号

前　言

我不止一次地听到一个问题："为什么选择 Python？"这真是个有趣的问题！千百人有千百样的回答。

几年前，当我在看《集装箱改变世界》之前，我也不曾想到，集装箱这个看似简单的发明，却极大地加速了全球化进程，使全球商业迸发出无穷的发展潜力。而在全球化的商业市场中，互联网早已成为不可替代的主角。我们每个人都能通过互联网这个平台，发布自己的产品，服务全球。当然，我们首先要选择一个趁手的工具——编程语言，来打造产品，而想要在成百上千的编程语言中选择出趁手的那个可要费一番功夫。幸好，市场帮助我们做出了选择。最开始市场选择了 C，后来出现了 Java，而现在，市场更青睐的是 Python！

现在，如果要问在这个"市场"中最重要的是什么？我会毫不犹豫地回答，是数据。几年前，在说起超级市场时，大家首先想到的是沃尔玛，正如美国的商业周刊在 2003 年的一篇封面报道《沃尔玛是否过于强大?》所言，"这个来自阿肯色州本顿维尔小镇的商业巨人变得势不可挡时，它在市场上所能搅动的巨大声浪将不可想象……"然而，到了 2016 年 1 月，沃尔玛对外宣布将在全球关闭 269 家店铺。为何如日中天的沃尔玛会业务萎缩？正是互联网电商的节节高歌给这个巨人来了一次迎头痛击！而受益最大的无疑是亚马逊。在亚马逊上位的过程中，除了优化物流等方面，它还与"沃尔玛们"毫无疑问地打了一场"关于大数据的军备竞赛"，凭借积累的数量相当可观的用户信息，亚马逊甚至能随时根据市场行情与消费者的偏好调整网站上百万种产品的价格，这种操作离不开各种算法（比如定价算法）与海量的数据分析。而其中，大量的算法使用是取胜的关键，通过对数据（用户信息、浏览记录、购买记录）的分析，可以使商品的定价更合理，推送的商品更贴合用户的口味（比如会根据用户的浏览及购买记录生成推荐商品），投放的广告更加精准。而伴随着人工智能的出现，在目前最火的机器学习中，正是海量的数据为这些算法提供了更多的参照，最终让这些算法模型更加智能。为了收集用户相关的数据，有些公司甚至提供免费的服务，可见数据的重要性。而现在，无论是人工智能还是数据分析，都离不开 Python，市场再一次选择了 Python！

当所有的"矛头"都指向 Python 时，老男孩教育能做些什么呢？老男孩创始人早在 2007 年就创办老男孩教育，并联合优秀的行业精英，如 Alex 老师（国内优秀的 Python 推广者），武沛齐老师（老男孩 Python 学科带头人）等，为行业提供优质的新鲜血液。老男孩教育不仅在国内推广 Python，建立首家为国内市场提供 Python 人才的培训基地，还采用与高校、企业合作，搭建相关的网站等方式，致力于让更多的人享受到 Python 带来的便利。

在教学和推广中，不断地探索新经验、新理念的同时，我也发现，虽然 Python 已经足够简洁，但它毕竟是一门编程语言，在我初次接触 Python 时，依然感到有些许难度。

在教学时，问题的关键不是讲师讲多少，关键的是学生能接受多少，又能记住多少。针对这些问题，我们不断地优化教学方式，对于概念的讲授上更倾向于通过通俗易懂的方式以及案例或故事来展开。并辅以大量的练习题，通过反复练习增加记忆，还希望有一本笔记式的书籍来辅助基础阶段的教学。这也是本书的由来。本书紧贴教学，针对每个知识点都有相应的讲解与示例，并在每个阶段精心设计相应的综合作业，让所有散碎的知识点能串连起来，并辅以相关的视频，增加学生的理解，提高编程能力。

本书相关的视频资源请关注微信公众号“路飞 Python 小课”。读者也可到人邮教育社区（www.ryjiaoyu.com）搜索本书下载视频和其他相关学习资源。

由于编者水平有限，书中难免有疏漏之处，如能得到您的宝贵建议，我们将感激不尽。

王战山

2019 年 12 月

目 录

01

第1章　Python，那些不得不知道的事儿

学习目标

- 了解 Python 的发展和优势。
- 常用操作系统安装 Python 解释器。
- PyCharm 的安装与使用。
- 掌握变量、内存管理、运算符使用。

1.1 编程语言的发展

Python 是一门高级编程语言，那么什么是编程语言？怎么才算高级编程语言呢？

编程语言与汉语、英语一样，都是事物之间沟通的介质，不同之处在于人类语言是人与人之间沟通的介质，而编程语言则是程序员与计算机之间沟通的介质。编程语言的发展经历了从机器语言到汇编语言再到高级语言的过程。

1. 机器语言

计算机工作基于二进制，从根本上说，计算机只能识别和接收 0 和 1 组成的指令（因为计算机只能识别高低电平），机器语言正是使用这种指令进行编程，比如用 1011011000000000 让计算机进行一次加法运算，但这种直接使用二进制数字的编程方式晦涩难懂，不便记忆。

2. 汇编语言

机器语言难以使用，于是人们就想到将英文字母和一些特殊字符绑定为固定的二进制位，人们负责写标识符，然后找个“人”来负责翻译成机器语言，再让计算机去运行，这个“人”，我们称为编译器。我们写标识符，编译器去翻译成机器语言执行，这种编程方式就是汇编语言。这种方式容易记忆，减轻了工作量，但无论是机器语言还是汇编语言，本质都是直接对硬件进行操作，这造成了二者过度依赖具体的硬件特性，或者说更加“贴近”硬件，好处是运行效率非常高，但缺点是需要程序员了解更多关于硬件的操作以及计算机底层的相关知识，学习成本高，编写难度大。

3. 高级语言

编程语言的进化总是不断趋向于编写简单，阅读方便，于是出现了高级语言。高级语言的特点是封装程度更高，“高级”指的是离硬件“距离”较远，并且采用英文单词表示所有语句及指令，用更贴近人类的数学运算过程来描述程序中的运算过程，这使得程序员可以以一种更贴近人类语言的方式进行编程。如使用高级语言 Python 计算 5×2+1 并输出结果，就像我们在写数学计算题一样简单：

```
>>> 5*2+1
11
```

高级语言又有不同的划分，C、C++等属于编译型语言，而 Java、Python 等属于解释型语言。编译型语言与解释型语言编写的程序共同之处在于：最终都需要翻译成二进制代码然后交给计算机去执行。不同之处在于再次运行该程序时：编译型语言可以直接利用第一次编译器编译的二进制结果去运行，即一次编译，多次运行。而解释性语言则是每一次运行都需要一个解释器先将代码从头翻译成二进制代码再去执行。其中，编译器就是把用高级语言编写的程序转换为机器指令的软件，而解释器则是把用高级语言编写的程序一边翻译一边执行的软件。如果选择编译型语言进行开发则需要事先安装好编译器，如果选择解释型语言进行开发则需要事先安装好解释器。毫无疑问，解释型语言编写的程序相对编译型语言编写的程序执行效率要低一些，但是前者的执行，在任何硬件与软件环境下都是从头开始翻译，不依赖于某一个环境，因而可以跨平台执行，而后者的执行则是基于当前的硬件和软件环境编译的结果，放到不同的环境下执行，就有可能会有不同的执行结果，但是我们在编程时注意一些就会避免这类问题。

究竟哪一种高级语言更好呢？首先需要知道的是所有的编程语言都可以用来开发程序让计算机去执行实现某些功能，但针对同一个功能，不同的编程语言所编写的代码量是不同的，C 语言可能用 100 行代码，而 Python 仅仅需要 20 行代码就搞定了。Python 的这种高度封装会使程序的运行效率降低，不过对于部分应用程序影响不大。比如编写一个 FTP 软件下载文件，C 语言代码程序需要 0.001 秒，Python 慢 50 倍需要 0.05 秒，对用户而言 0.001 秒与 0.05 秒的区别是几乎感受不到的。

1.2 Python 的起源

Python 的创立者吉多·范罗苏姆（Guido van Rossum），大家都亲切地称他“龟叔”，是一位荷兰的计算机研究人员，同时对数学有着很深的造诣。早期的个人计算机配置极低，比如内存只有 128KB，随便运行点什么程序内存就被占满了，所以当时程序员所有的关注点都是如何高效地管理硬件来最大化利用内存，这就意味着，编写一个不大的程序都必须耗费大量精力去设计硬件管理，以至于浪费了很多的时间。Guido 希望能有一种语言既可以像 C 语言一样调用所有的计算机功能接口，又可以像 Shell 一样简单地编程。所以 Guido 在 1989 年的圣诞节期间，用 C 语言写出了 Python 的解释器，由于他非常挚爱于一部叫作“Monty Python’s Flying Circus”的生活情景剧，因此将这门全新的语言命名为 Python。因为在此之前曾经参与过 ABC 语言的开发经历，Guido 对于 Python 的设计思想有了很大的提升。与此同时，计算机硬件技术飞速发展，无论是 CPU 主频还是内存大小都有了显著提升，此时因为硬件性能而导致程序执行效率低的问题正在逐渐减少，程序员转而更加关注程序的开发效率，即如何让编程更加简单。从这一点上讲，Python 赶上了一个好时代。

早期，世界上其他 Python 的开发爱好者是通过 maillist 与 Guido 进行交流和建议的，不同领域的 Python 使用者根据自身需求对 Python 功能进行了不同的扩展，他们会把自己改进的模块 maillist 给 Guido，由他来决定是否加入该特性或者模块。但随着 Python 的影响力越来越大，以及互联网兴起带来了更加方便的信息交流途径，于是有了开源这种新的软件开发模式，即通过将程序代码公布到网络上使所有研究人员共同开发、改进。Python 也转为了开源开发，Guido 只负责大的框架的制定，至于实现细节则交给由全世界最优秀的一部分 Python 开发者组成的 Python 社区。Python 有今天的影响力，社区功不可没，但 Guido 对于 Python 仍然具有绝对仲裁权，因而 Guido 也被称为“仁慈的独裁者”。

时至今日，Python 的框架已大致确立。Python 语言的特点是：以对象为核心组织代码（Everything is object），支持多种编程范式（multi-paradigm），采用动态类型（dynamic typing），自动进行内存回收（garbage collection），并能调用 C 语言库进行拓展。

1.3 你问我答了解 Python

1.3.1 编程语言那么多，为什么选择 Python

从设计的哲学上来说，由于 Python 创立者经历过数学方面的专业训练，所以他创立的语言具有高度统一性，语法格式、工具集都具有一致性。从这点不难说明，Python 是工具，它是为了让我们更好地、更快地来达到目的。而其他语言如 Perl 是语言学家创立的，受“There’s more than one way to do it”（有不止一种方法）这种理念影响，Perl 语言有了更大的自由。用这两种语言写相同功能的代码，可能会完全不同。可以想象，自由奔放的后果是，Perl 代码有难以维护、可读性差等一系列问题；而 Python，设计哲学受数学训练的影响，它从语法模型等方面会规范代码，并且 Python 还强调诸如一致性、规则性这些概念，从而促使编写的代码一次编写，长期使用。而这些优点带来的好处可不止一点点：一致性的代码，提高了可读性（记住：你写的代码是给人看的）；可移植，Python 是由 C 语言编写的，可以在目前所有的主流平台上运行，不管是 DOS 还是超算，各平台到处可见 Python 的身影，具体平台如下（不完全）。

（1）Windows 和 DOS。

（2）Linux 和 UNIX。

（3）Mac OS。

（4）OS/2、VMS。

（5）实时操作系统，如 ONX、VxWorks。

（6）超级计算机，如 IBM 大型机、Cary 超算。

（7）移动电话：Windows Mobile 和 Symbian OS。

（8）游戏终端和 iPod。

Python 具有以下两大优点。

1. 简单易用

运行 Python 程序时，只要简单地用 Python 解释器执行就可以了，省略了如 C 语言或 C++等编译型语言编译链接的步骤，这就有了很大向下调整的能力，修改一处，即可见到修改后的效果，这种交互式的体验，更有助于开发人员提高效率。

2. 功能强大

Python 就像游走于光明（脚本语言）和黑暗（系统语言）之中的"现代女侠"，她功力深不可测（丰富的内置对象类型和标准库），招式信手拈来（Python 具有传统脚本语言的简单和易用性，还具有编译型语言才有的高级软件工具），四海皆友（与其他语言的高度黏合），可分身（可移植的特性），她就是你程序开发必备的编程语言。下面就简单地介绍一下她的特点。

（1）功力（丰富的内置对象类型和标准库）。

Python 将常用的数据结构作为语言的组成部分，如字符串（str）、列表（list）、字典（dict）、元组（tuple），在以后的学习中，读者会发现这些数据结构简单、灵活，可以在大型应用中组织很复杂的功能。

（2）招式。

为了让功力（对象类型）发挥得更出色，Python 提供了强大的处理标准操作，如切片（slice）、映射（mapping）、合并（concatenation）、排序（sort）。

除此之外，Python 还提供大量的内置库和第三方库，从正则匹配，到网络，再到 XML、数据库、图像处理、科学计算等，有很多的库供调度，以帮助完成特定的任务。

（3）四海皆友（与其他的语言的高度黏合）。

Python 可以很好地与其他语言黏合，如 Python 通过 C 语言的 API 可以很轻松地调用 C 语言程序，Python 也可调用 Java 的类库。所以，在协作开发方面，可以使程序更加灵活。

（4）可分身。

为了脱离对 Python 解释器的依赖，Python 还能通过 cx_freeze、pyinstaller、py2exe 或其他工具将 Python 程序和相关依赖打包为扩展名为 exe 的文件，从而可以在 Windows 平台上独立运行。

与 Python 相处是一种快乐，可以不用去管指针是什么，不用考虑垃圾回收机制，不用苦恼变量的类型声明。没错，你只要负责把逻辑思维变成一行行代码就行了，在编写代码的过程中，陪伴你最多的往往是

Bug，而 Python 有着比 C 语言和 C++等更多的错误信息处理机制，还有什么比帮你快速处理问题更诱人的事情呢？

Python 涉及领域广泛，简单易上手，不管你从事互联网开发、运维写脚本，或者你是从事科研领域的"大牛"，由于 Python 本身的特性，你将花费比学习别的语言更小的学习成本（无论是时间还是金钱成本）。综上所述，Python 无疑是助你成功的编程利器。

1.3.2 Python 解释器的发行版本

Python 解释器的标准实现是用 C 语言写的 CPython，读取以"py"为扩展名的文件内容，按 Python 解释器的规则执行，实现相应的功能。Python 语言主要有三大发行版本。

1. CPython

CPython 是 Python 的标准版本，无论是在 Python 官网上下载的，还是 Mac OS 和 Linux 上预安装的 Python 都是 CPython，和其他发行版本相比，CPython 运行速度最快，稳定性最高，也是最完整和最健全的。

2. Jython

开发 Jython（原名 JPython）的目的是与 Java 语言集成，Jython 包含 Java 类，这些类编译成 Python 的源代码，形成 Java 的字节码，这些字节码能够映射到 Java 的虚拟机（JVM）上。在 Jython 解释器下，我们仍然可以像往常一样，编写 Python 语句。Jython 主要应用于 Web 开发，建立基于 Java 的 GUI。Jython 具有集成支持功能，能够导入 Python 代码或者引用 Java 的类库，只是目前 Jython 目前还不够健壮，运行速度不如 CPython。

3. IronPython

IronPython 比 CPython 和 Jython 都新，另外 IronPython 和 Jython 为一人（Jim Hugunin）所创，其设计目的是让 Python 程序和 Windows 平台的.NET 框架以及对应的 Linux 上开源的 Mono 应用相结合。IronPython 允许 Python 程序作为客户端或服务器的组件，还可以与其他.NET 的语言进行通信。

4. 其他的发行版本

表 1.1 列举 Python 的其他发行版本。

表 1.1　Python 的其他发行版本

解释器	功能（用途）
PyPy	带有 JIT 编译器的快速 Python 实现
stackless Python	支持微线程的 CPython 分支
MicroPython	在微控制器上运行的 Python
ActiveState ActivePython	商业和社区版本，包括科学计算模块
pythonxy	基于 Qt 和 Spyder 的科学导向 Python 发行版
winPython	适用于 Windows 的可移植的发行版
Conceptive Python SDK	针对商业、桌面和数据库应用程序
Enthought Canopy	科学计算的商业分布
PyIMSL Studio	数字分析的商业分布，免费用于商业用途
Anaconda Python	一个完整的 Python 发行版，用于大数据集的数据管理、分析和可视化
eGenix PyRun	一种可移植的 Python 运行库，包含 stdlib，冻结到一个 3.5MB ~ 13MB 的可执行文件中
PythonAnywhere	freemium 托管的 Python 安装，可以在浏览器中运行 Python，如教程、展示等

1.3.3 Python 的应用

Python 目前在各个领域都有所建树，包括图像处理、数据库、科学计算、游戏开发、工业设计、天文信息处理、密码学、系统运维、化学、生物信息处理、商业支持以及人工智能等。以下列举了国内外的公司对 Python 的应用。

（1）Google 搜索引擎采用 Python 实现。

（2）YouTube 视频分享服务大部分由 Python 编写。

（3）NASA、Los Alamos、Fermilab 使用 Python 实现科学计算任务。

（4）百度的云计算平台 BAE 采用 Python 开发。

（5）网易游戏的服务器端大量设计开发采用 Python。

但我们“小白”学习 Python 之后可以干些什么呢?

（1）Web 开发。Python 著名的 Web 框架有 Django、Flask、Tornado，可以快速搭建 Web 应用。

（2）爬虫。提到爬虫可能就会想到 Python。是的，Python 通过 Scrapy 框架、urllib、re 等各种完备的模块实现爬虫功能。所以，无论是一个简单的爬虫脚本，还是搜索引擎这种重量级的爬虫项目，Python 都能游刃有余地实现。

（3）大数据。Python 有着强大的 numpy、pandas 库，可以轻松助力处理大数据。

（4）人工智能。现在越来越多的人工智能成果服务于我们的生活，而人工智能的首选编程语言是 Python。

未来已来，Python 正在越来越多的方面发挥不可估量的作用，无论想从事什么行业，精研什么领域，Python 都将是你的得力助手。

1.3.4 正视 Python 的不足

就目前而言，Python 在执行速度方面，不如 C 语言和 C++这类编译型语言快。现在 Python 的标准实现方式为先将源代码编译成字节码的形式，再将字节码解释出来，由于字节码是一种与平台无关的格式，所以，字节码具有可移植性，但 Python 目前并没有将代码编译成底层的二进制代码，所以，Python 程序不如 C 语言这样完全编译类的语言快。

但从另一方面来说，程序的类型决定是否需要关注程序的执行速度。经过版本的多次优化，Python 其实已经在多数领域运行速度足够快。除了极端需求，如数值计算和动画处理，需要至少以 C 语言甚至比 C 语言更快的速度来运行，那么要使用 Python 可就要费一番功夫了，如通过分离一些对速度要求高的应用，将其转换成编译好的扩展，Python 再把整个系统串联起来，仍能胜任。

纵然 Python 在执行速度方面有些短板，但 Python 带来的开发效率的提升比速度带来的损失更为重要，而且，Python 作为一门开源、免费、跨平台的解释型高级语言，除了解释执行，还支持将源代码转换为字节码（.pyc 文件）来优化执行速度和对源代码进行保密。

所以，人生苦短，我用 Python。

1.3.5 如何学好 Python

Python 虽然简单易上手，但这并不代表读者就能轻易学好 Python，如果报以轻视之意学习，那么也会遇到花样百出的 bug。作者在不断学习中，发现了一些好的学习工具与方法。

1. 编写博客（博客园、CSDN、GitBook 等）

学习中，无论是老师还是书籍都不可能讲到 Python 的方方面面，众多扩展功能需要大家通过搜索引擎查询。所以，有些问题的查询，知识点的记录和分享以及心得体会都可以写到博客里，这样方便自己的查询，别人写得再好，也不如自己写的博客查询方便。

2. GitHub 的使用

GitHub 是个巨大的知识库，我们可以在上面托管代码，寻找项目。GitHub 更是协同开发的利器，所以要擅于利用 GitHub 上的资源。

3. 官方文档

如果为了解决一个 bug 或是对一个知识点产生了疑惑，而网上各种“独到”见解又让你晕头转向。这个时候，作者建议去官网查文档，因为官网就是标准。

4. 相关网站或论坛

我们在写程序的过程中，伴随我们的永远是 bug，出现了问题怎么办？segmentfault 或者 Stack Overflow 等论坛上或许有需要的答案。

5. 多画流程图（亿图图示、百度脑图、ProcessOn 等）

菜鸟和大神的区别就是从接到一个需求开始，菜鸟在紧张中，堆了无数行的代码，或许实现了。大神呢，先是要需求分析，留有扩展，遇到需求的调整，简单地调试就可以了。改代码的难度要比重写代码的难度还大，所以，我们遇到问题，要先思考，分析需求，在分析的过程中，没有什么方式是比流程图之类的更能将思路捋清了，所以我们要养成“写写画画”的习惯。

6. 拒绝做“野生程序员”，PEP8 规范与自我规范

不得不在此提一下，这个让人沉默的几个字“野生程序员”，是多么伤自尊的讽刺啊！大家都知道，盖楼有盖楼的规范，安装灯泡都要规范。但如果我们只是学习了 Python 的用法，其他的如代码的命名规范、合适的注释这些都不注意，那么，写到最后就会导致自己的代码自己也看不懂，这给程序的后期维护（甚至无法维护）带来了极大的困难。所以，我们在日常的代码编写中，要注意这些问题。Python 是优美的，身为一个资深的（未来资深的）Python 开发者，我们要做到：要么不出手，要么出手就是专业！

1.4 Python 解释器的下载安装

我们日常学习 Python 或者进行开发，一般是在 Windows、Mac OS、Linux 环境下，所以，我们这一节讲一下在各环境下 Python 解释器的下载与安装。

1.4.1 Python for Windows

（1）打开 Python 官网，单击【Downloads】下载，如图 1.1 所示。

（2）在下拉页面选择对应版本：Python 3.5.4，如图 1.2 所示。

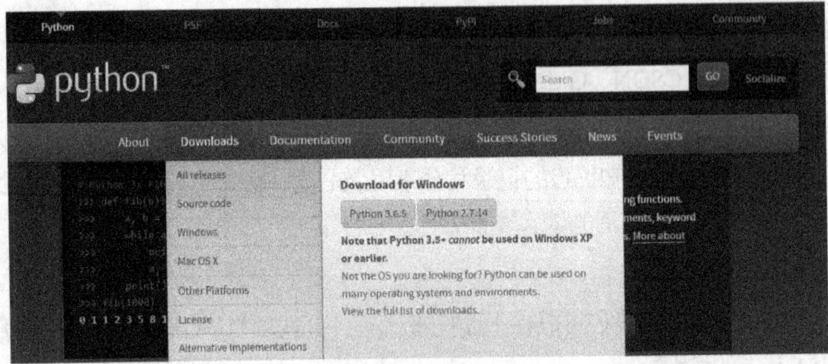

图 1.1　Python 官网

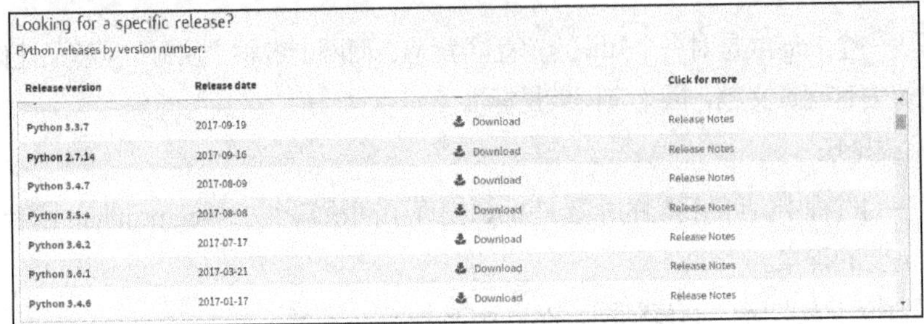

Looking for a specific release?

Python releases by version number:

Release version	Release date		Click for more
Python 3.3.7	2017-09-19	Download	Release Notes
Python 2.7.14	2017-09-16	Download	Release Notes
Python 3.4.7	2017-08-09	Download	Release Notes
Python 3.5.4	2017-08-08	Download	Release Notes
Python 3.6.2	2017-07-17	Download	Release Notes
Python 3.6.1	2017-03-21	Download	Release Notes
Python 3.4.6	2017-01-17	Download	Release Notes

图 1.2　选择对应版本

（3）根据操作系统选择对应的安装包，如图 1.3 所示。

Files

Version	Operating System	Description	MD5 Sum	File Size	GPG
Gzipped source tarball	Source release		2ed4802b7a2a7e40d2e797272bf388ec	20733411	SIG
XZ compressed source tarball	Source release		fb2780baa260b4e51cbea814f111f303	15332320	SIG
Mac OS X 32-bit i386/PPC installer	Mac OS X	for Mac OS X 10.5 and later	18bab8161b162add0a9116d50031b347	26565678	SIG
Mac OS X 64-bit/32-bit installer	Mac OS X	for Mac OS X 10.6 and later	96bf5d47777e8352209f743c06bed555	24874014	SIG
Windows help file	Windows		b9f45923c41b30a683130fdc71f85a99	7532322	SIG
Windows x86-64 embeddable zip file	Windows	for AMD64/EM64T/x64	1b56c67f3c849446794a16189f425f53	6934338	SIG
Windows x86-64 executable installer	Windows	for AMD64/EM64T/x64	4276742a4a75a8d07260f13fe956eec4	29849120	SIG
Windows x86-64 web-based installer	Windows	for AMD64/EM64T/x64	bb2df5d7b7fb7666201ef2cfaad044b3	974328	SIG
Windows x86 embeddable zip file	Windows		3ce7b067ddd9a91bb221351d9370ebe9	6104188	SIG
Windows x86 executable installer	Windows		9693575358f41f452d03fd33714f223f	28932168	SIG
Windows x86 web-based installer	Windows		fd91f7c78fe3a9ad3f270672cecae5d2	949008	SIG

图 1.3　根据操作系统选择安装包

（4）下载完成，如图 1.4 所示。

名称	修改日期	类型	大小
python-3.5.4.exe	2018/3/27 11:08	应用程序	28,255 KB

图 1.4　下载完成的.exe 执行文件

（5）单击 python-3.5.4.exe 文件执行安装。

注意

注意此时我们选择自定义安装（Customize installation），根据需要选择是否勾选添加系统变量（Add Python 3.5 to path），我们考虑到后续我们有可能会再下载其他版本的解释器，那么此时，我们就不用勾选，如图 1.5 所示。

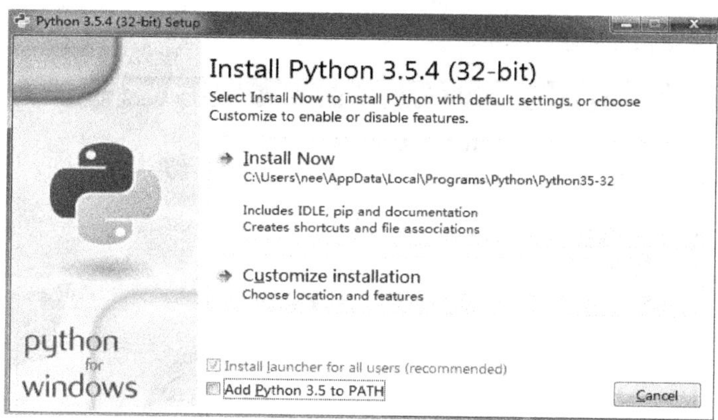

图 1.5　选择自定义安装

（6）单击【Next】，如图 1.6 所示。

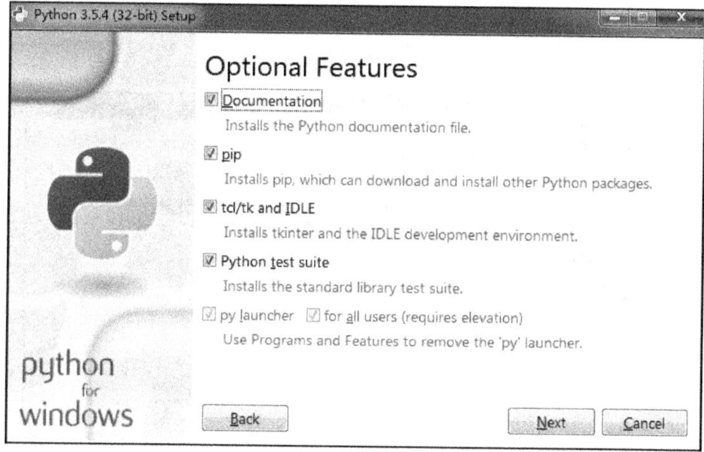

图 1.6　安装选项

（7）高级选项这里，选择为所有用户安装。首先在 C 盘的根目录建立名为 Python35 的文件夹（为什么不选择默认安装？默认安装会让我们以后在目录查询的时候增加麻烦），然后在自定义安装路径中选择我们刚才新建的 Python35 文件夹，单击【Install】执行安装，如图 1.7 所示。

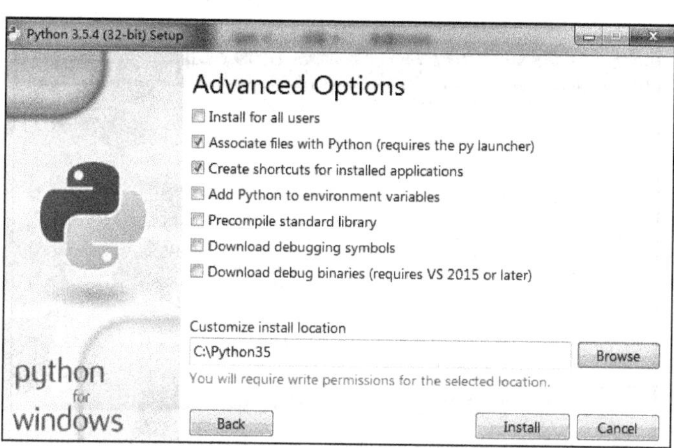

图 1.7　高级选项

（8）正在安装，如图 1.8 所示。

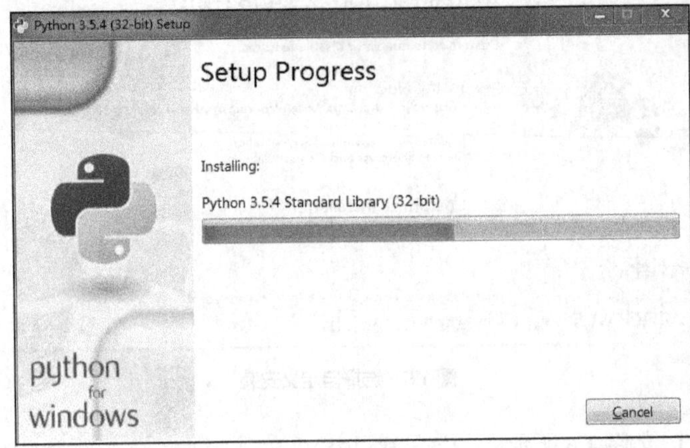

图 1.8　执行安装

（9）安装完成，单击【Close】关闭，如图 1.9 所示。

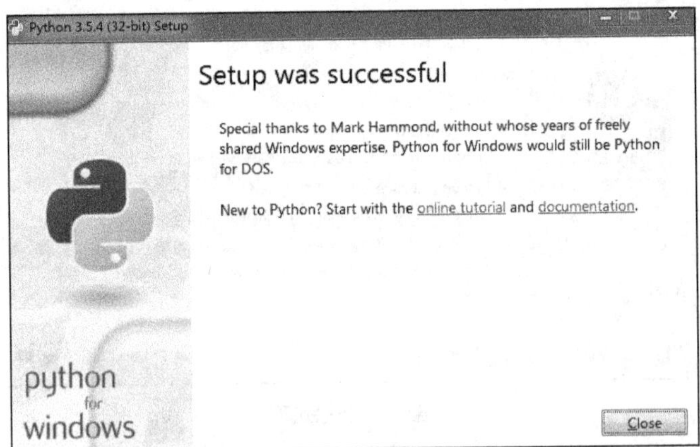

图 1.9　安装完成

（10）添加环境变量。此时打开 C 盘 Python35 文件夹，将 python.exe 复制一份并命名为 python35.exe。如图 1.10 所示。

图 1.10　Python 安装目录

（11）打开 Scripts 文件夹，将 pip.exe 复制一份并重命名为 pip35.exe 文件，如图 1.11 所示。

图 1.11　重命名文件

（12）在【计算机】上单击鼠标右键选择【属性】→【高级系统设置】→【环境变量】，如图 1.12 所示。

（13）单击环境变量，找到系统变量下面的【Path】，单击【编辑】将 Python35 文件夹路径和其下面的 Scripts 文件夹路径复制到【变量值】内，路径之间用英文状态下的分号隔开，如图 1.13 所示。

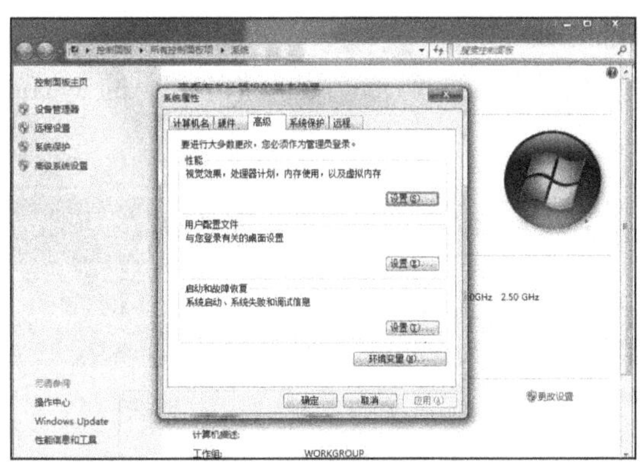
图 1.12　添加环境变量

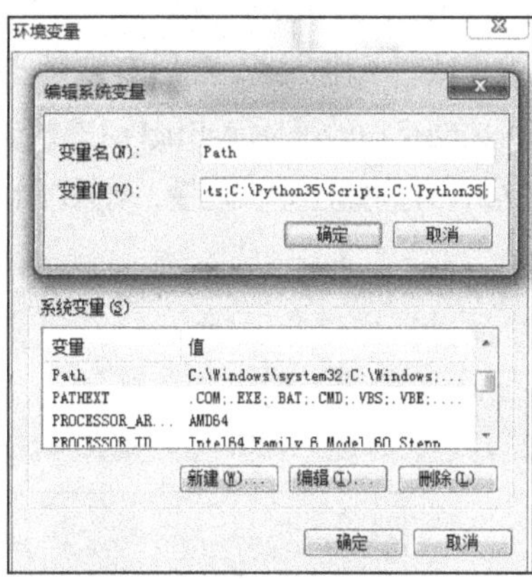

图 1.13　添加环境变量路径

（14）测试是否添加成功，打开 cmd 命令窗口，输入“python -V”，出现如图 1.14 所示返回的“Python 3.5.4”说明安装成功。

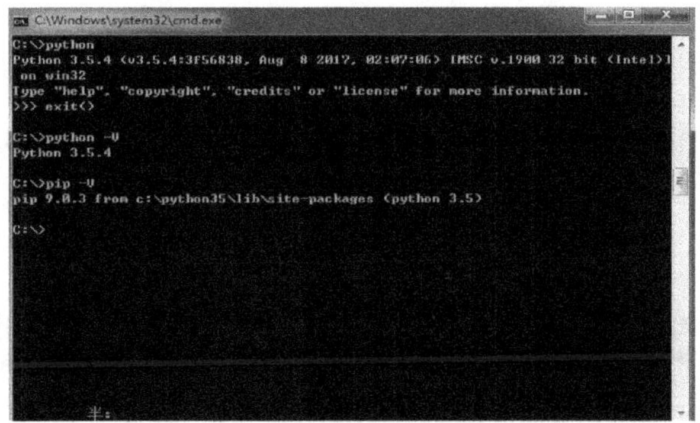

图 1.14　测试是否添加成功

提示

如果只是在电脑上安装这一个版本的解释器，那么在上述步骤的步骤（5），就可以勾选添加环境变量，但是，这不利于后期学习。作者在学习的过程中，至少用到了两个版本的解释器，初学者在多版本共存的设置中，或多或少会出现各种问题。按照上述的步骤安装，可以解决多版本共存的问题。

知识扩展

什么是多版本共存？根据需要，我们可能在同一个设备上，既使用 Python 3，又要使用 Python 2，那么在使用的过程中，不管是在 Windows 系统还是 Linux 系统亦或是 Mac OS 都要面对多版本共存这个问题。

1.4.2 Python for Linux

Linux 家族发行版本众多，但是 CentOS 凭借稳定、高效、开源、免费而占有一席之地，很多公司的程序在部署时都选择 CentOS 作为服务器。CentOS 一般我们初学者常用的有 GNOME 桌面版和服务器端最小安装的命令行版。我们接下来演示 Python 在 CentOS 系统下的安装，这里默认已安装好了 GNOME 桌面版的 CentOS，并且能连上网。

至于 CentOS 如何获取和安装，由于篇幅限制，这里不再多表，网上很多资源。可下载一个虚拟机（VMware）或者云服务器，然后安装 CentOS 来练习用。

（1）桌面空白处鼠标单击鼠标右键选中【打开终端】，切换到 root 用户，保留默认的 Python 版本为 Python 2.7.5，并为此建立软连接，如图 1.15 所示。

```
[nee@bogon ~]$ su root
密码：
[root@bogon nee]# mv /usr/bin/python2.7 /usr/bin/python2.7.5
[root@bogon nee]# ln -s /usr/bin/python2.7.5 /usr/local/bin/python2.7.5
```

```
nee@bogon:/home/nee
文件(F) 编辑(E) 查看(V) 搜索(S) 终端(T) 帮助(H)
[nee@bogon ~]$ su root
密码：
[root@bogon nee]# mv /usr/bin/python2.7 /usr/bin/python2.7.5
[root@bogon nee]# ln -s /usr/bin/python2.7.5 /usr/local/bin/python2.7.5
[root@bogon nee]# vim /usr/bin/yum
[root@bogon nee]# vim /usr/libexec/urlgrabber-ext-down
[root@bogon nee]#
```

图 1.15 建立默认的 Python 解释器软连

（2）修改 yum 依赖，将 CentOS 的 yum 关于 Python 依赖指向我们刚才创建的软连接上。

```
[root@bogon nee]# vim /usr/bin/yum
[root@bogon nee]# vim /usr/libexec/urlgrabber-ext-down
```

更改内容，由：

```
#! /usr/bin/python
```

更改为：

```
#! /usr/bin/python2.7.5
```

如图 1.16 所示。

```
nee@bogon:/home/nee
文件(F) 编辑(E) 查看(V) 搜索(S) 终端(T) 帮助(H)
root@bogon nee]# vim /usr/bin/yum
root@bogon nee]# vim /usr/libexec/urlgrabber-ext-down
root@bogon nee]# 
```

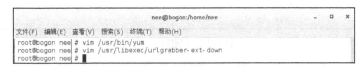

图 1.16 更改 yum 依赖

提示 进入编辑页面时，可按【A】键进入编辑模式，编辑完按【Esc】键，然后按【Shift+:】组合键，再按【wq】保存并退出，如图 1.17 和图 1.18 所示。

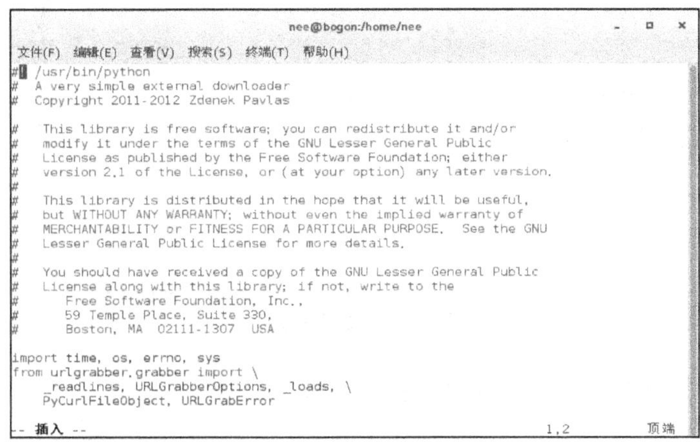

图 1.17 编辑文件头

```
nee@bogon:/home/nee
文件(F) 编辑(E) 查看(V) 搜索(S) 终端(T) 帮助(H)
#! /usr/bin/python2.7.5
#  A very simple external downloader
#  Copyright 2011-2012 Zdenek Pavlas

#   This library is free software; you can redistribute it and/or
#   modify it under the terms of the GNU Lesser General Public
#   License as published by the Free Software Foundation; either
#   version 2.1 of the License, or (at your option) any later version.
#
#   This library is distributed in the hope that it will be useful,
#   but WITHOUT ANY WARRANTY; without even the implied warranty of
#   MERCHANTABILITY or FITNESS FOR A PARTICULAR PURPOSE.  See the GNU
#   Lesser General Public License for more details.
#
#   You should have received a copy of the GNU Lesser General Public
#   License along with this library; if not, write to the
#      Free Software Foundation, Inc.,
#      59 Temple Place, Suite 330,
#      Boston, MA  02111-1307  USA

import time, os, errno, sys
from urlgrabber.grabber import \
    _readlines, URLGrabberOptions, _loads, \
    PyCurlFileObject, URLGrabError

:wq
```

图 1.18 保存并退出

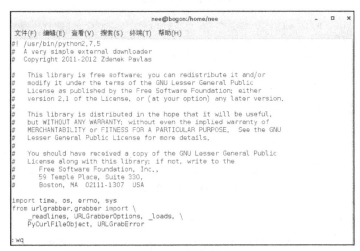

（3）通过上面两步，我们解决了 yum 的问题，下面我们准备编译环境，安装相关依赖，如图 1.19 所示，在执行安装过程中，遇到提示选择时，输入 y 继续，如图 1.20 所示。

```
1. [root@bogon nee]# yum groupinstall 'Development Tools' && yum install zlib-devel bzip2-devel openssl-devel ncurses-devel sqlite-devel readline-devel && yum -y epel-release
```

```
nee@bogon:/home/nee
文件(F) 编辑(E) 查看(V) 搜索(S) 终端(T) 帮助(H)
[root@bogon nee]# yum groupinstall 'Development Tools' && yum install zlib-devel bzip2-devel openssl-devel ncurses-devel sqlite-devel readline-devel && yum -y epel-release
```

图 1.19　下载相关依赖

```
nee@bogon:/home/nee
文件(F) 编辑(E) 查看(V) 搜索(S) 终端(T) 帮助(H)
 perl-srpm-macros          noarch      1-8.el7                base        4.6 k
 subversion-libs           x86_64      1.7.14-11.el7_4        updates     921 k
 systemtap-client          x86_64      3.1-5.el7_4            updates     3.7 M
 systemtap-devel           x86_64      3.1-5.el7_4            updates     2.0 M
为依赖而更新:
 dyninst                   x86_64      9.3.1-1.el7            base        3.5 M
 gettext                   x86_64      0.19.8.1-2.el7         base        1.0 M
 gettext-libs              x86_64      0.19.8.1-2.el7         base        501 k
 glibc                     x86_64      2.17-196.el7_4.2       updates     3.6 M
 glibc-common              x86_64      2.17-196.el7_4.2       updates      11 M
 libgcc                    x86_64      4.8.5-16.el7_4.2       updates      98 k
 libgomp                   x86_64      4.8.5-16.el7_4.2       updates     154 k
 libstdc++                 x86_64      4.8.5-16.el7_4.2       updates     301 k
 rpm                       x86_64      4.11.3-25.el7          base        1.2 M
 rpm-build-libs            x86_64      4.11.3-25.el7          base        104 k
 rpm-libs                  x86_64      4.11.3-25.el7          base        275 k
 rpm-python                x86_64      4.11.3-25.el7          base         81 k
 systemtap-runtime         x86_64      3.1-5.el7_4            updates     394 k

事务概要
================================================================================
安装  25 软件包 (+29 依赖软件包)
升级           ( 13 依赖软件包)

总下载量：106 M
Is this ok [y/d/N]: y
```

图 1.20　安装相关依赖

（4）切换目录，下载 Python 解释器的 tar 包，如图 1.21 所示。

```
[root@bogon nee]# cd /usr/local/src/
[root@bogon src]# wget https://www.python.org/ftp/python/3.5.4/Python-3.5.4.tar.xz && wget https://www.python.org/ftp//2.7.14/Python-2.7.14.tar.xz && wget --no-check-certificate https://github.com/pypa/pip/archive/9.0.3.tar.gz && wget https://bootstrap.pypa.io/get-pip.py
[root@bogon src]# tar -xvJf Python-3.5.4.tar.xz && tar -xvJf Python-2.7.14.tar.xz && tar -zxvf 9.0.3.tar.gz
```

```
nee@bogon:/usr/local/src
文件(F) 编辑(E) 查看(V) 搜索(S) 终端(T) 帮助(H)
[root@bogon nee]# cd /usr/local/src/
[root@bogon src]# wget https://www.python.org/ftp/python/3.5.4/Python-3.5.4.tar.xz && wget https://www.python.org/ftp/python/2.7.14/Python-2.7.14.tar.xz && wget --no-check-certificate https://github.com/pypa/pip/archive/9.0.3.tar.gz && wget https://bootstrap.pypa.io/get-pip.py
```

图 1.21　下载 Python 相关的 tar 包

解压 tar 包，如图 1.22 所示。

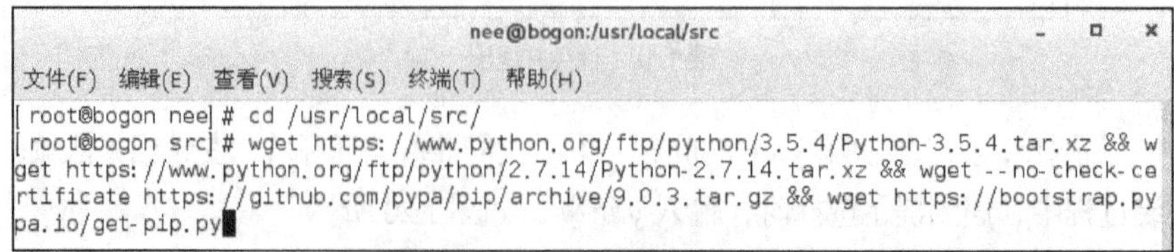

```
nee@bogon:/usr/local/src
文件(F) 编辑(E) 查看(V) 搜索(S) 终端(T) 帮助(H)
[root@bogon nee]# cd /usr/local/src/
[root@bogon src]# wget https://www.python.org/ftp/python/3.5.4/Python-3.5.4.tar.xz && wget https://www.python.org/ftp/python/2.7.14/Python-2.7.14.tar.xz && wget --no-check-certificate https://github.com/pypa/pip/archive/9.0.3.tar.gz && wget https://bootstrap.pypa.io/get-pip.py
```

图 1.22　解压下载好的 tar 包

（5）切换目录，分别执行 Python 2 和 Python 3 的安装，先执行 Python 2 的安装，如图 1.23、图 1.24

所示。

```
[root@bogon src]# cd Python-2.7.14/
[root@bogon Python-2.7.14]# ./configure --prefix=/usr/local/python/python35- -enable-optimizations
[root@bogon Python-2.7.14]# make && make install
```

```
nee@bogon:/usr/local/src/Python-2.7.14
文件(F) 编辑(E) 查看(V) 搜索(S) 终端(T) 帮助(H)
[root@bogon src]# cd Python-2.7.14/
[root@bogon Python-2.7.14]# ./configure --prefix=/usr/local/python/python35 --enable-optimizations
```

图 1.23　配置最优安装

```
nee@bogon:/usr/local/src/Python-2.7.14
文件(F) 编辑(E) 查看(V) 搜索(S) 终端(T) 帮助(H)
[root@bogon Python-2.7.14]# make && make install
```

图 1.24　安装 Python 2 解释器

Python 2 安装完毕，开始建立软连接。首先，检查一下是否存在失效的软连接，如果有，则删除，不然妨碍我们建立自己的软连接，如图 1.25 所示。

```
[root@bogon Python-2.7.14]# ll /usr/bin/python*
lrwxrwxrwx. 1 root root    7 4月   4 05:04 /usr/bin/python -> python2
-rwxr-xr-x. 1 root root 7136 11月  6 2016 /usr/bin/python2.7.5
[root@bogon Python-2.7.14]# rm -rf /usr/bin/python
[root@bogon Python-2.7.14]# ln -s /usr/local/python/python27/bin/python2 /usr/bin/python2
```

```
nee@bogon:/usr/local/src/Python-2.7.14
文件(F) 编辑(E) 查看(V) 搜索(S) 终端(T) 帮助(H)
[root@bogon Python-2.7.14]# ll /usr/bin/python*
lrwxrwxrwx. 1 root root    7 4月   4 05:04 /usr/bin/python -> python2
-rwxr-xr-x. 1 root root 7136 11月  6 2016 /usr/bin/python2.7.5
[root@bogon Python-2.7.14]# rm -rf /usr/bin/python
[root@bogon Python-2.7.14]# ln -s /usr/local/python/python27/bin/python2 /usr/bin/python2
```

图 1.25　删除无效的软连接

接下来开始 Python 3 的安装，切换到 Python 3 的目录，执行安装，如图 1.26、图 1.27 所示。

```
[root@bogon Python-2.7.14]# cd ../Python-3.5.4/
[root@bogon Python-3.5.4]# ./configure  --prefix=/usr/local/python/python35 --enable-optimizations
[root@bogon Python-3.5.4]# make && make install
```

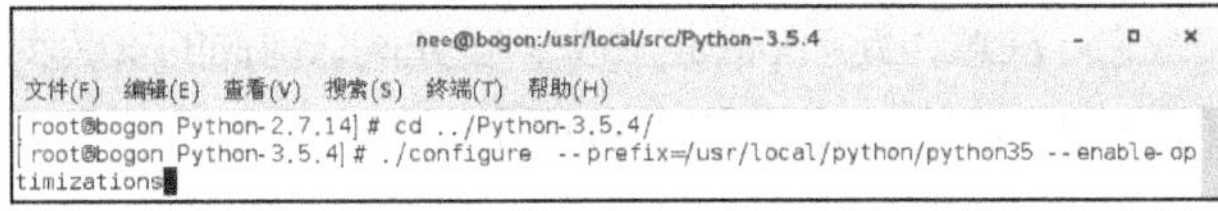

图 1.26　配置最优安装

图 1.27　安装 Python3 解释器

建立软连接，由于在建立 Python2 软连接的时候，我们已经删除了无效的软连接，这里我们不需要删除了，如图 1.28 所示。

```
[root@bogon Python-3.5.4]# ll /usr/bin/python*
lrwxrwxrwx. 1 root root   38 4月   8 18:26 /usr/bin/python2 -> /usr/local/python/python27/bin/python2
-rwxr-xr-x. 1 root root 7136 11月  6 2016 /usr/bin/python2.7.5
[root@bogon Python-3.5.4]# ln -s /usr/local/python/python35/bin/python3 /usr/bin/python
[root@bogon Python-3.5.4]# ln -s /usr/local/python/python35/bin/python3 /usr/bin/python3
```

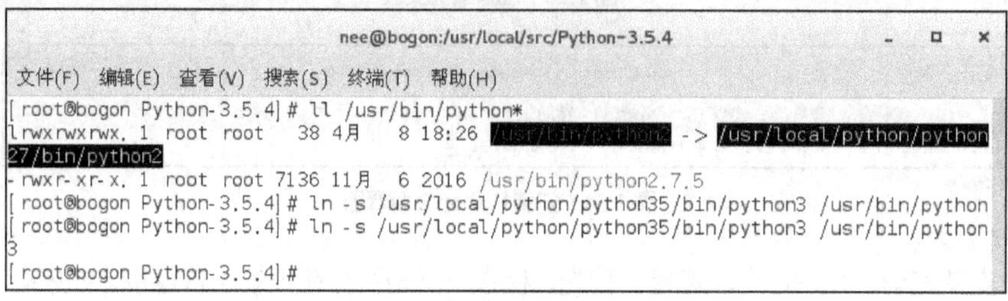

图 1.28　查看是否存在无效软连接

检查是否安装成功。出现图 1.29 所示界面表示已经安装成功了。

```
[root@bogon Python-3.5.4]# python -V
Python 3.5.4
[root@bogon Python-3.5.4]# python3 -V
Python 3.5.4
[root@bogon Python-3.5.4]# python2 -V
Python 2.7.14
```

```
nee@bogon:/usr/local/src/Python-3.5.4
文件(F) 编辑(E) 查看(V) 搜索(S) 终端(T) 帮助(H)
[root@bogon Python-3.5.4]# python -V
Python 3.5.4
[root@bogon Python-3.5.4]# python3 -V
Python 3.5.4
[root@bogon Python-3.5.4]# python2 -V
Python 2.7.14
[root@bogon Python-3.5.4]#
```

图 1.29　测试是否安装成功

（6）接下来配置各自的 pip，由于在下载、解压解释器的时候，一并把 pip 包也下载了，所以现在执行 Python3 的 pip 配置，查看并切换到 pip-9.0.3 的目录，此目录为 Python3 的 pip 包目录，get-pip.py 为 Python2 的 pip 文件，我们稍后安装它。注意，到了 pip 这一步，首先确认前面的安装步骤没问题，不然这里 pip 将无法配置。然后开始配置 Python3 的 pip，如图 1.30 所示。

```
[root@bogon Python-3.5.4]# ls /usr/local/src/ && cd ../pip-9.0.3/
9.0.3.tar.gz  pip-9.0.3      Python-2.7.14.tar.xz   Python-3.5.4.tar.xz
get-pip.py    Python-2.7.14  Python-3.5.4
[root@bogon pip-9.0.3]# python3 setup.py install
```

```
nee@bogon:/usr/local/src/pip-9.0.3
文件(F) 编辑(E) 查看(V) 搜索(S) 终端(T) 帮助(H)
[root@bogon Python-3.5.4]# ls /usr/local/src/ && cd ../pip-9.0.3/
9.0.3.tar.gz  pip-9.0.3      Python-2.7.14.tar.xz  Python-3.5.4.tar.xz
get-pip.py    Python-2.7.14  Python-3.5.4
[root@bogon pip-9.0.3]# python3 setup.py install
```

图 1.30　切换目录并执行安装

配置 Python 3 的 pip 软连接，如图 1.31 所示。

```
[root@bogon pip-9.0.3]# ln -s /usr/local/python/python35/bin/pip /usr/bin/pip
[root@bogon pip-9.0.3]# ln -s /usr/local/python/python35/bin/pip /usr/bin/pip3
```

```
nee@bogon:/usr/local/src
文件(F) 编辑(E) 查看(V) 搜索(S) 终端(T) 帮助(H)
[root@bogon pip-9.0.3]# ln -s /usr/local/python/python35/bin/pip /usr/bin/pip
[root@bogon pip-9.0.3]# ln -s /usr/local/python/python35/bin/pip /usr/bin/pip3
```

图 1.31　配置 Python 3 的软连接

安装 Python 2 的 pip 并建立软连接，如图 1.32 所示。

```
[root@bogon pip-9.0.3]# cd .. && ls
9.0.3.tar.gz  pip-9.0.3      Python-2.7.14.tar.xz  Python-3.5.4.tar.xz
get-pip.py    Python-2.7.14  Python-3.5.4
[root@bogon src]# python2 get-pip.py
[root@bogon src]# ln -s /usr/local/python/python27/bin/pip2 /usr/bin/pip2
```

```
nee@bogon:/usr/local/src
文件(F) 编辑(E) 查看(V) 搜索(S) 终端(T) 帮助(H)
[root@bogon pip-9.0.3]# cd .. && ls
9.0.3.tar.gz  pip-9.0.3      Python-2.7.14.tar.xz  Python-3.5.4.tar.xz
get-pip.py    Python-2.7.14  Python-3.5.4
[root@bogon src]# python2 get-pip.py
Collecting pip
  Downloading pip-9.0.3-py2.py3-none-any.whl (1.4MB)
    100% |████████████████████████████████| 1.4MB 334kB/s
Collecting setuptools
  Downloading setuptools-39.0.1-py2.py3-none-any.whl (569kB)
    100% |████████████████████████████████| 573kB 215kB/s
Collecting wheel
  Downloading wheel-0.31.0-py2.py3-none-any.whl (41kB)
    100% |████████████████████████████████| 51kB 4.5MB/s
Installing collected packages: pip, setuptools, wheel
Successfully installed pip-9.0.3 setuptools-39.0.1 wheel-0.31.0
[root@bogon src]# ln -s /usr/local/python/python27/bin/pip2 /usr/bin/pip2
[root@bogon src]#
```

图 1.32　安装并配置 Python 2 的软连接

（7）下面做最终测试。如果显示图 1.33 所示界面，那么说明成功了。

注意

如果下载的 pip 版本不是最新的，那么可以选择升级，以免以后安装模块的时候出现相关问题。

```
[root@bogon src]# python -V
Python 3.5.4
[root@bogon src]# python3 -V
Python 3.5.4
[root@bogon src]# python2 -V
Python 2.7.14
[root@bogon src]# pip -V
pip 9.0.3 from /usr/local/python/python35/lib/python3.5/site-packages/pip-9.0.3-py3.5.egg (python 3.5)
```

```
[root@bogon src]# pip3 -V
pip 9.0.3 from /usr/local/python/python35/lib/python3.5/site-packages/pip-9.0.3-py3.5.egg (python 3.5)
[root@bogon src]# pip2 -V
pip 9.0.3 from /usr/local/python/python27/lib/python2.7/site-packages (python 2.7)
[root@bogon src]# pip2 install --upgrade pip
Requirement already up-to-date: pip in /usr/local/python/python27/lib/python 2.7/site-packages
[root@bogon src]# pip3 install --upgrade pip
Requirement already up-to-date: pip in /usr/local/python/python35/lib/python 3.5/site-packages/pip-9.0.3-py3.5.egg
```

```
nee@bogon:/usr/local/src
文件(F) 编辑(E) 查看(V) 搜索(S) 终端(T) 帮助(H)
[root@bogon src]# python -V
Python 3.5.4
[root@bogon src]# python3 -V
Python 3.5.4
[root@bogon src]# python2 -V
Python 2.7.14
[root@bogon src]# pip -V
pip 9.0.3 from /usr/local/python/python35/lib/python3.5/site-packages/pip-9.0.3-py3.5.egg (python 3.5)
[root@bogon src]# pip3 -V
pip 9.0.3 from /usr/local/python/python35/lib/python3.5/site-packages/pip-9.0.3-py3.5.egg (python 3.5)
[root@bogon src]# pip2 -V
pip 9.0.3 from /usr/local/python/python27/lib/python2.7/site-packages (python 2.7)
[root@bogon src]# pip2 install --upgrade pip
Requirement already up-to-date: pip in /usr/local/python/python27/lib/python2.7/site-packages
[root@bogon src]# pip3 install --upgrade pip
Requirement already up-to-date: pip in /usr/local/python/python35/lib/python3.5/site-packages/pip-9.0.3-py3.5.egg
[root@bogon src]#
```

图1.33　测试pip是否安装成功

至此，我们在 CentOS 下，成功地安装了双版本 Python 解释器，并且设置了默认的解释器和 pip 包管理工具。

小结

对我们小白来说，在 CentOS 下配置 Python 解释器，会遇到很多问题，但在按照上面的教程安装时，一定要注意此时在什么目录下执行什么命令，如果是在虚拟机下安装的 CentOS，记得安装前拍快照，这样出现错误了还可以恢复，切记。

1.4.3　Python for Mac OS

Mac OS 系统基于 UNIX，所以跟 CentOS 一样已经默认有 Python 2，但避免使用时跟系统造成冲突，我们在使用 Python 时选择自行下载安装，接下来就演示如何安装 Python 解释器。

（1）打开 Python 官网，下载 Mac 版本的解释器，如图 1.34、图 1.35 所示。

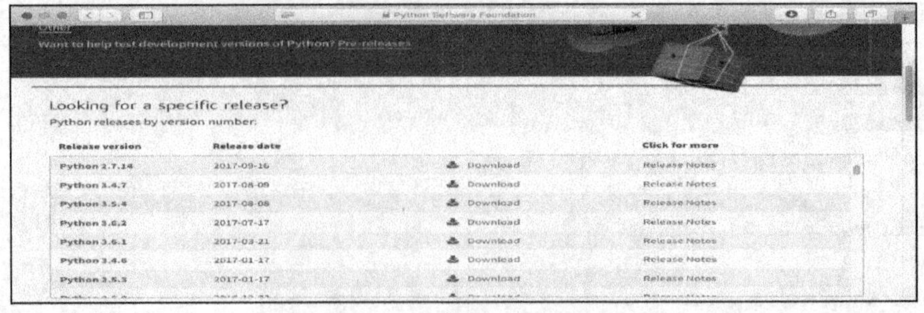

图 1.34　官网下载 Python 解释器

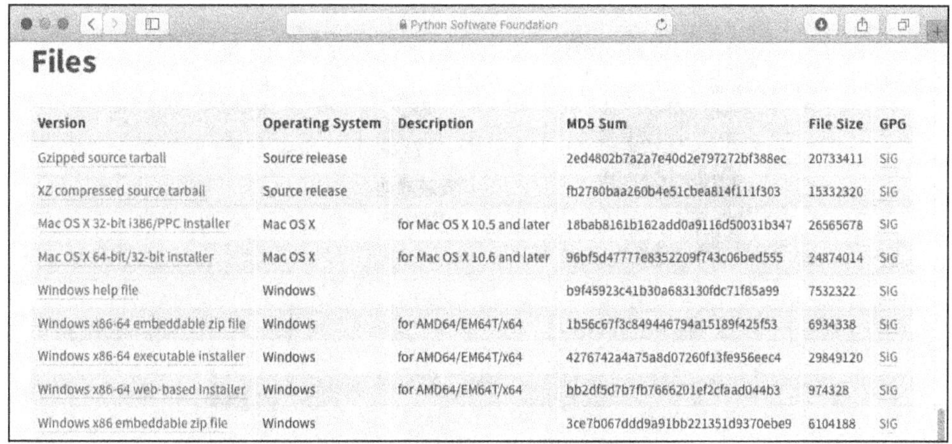

Files

Version	Operating System	Description	MD5 Sum	File Size	GPG
Gzipped source tarball	Source release		2ed4802b7a2a7e40d2e797272bf388ec	20733411	SIG
XZ compressed source tarball	Source release		fb2780baa260b4e51cbea814f111f303	15332320	SIG
Mac OS X 32-bit i386/PPC installer	Mac OS X	for Mac OS X 10.5 and later	18bab8161b162add0a9116d50031b347	26565678	SIG
Mac OS X 64-bit/32-bit installer	Mac OS X	for Mac OS X 10.6 and later	96bf5d47777e8352209f743c06bed555	24874014	SIG
Windows help file	Windows		b9f45923c41b30a683130fdc71f85a99	7532322	SIG
Windows x86-64 embeddable zip file	Windows	for AMD64/EM64T/x64	1b56c67f3c849446794a15189f425f53	6934338	SIG
Windows x86-64 executable installer	Windows	for AMD64/EM64T/x64	4276742a4a75a8d07260f13fe956eec4	29849120	SIG
Windows x86-64 web-based installer	Windows	for AMD64/EM64T/x64	bb2df5d7b7fb7666201ef2cfaad044b3	974328	SIG
Windows x86 embeddable zip file	Windows		3ce7b067ddd9a91bb221351d9370ebe9	6104188	SIG

图 1.35　选择与 Mac 对应的解释器

（2）单击.pkg 文件执行安装，如图 1.36 所示。

（3）阅读许可并同意，如图 1.37、图 1.38 所示。

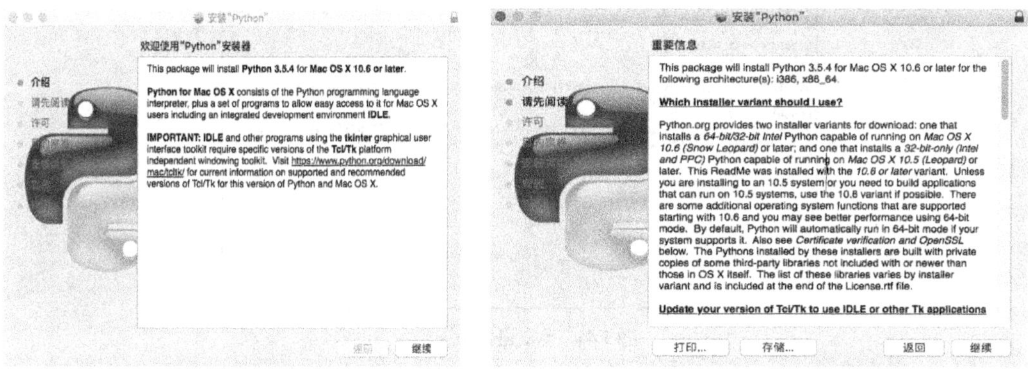

图 1.36　执行安装

图 1.37　阅读重要信息

（4）接下来选择默认安装即可，输入密码验证，开始执行安装，如图 1.39 所示。

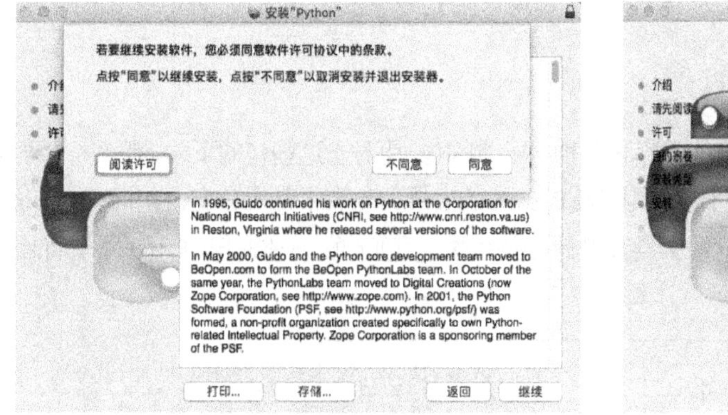

图 1.38　阅读许可并选择继续

图 1.39　选择默认安装

（5）安装成功，如图 1.40 所示。

图 1.40　安装完成

（6）打开终端，进行测试，如图 1.41 所示。

```
Last login: Mon Apr  9 20:21:04 on ttys000
bogon:~ nee$ python2 -V
Python 2.7.14
bogon:~ nee$ python -V
Python 2.7.14
bogon:~ nee$ python3 -V
Python 3.5.4
bogon:~ nee$ pip -V
pip 9.0.1 from /Library/Frameworks/Python.framework/Versions/2.7/lib/python2.7/site-packages (python 2.7)
bogon:~ nee$ pip3 -V
pip 9.0.1 from /Library/Frameworks/Python.framework/Versions/3.5/lib/python3.5/site-packages (python 3.5)
bogon:~ nee$
```

图 1.41　测试是否安装成功

Python 3 和 Python 2 安装方法一致。

1.4.4　让人爱不释手的 pip

Python 最让人喜欢的就是它有丰富的类库和各种第三方的包，而对于这些包的下载、删除等管理操作，就要用到包管理工具。而 Python 的包管理工具随着 Python 的发展，也有了几个分支，包括 easey_install、setuptools、pip、distribute，那么这些管理工具都是什么关系呢？我们通过一张图来了解一下，如图 1.42 所示。

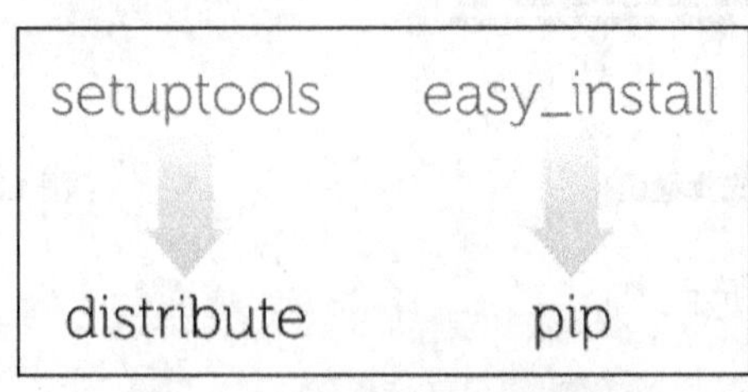

图 1.42　pip 管理工具的相互替代关系

可以看到 setuptools 将被 distribute 取代（虽然后来 distribute 又合并为 setuptools）。而 pip 则将要取代 easy_install，并且 pip 是目前使用最多的包管理工具。所以我们在这里简单说一下 pip 这个包管理工具。我们通过 pip 命令可以很方便地对各种包进行管理、下载、卸载、查询等操作，通过 pip 包管理工具下载第三方包。下面列出常用的 pip 命令。

```
pip install django                       # 下载默认版本的第三方包
pip insall django==1.10.1                # 下载指定版本的第三方包
pip -V                                   # 查看pip包管理工具的版本
python -m pip install -U pip             # Windows系统升级pip的版本
pip install -U pip                       # Linux and OS X 升级pip版本
pip list                                 # 查询pip对应版本解释器所有的包
pip uninstall django                     # 卸载指定的包
```

注意

关于第三包是什么，后面会详细讲解，这里暂时只需了解第三方包（模块）就是某些人编写的 Python 代码，实现某些具体的功能，被 Python 官方承认并接受，但并没有随着 Python 解释器安装时内置（内置的称为标准库）。所以，后期在使用的时候，需要单独下载，而 pip 的工作就是管理这些第三方包的工具。

1.5　工欲善其事，必先利其器——Python IDE 的选择与安装

一款好用的编辑器或者集成调试与其他功能于一身的集成开发环境（Integrated Development Environment，IDE），对于我们编写与调试代码来说，非常重要。那么我们在学习 Python 的过程中，一般使用哪些编辑器或 IDE 呢?

（1）Vim。Vim 是高级文本编辑器，旨在提供更为实用的 UNIX 编辑器 “vi” 功能，支持更多更完善的特性集。

（2）Eclipse with PyDev。PyDev 是 Eclipse 开发 Python 的 IDE，支持 Cpython、Jython 和 IronPython 的开发。

（3）Sublime Text。Sublime Text 是开发者中最流行的编辑器之一，多功能，支持多种语言，在开发者社区非常受欢迎。

（4）Emacs。GNU Emacs 是可扩展、自定义的文本编辑器。

（5）Komodo Edit。Komodo Edit 是非常干净、专业的 Python IDE。

（6）Wingware。Wingware 兼容 Python 2 和 Python 3 两个版本，可以结合 Django、Matplotlib 等框架使用，集成了单元测试、测试驱动开发等功能。

（7）PyScripter。PyScripter 是款免费开源的 Python IDE。

（8）PyCharm。PyCharm 是 JetBrains 开发的 Python IDE，具有代码调试、语法高亮、代码跳转、版本控制等功能。

（9）Notepad++。Notepad++是一款非常好用的编辑器。

我们在本书中的代码示例，采用交互式解释器搭配 PyCharm IDE 或者 Notepad++完成。由于 PyCharm

的上手难度有点大，接下来我们介绍 PyCharm 的安装与使用。

1.5.1 PyCharm 的下载与安装

这里以安装 PyCharm 2017.3.4 版本为例。

（1）打开 PyCharm 官网，选择专业版下载，如图 1.43 所示，下载完成如图 1.44 所示。

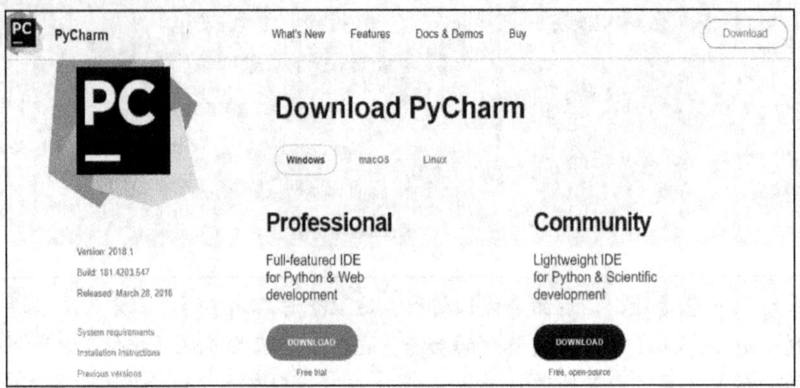

图 1.43 PyCharm 官网选择专业版

名称	修改日期	类型	大小
pycharm-professional-2017.3.4.exe	2018/3/28 14:41	应用程序	251,294 KB

图 1.44 下载完成

（2）单击.exe 文件，执行安装，如图 1.45 所示。

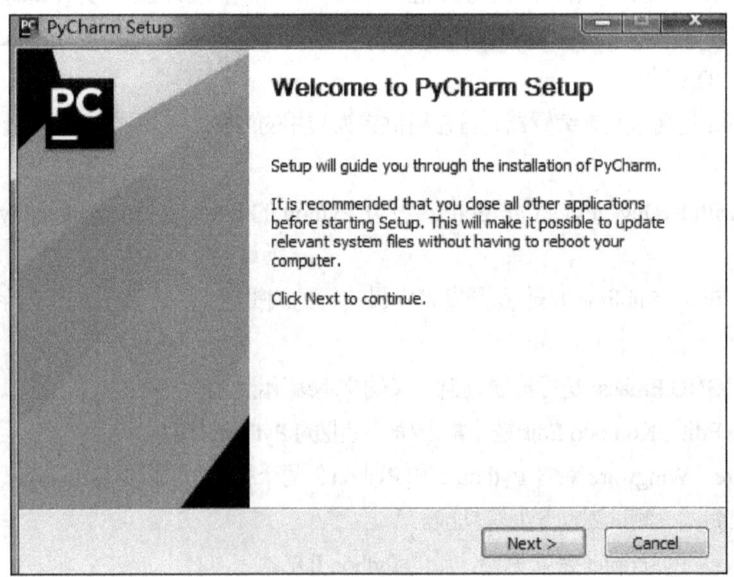

图 1.45 开始安装

（3）选择安装位置，如图 1.46 所示。

（4）安装选项，勾选如图 1.47 所示，单击【Next】。

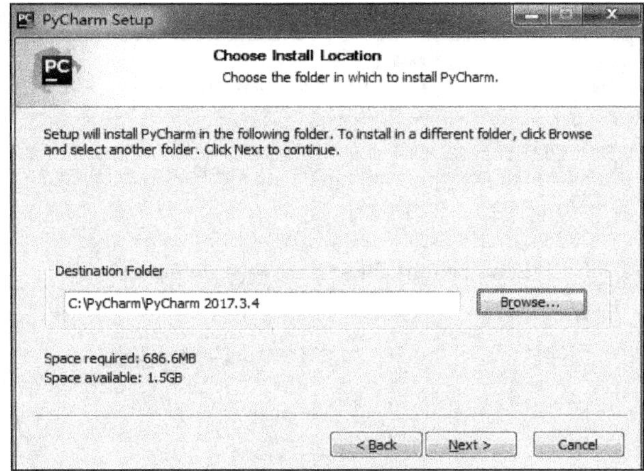

PyCharm Setup
Choose Install Location
Choose the folder in which to install PyCharm.
Setup will install PyCharm in the following folder. To install in a different folder, click Browse and select another folder. Click Next to continue.
Destination Folder
C:\PyCharm\PyCharm 2017.3.4
Browse...
Space required: 686.6MB
Space available: 1.5GB
< Back
Next >
Cancel

图 1.46　选择安装位置

PyCharm Setup
Installation Options
Configure your PyCharm installation
Create Desktop Shortcut
32-bit launcher
64-bit launcher
Create Associations
.py
Download and install JRE x86 by JetBrains
< Back
Next >
Cancel

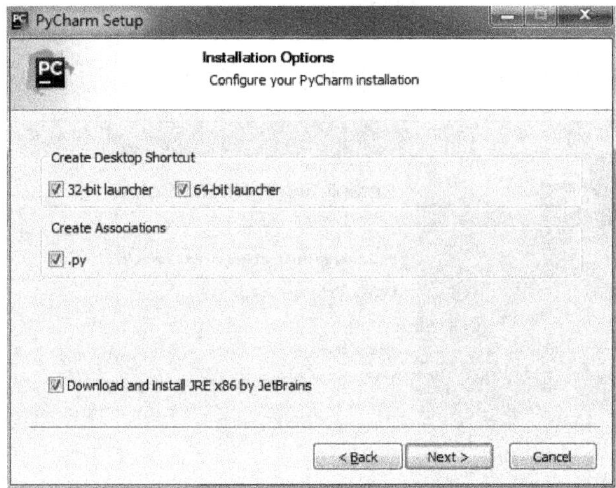

图 1.47　安装选项的选择

（5）执行安装，如图 1.48、图 1.49 所示。

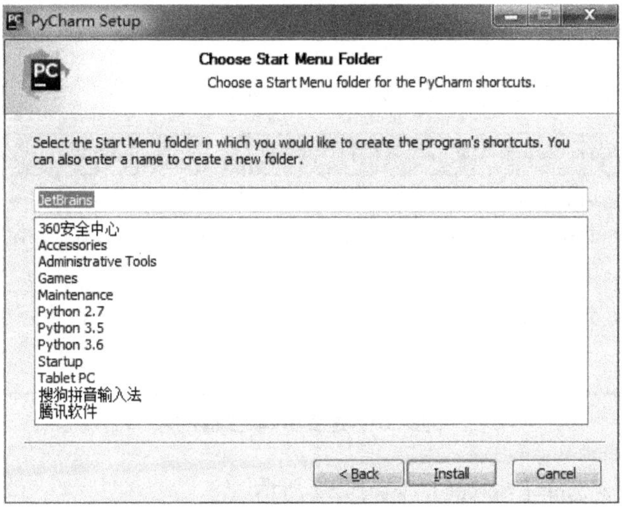

PyCharm Setup
Choose Start Menu Folder
Choose a Start Menu folder for the PyCharm shortcuts.
Select the Start Menu folder in which you would like to create the program's shortcuts. You can also enter a name to create a new folder.
JetBrains
360安全中心
Accessories
Administrative Tools
Games
Maintenance
Python 2.7
Python 3.5
Python 3.6
Startup
Tablet PC
搜狗拼音输入法
腾讯软件
< Back
Install
Cancel

图 1.48　执行安装

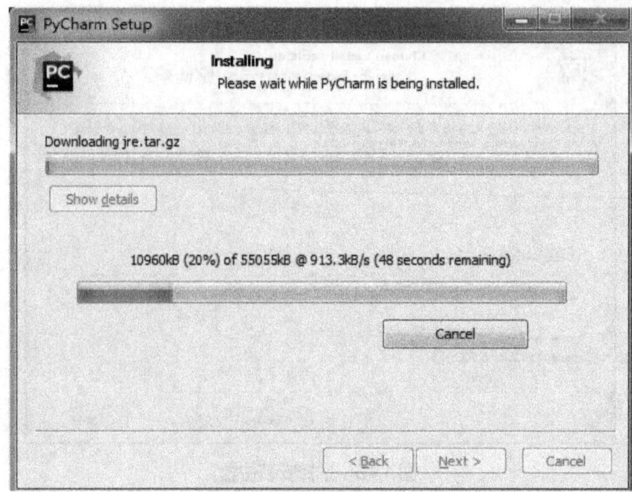

图 1.49　正在安装

（6）安装完成，勾选 RunPyCharm，单击【Finish】，如图 1.50 所示。

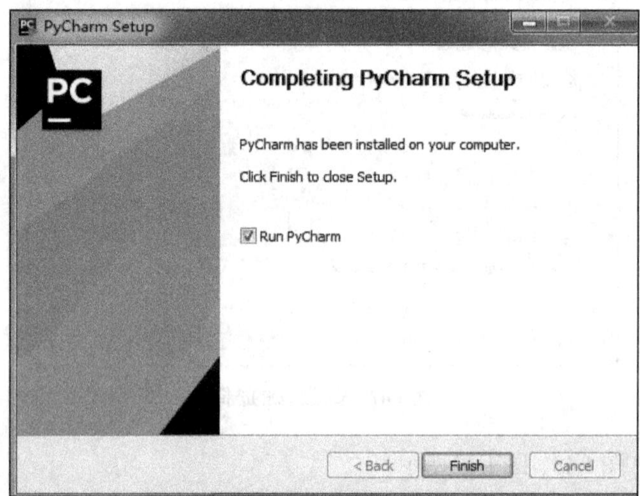

图 1.50　安装完成

（7）根据需求选择是否导入本地配置，如图 1.51 所示。

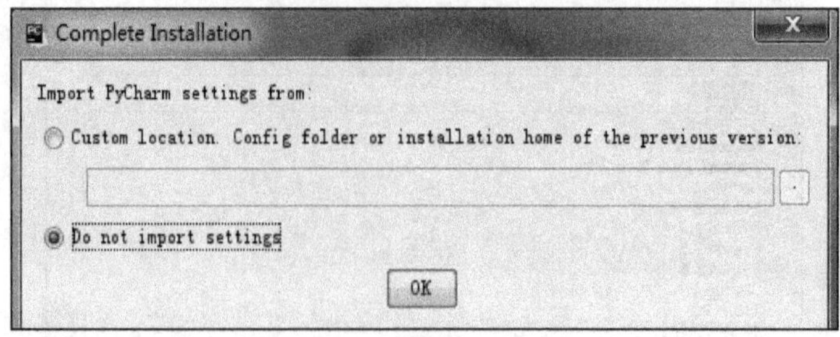

图 1.51　是否导入本地配置

（8）用户许可协议，选择【Accept】，如图 1.52 所示。

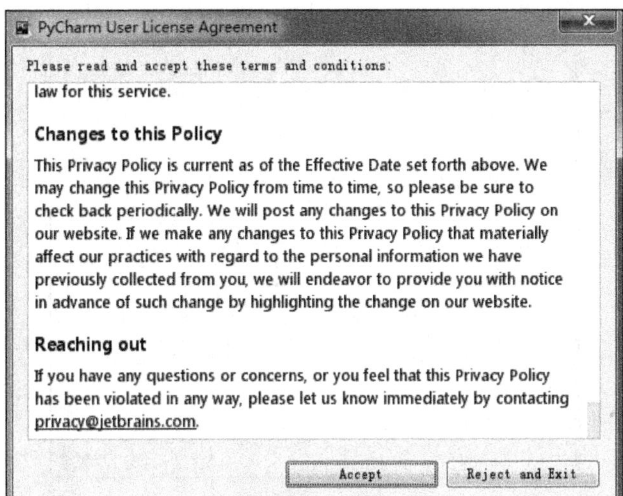

图 1.52　接受许可

（9）匿名信息选项，选择【OK】进入下一步，如图 1.53 所示。

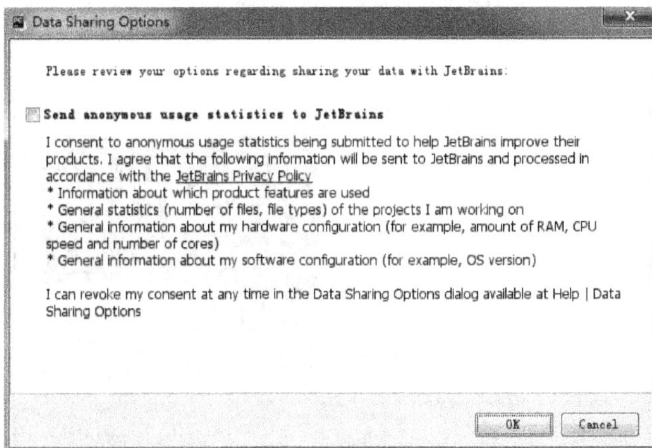

图 1.53　信息共享选项

（10）注册激活，按照正常流程，应该去购买，如图 1.54 所示，这里我已有了激活码，所以进行下一步，如图 1.55 所示。

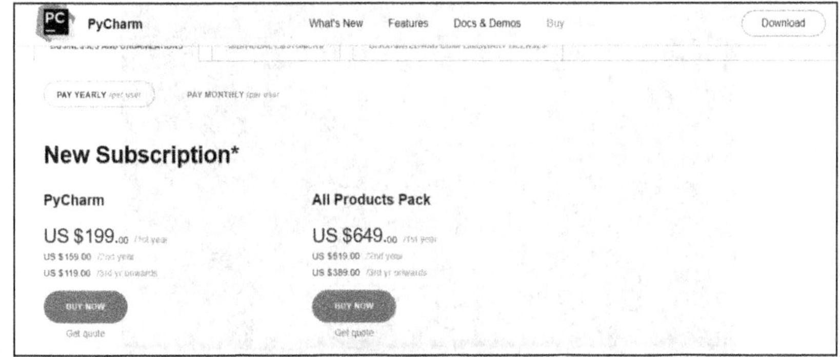

图 1.54　购买激活码

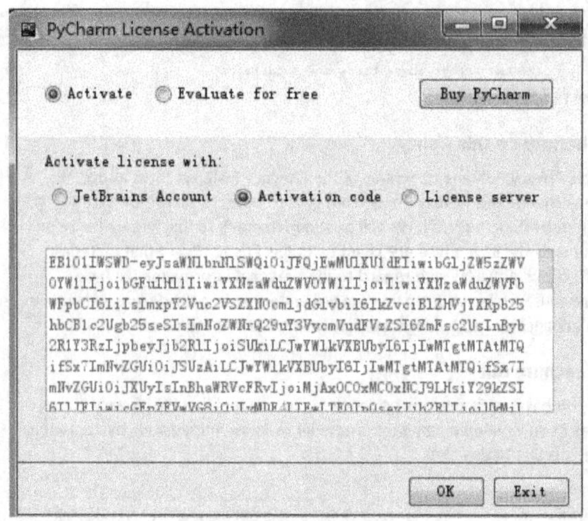

图 1.55　填写激活码

（11）激活成功后进入个性化设置，如图 1.56 所示，我们可以关闭它。

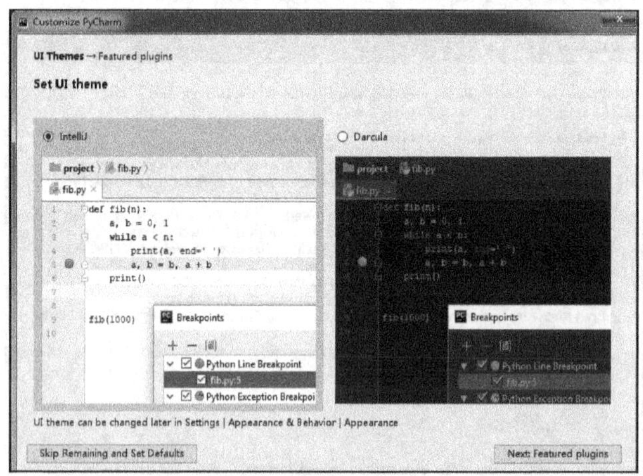

图 1.56　个性化设置

（12）如果激活码没问题的话，会在个性化、主题设置完毕之后，经过短暂的加载（加载速度取决于电脑性能）进入图 1.57 所示页面，到这一步，PyCharm 安装完成了，如图 1.58 所示。

图 1.57　设置完毕进入软件

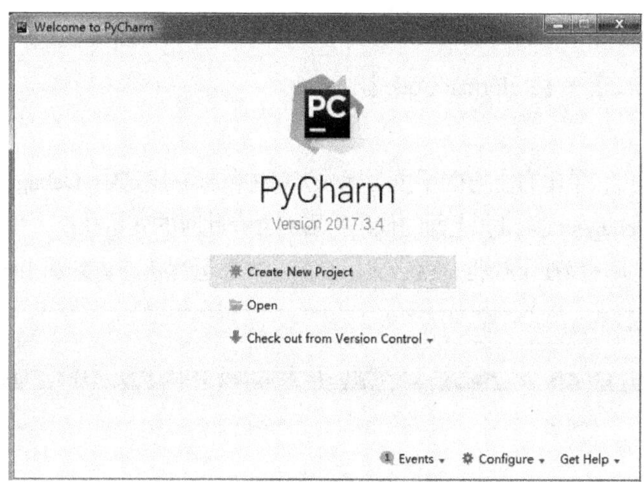

图 1.58　安装完成

1.5.2　PyCharm 的使用

1. PyCharm 选择解释器

在菜单栏依次选择【File】→【Settings】→【Project】→【Project Interpreter】。这里会显示当前系统默认的解释器，如果要添加别的解释器，单击工具图标，【Add local】→【Existing environment】，单击…图标，在打开的本地文件目录中选择解释器文件的.exe 文件就行了。如果没有选择，PyCharm 会自动选择当前环境默认的解释器（前提是 Python 的环境变量配置完毕）。

2. PyCharm 添加文件类型

当新建文件的时候，比如说我们想创建一个 sql 类型的文件，但整个类型列表并没有 sql 这个类型的文件。那么就单击列表下部的【File and Code Templates】，在打开的窗口中，单击“+”，将【Name】和【Extension】框都输入 sql，单击【OK】，这样在新建的时候，就能找到 sql 类型的文件了，如图 1.59 所示。

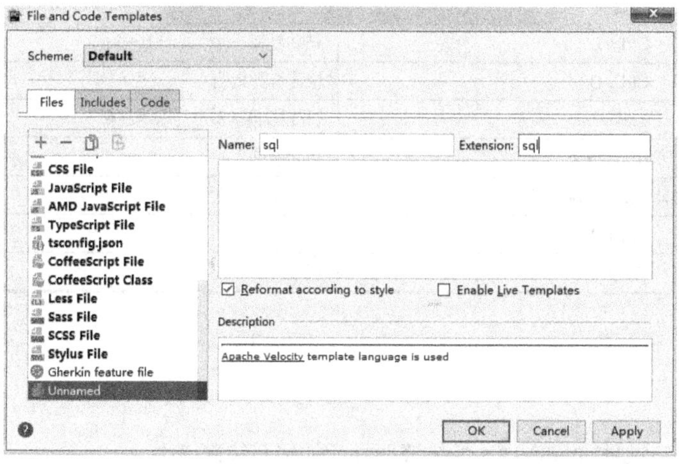

图 1.59　添加文件类型

3. IDE 的皮肤设置

在菜单栏选择【File】→【Settings】→【Appearance】→【Theme】，选择喜欢的主题。

4. 格式化代码

在菜单栏选择【Code】→【Reformat Code】。

5. Debug 的使用

在调试代码前加断点，单击右上方的甲虫图标或者单击鼠标右键选中 Debug 这个文件名，进入调试状态，此时在下方的 Debugger 窗口和上面的代码行后面会有此时的变量状态，单击下方窗口右侧的开始按钮或者按【F8】键一步一步往下执行，就会显示当前的程序运行状态，如图 1.60 所示。

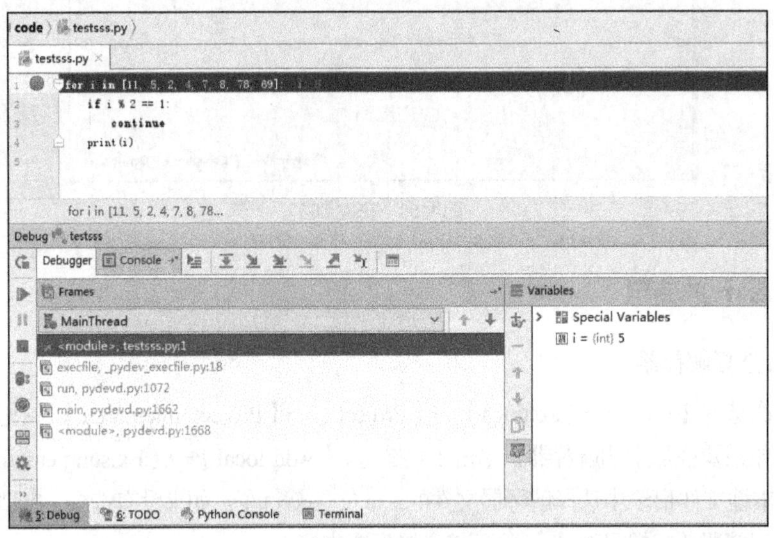

图 1.60　debug 模式

6. 快捷键

表 1.2 列举了 PyCharm 中常用的快捷键。

表 1.2　PyCharm 常用的快捷键

快捷键	描述
Ctrl + D	粘贴复制一行代码于下一行
Ctrl + Q	快速查看文档
Ctrl + /	行注释/再次单击为取消注释
Ctrl + Alt + I	自动缩进
Tab / Shift + Tab	缩进/回退一个缩进位
Ctrl + R	替换
Ctrl + F	搜索

1.6　习题

1. 根据系统环境，安装 Python 3.5 的解释器并添加到系统环境中。
2. 配置 pip 并下载 Django 1.11。
3. 卸载 Django 1.11。
4. 安装 PyCharm 并设置喜欢的主题。

02

第2章　Python基础

学习目标

- 了解文本式和交互式两种编辑方式。
- 熟悉 PEP8 编程规范。
- 重点掌握变量和内存的关系。
- 重点掌握常用的运算符。
- 重点掌握控制语句与循环语句。

2.1 hello world

编程语言经过不断地发展，慢慢形成了一个传统——编写这门语言的第一个程序一般是“hello world”程序。那么如何用 Python 编写这个神奇的程序呢？Python 有两种方式输出“hello world”。

2.1.1 文本式编程

1. 打开 PyCharm 文件目录，单击鼠标右键新建文件，如图 2.1 所示。

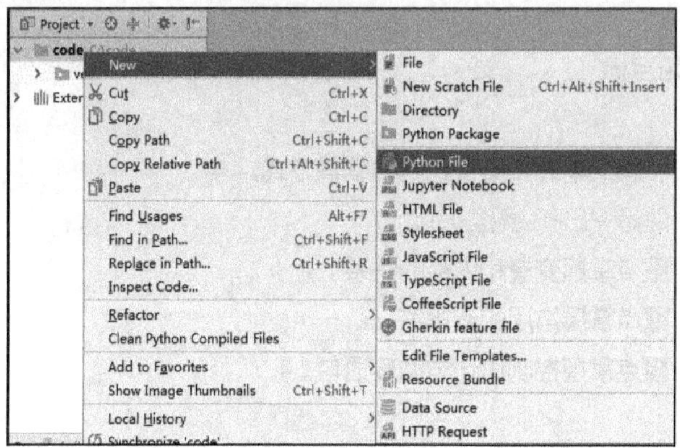

图 2.1 新建 py 文件

2. 为文件命名，如图 2.2 所示，单击【OK】。

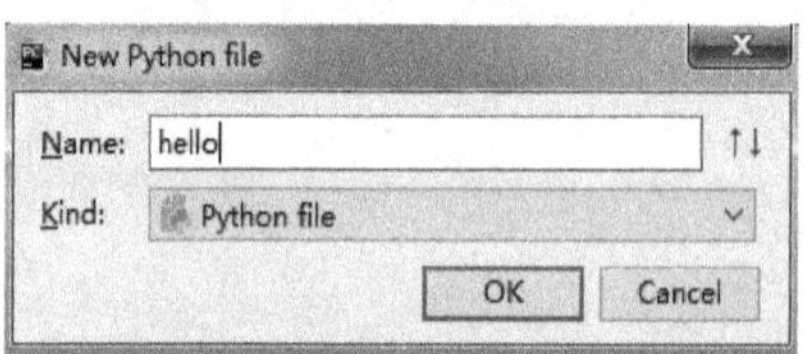

图 2.2 命名文件

3. 输入如下代码，单击右上角的三角符号运行，如图 2.3 所示。

```
print('hello world')
```

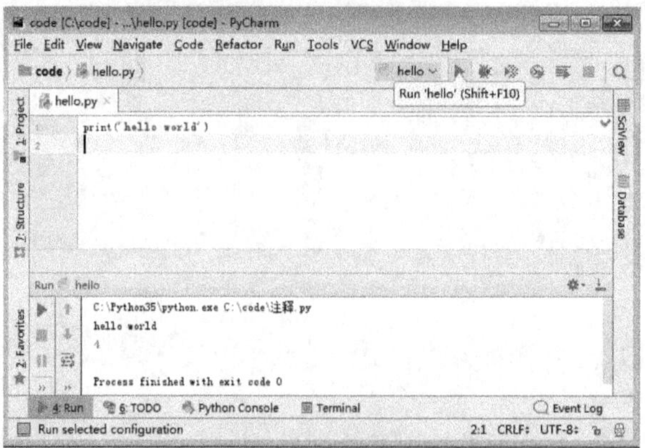

图 2.3 编写代码

图 2.3 的窗口是不是输出了“hello world”？没错，Python 的代码就这么简洁。那么 Python 解释器在后台做了些什么呢？其实，当我们在单击运行的时候，PyCharm 在后台调用我们指定的解释器，执行这个文件。还有另一种执行方法。单击左侧的地址栏，右键选择【Show in Explorer】进入本地文件夹，如图 2.4 所示，找到 hello.py 文件所在的文件夹，空白处单击鼠标右键，选中【此处打开命令行窗口】，如图 2.5 所示，从这里用 Python 解释器执行这个 hello.py 文件，如图 2.6 所示。

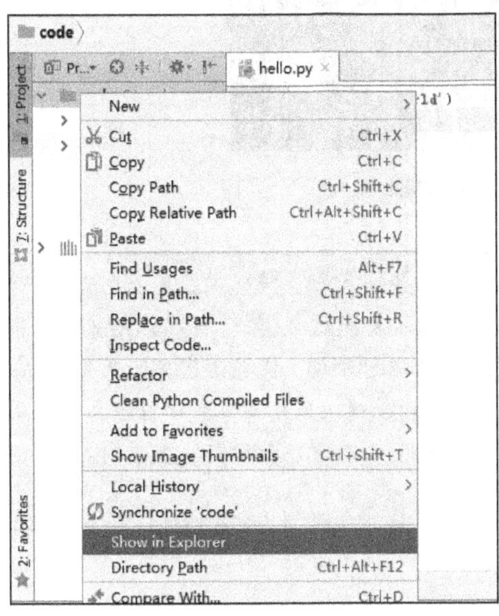

图 2.4　进入本地文件夹

图 2.5　调出 cmd 窗口

图 2.6　Python 解释器执行 hello.py 文件

读者可能觉得这样操作很麻烦，下面介绍一种简单的方法。

2.1.2　命令行交互式编程

如果我们添加好环境变量之后，只要打开 cmd 窗口，就可以直接调用 Python 解释器，在这里，可以直接打印“hello world”，如图 2.7 所示。

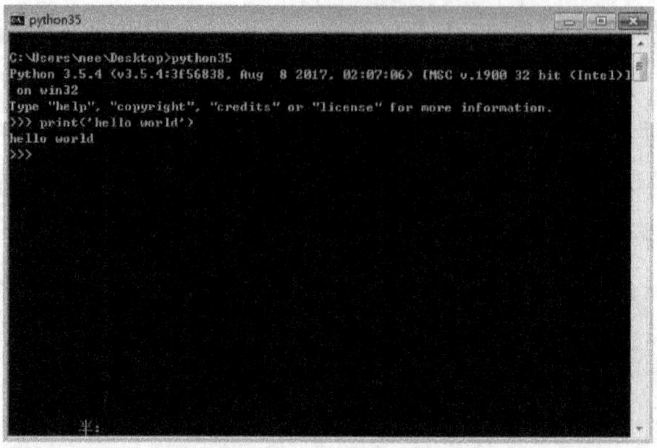

```
python35
C:\Users\nee\Desktop>python35
Python 3.5.4 (v3.5.4:3f56838, Aug  8 2017, 02:07:06) [MSC v.1900 32 bit (Intel)]
 on win32
Type "help", "copyright", "credits" or "license" for more information.
>>> print('hello world')
hello world
>>>
```

图 2.7　调用 Python 解释器

提示

文本式编程和命令行交互式编程各有所长。一般地，命令行交互式可以用来做一些小的功能演示求证。这种方式快速直接，但也有缺点，如关闭这个窗口，代码无法保存，而且这种方式很难实现复杂的逻辑判断语句。而文本式编程的方式，优点是代码能长久保存，能编写复杂的逻辑语句，交互式能做的功能都能完成，所以建议采用文本式编程方式来编写代码。

另外，如果使用的是 Windows 系统，使用【Win + R】打开运行，直接输入 python35，就能直接调出 Python35 解释器。

2.2　PEP8 代码风格指南

PEP8 是 Python 代码风格指南，它给出了 Python 代码组成的编码约定。虽然我们每个人都会形成自己的编码风格，但应尽量参考此指南来编写 Python 代码，从而使代码更加规范化。

2.2.1　注释

在 Python 中注释分为以下两种方式。

（1）单行注释（用 # 表示）：一般用来对一行代码或者几行代码进行注释。

（2）多行注释（用三对引号表示）：一般用于对较多的代码行或代码块进行注释，或者对整个文件进行描述。图 2.8 演示了单行注释和多行注释在实际编写代码中的应用。

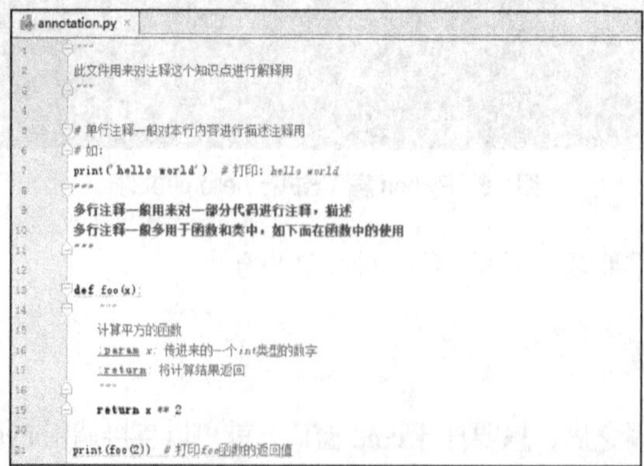

```
annotation.py
"""
此文件用来对注释这个知识点进行解释用
"""


# 单行注释一般对本行内容进行描述注释用
# 如：
print('hello world')  # 打印：hello world
"""
多行注释一般用来对一部分代码进行注释，描述
多行注释一般多用于函数和类中，如下面在函数中的使用
"""


def foo(x):
    """
    计算平方的函数
    :param x: 传进来的一个int类型的数字
    :return: 将计算结果返回
    """
    return x ** 2

print(foo(2))  # 打印foo函数的返回值
```

图 2.8　代码注释的演示

2.2.2 缩进

PEP8 规范要求 4 个空格为语句的缩进块。用缩进来控制不同的语句块是 Python 的一大特色，缩进也让 Python 的代码更优美、简洁。

但在日常编辑中，当代码量增多、逻辑语句复杂时，因为缩进造成的 Bug 层出不穷，比如造成逻辑判断的报错、程序的异常退出等，都是需要我们注意的。一般地，引起这些错误的原因，可能是【Tab】键和空格键在不同的编辑环境混用造成的，也可能是在逻辑判断时忘了缩进，或者多了一个缩进。不过没关系，只要我们在写代码时多注意，就能减少此类差错，而且 PyCharm IDE 在发现缩进错误时会有提示（一般为标红）。

2.2.3 单引号与双引号

在 Python 中，单引号和双引号都能用来表示一个字符串，比如：

```
str1 = 'oldboy'
str2 = "oldboy"
```

在 Python 中，str1 和 str2 是没有区别的，但是在有些情况下却要注意，例如，如何定义 I'm oldboy? 因为这个字符串里面有单引号，所以这时候就要单双引号搭配使用了，如：

```
str3 = "I'm oldboy"
```

这也是 Python 人性化的方面之一，至于复杂的用法，我们后面讲字符串的时候再说。

一般来说，如果没有特指，都是英文状态下的引号。

2.2.4 逻辑行与物理行

Python 执行代码的顺序是从上到下，逻辑行就是 Python 认识的单条语句，而物理行是我们认识的单条语句。如果想在一个物理行上写多个逻辑行，就要用“;”来标明这种用法。

```
x = 5;print(x)
```

但 Python 希望我们每行都只写一条语句，这样使得代码更易读。

```
x = 5
print(x)
```

一行万一放不下一条语句怎么办？这时就用到了行连接符“\”，如：

```
>>> name =  "I'm oldboy, I love pyt\
... hon"
>>> name
"I'm oldboy, I love python"
```

2.3 变量与内存管理

我们通过一个名字，指向一个人，或者指向一个具体的事物，这在 Python 中同样适用。Python 中，这个名字称为变量，而指向的对象为一串字符串、一个具体的数值等。变量也是可变状态，是对内存地址的一种抽象。

2.3.1 变量赋值

变量赋值是指将一个数字或者字符串等具体的数值数据赋值给一个变量，在后面的编程中我们可以通过这个变量来指向所要引用的数据对象，比如：

```
1. >>> v = 100
2. >>> v
3. 100
4. >>> v+20
5. 120
```

我们用“=”将数据赋值给变量，等号的左边是变量名，右边则是要赋给的变量值。上例中，我们称第 1 行为变量定义，第 2 行为引用。每一个变量在使用的时候，都要先经过定义才能引用。

读者可能会问，直接使用 100 不就好了吗，为什么还要有变量呢？因为变量在程序的执行过程中，能始终地指向这个值，无论这个值发生怎么样的变化（除非我们手动解除指向关系）。比如，在打游戏的时候，我们对人物的血量这个变量进行跟踪，开始的时候，人物的血量是满的，但是当人物受伤血量不断变动的时候，我们可以通过这个变量修改此时的状态而不是去修改程序，而当我们检测到这个变量为空时，我们可以执行其他操作，这就是变量的好处。

另外，Python 还支持另一种赋值方式：链式赋值。

```
>>> a = b = c = 1
>>> a
1
>>> b
1
>>> c
1
```

除此之外，也可以为多个对象指定多个变量：序列赋值。

```
>>> a, b, c = 1, 12, "oldboy"
>>> a
1
>>> b
12
>>> c
'oldboy'
```

变量赋值操作虽然简单，但对变量的命名是有自己的规则的。

（1）变量名第一个字符必须是字母（大写或小写）或者一个下画线（“_”）。

（2）变量名的其他部分可以是字母（大写或小写）、下画线（“_”）或数字。

（3）变量名是对大小写敏感的。如，oldboy 和 oldBoy 不是一个变量。

（4）变量命名时注意避开关键字和内置的函数名，以免发生冲突。

（5）变量命名最好做到见名知意，比如：

```
name = 'oldboy'
age = 19
```

而下面这种用拼音方式命名的，有可能引起歧义，并不是最好的命名方式。

```
mingzi = 'oldboy'
nianling = 19
```

除此之外，还应该避免以下 3 种情况。

（1）单字符名称。

（2）包/模块名中的连接符用“-”。

（3）双下画线开头并结尾的名称，因为这是 Python 保留的，比如“__init__”。

上文提到我们在变量命名时要避开关键字，那么就先通过一个例子，来看看哪些是 Python 的关键字。

```
>>> import keyword
>>> keyword.kwlist                    # 所有关键字
['False', 'None', 'True', 'and', 'as', 'assert', 'break', 'class', 'continue', 'def', 'del', 'elif', 'else', 'except', 'finally', 'for', 'from', 'global', 'if', 'import', 'in', 'is', 'lambda', 'nonlocal', 'not', 'or', 'pass', 'raise', 'return', 'try', 'while', 'with', 'yield']
>>> keyword.iskeyword('is')           # 查看某个变量是否为关键字
True
>>> help('keywords')                  # help 方法查看关键字

Here is a list of the Python keywords.  Enter any keyword to get more help.
False               def                 if                  raise
None                del                 import              return
True                elif                in                  try
and                 else                is                  while
as                  except              lambda              with
assert              finally             nonlocal            yield
break               for                 not
class               from                or
continue            global              pass
```

Python 属于强类型的语言。如果定义了一个字符串类型的 a。如果不经过强制转换，那么它就永远是字符串类型的了，程序不可能把它当作整型来处理。所以，Python 也是类型安全的语言。

说到变量，就不得不说一下常量。一般来说，变量就是代指不断变化的量，而常量指（Python 在语法上并没有定义常量，尽管 PEP8 规范定义了常量的命名规范为大写字母和下画线组成）定义了之后不会发生变化的量，比如 IP 地址：

```
IP= '127.0.0.1'
```

2.3.2 内存管理

在上一节中，我们学习了关于变量的知识。可以通过变量来保存数据，以便于调用。那么，赋值在内部是怎么实现的呢？这就是我们接下来要说的内存管理了。

```
1. >>> x = 10
2. >>> y = x
3. >>> y
4. >>> 10
5. >>> y = 20
6. >>> y
7. 20
8. >>> x
9. 10
10.>>> y = 30
11.>>> y
12.30
13.>>> x
14.10
```

我们通过上例来研究一下变量及值在内存中的存储过程。

第 1 行：解释器执行代码 x=10 时，会开辟一块内存空间，并将数据 10 存放到该内存空间中，并为该内存空间贴上一个“标签”，我们称该“标签”为内存地址。本例中假设该内存地址为 0010。而变量 x 也有自己的内存空间，存储的是赋值数据 10 的内存地址，此时称变量 x 是对该内存空间的数据 10 的引用。使用变量 x 时，就会通过其保存的内存地址找到该地址下的值，过程如图 2.9 所示。

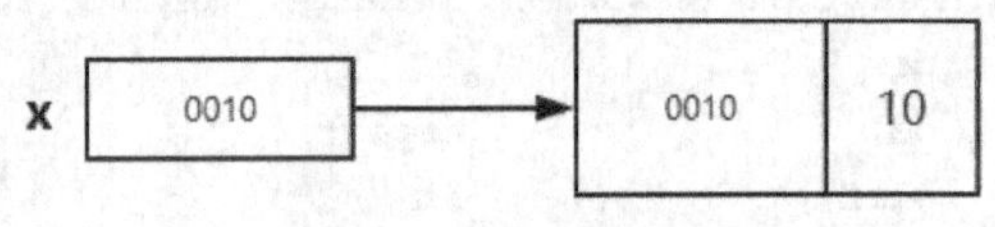

图 2.9　x 在内存中的存储方式

第 2 行：解释器执行代码 y=x 时，会将 x 保存的内存地址存储到变量 y 的内存空间，此时，变量 y 也是对 0010 空间下的数据 10 的引用，所以打印 y 的值也会找到 0010 下的 10，如图 2.10 所示。

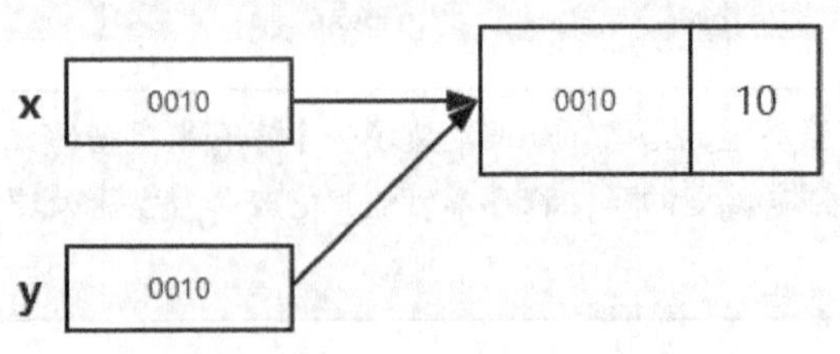

图 2.10　y 和 x 同时指向 10 的内存地址

为了验证这一点，可以使用 Python 另一个内置函数 id(obj)，它的功能是用于获取对象 obj 的内存地址。

```
>>> id(x)
4297546848
>>> id(y)
4297546848
```

从打印结果可以看到，变量 x 和 y 的内存地址都指向同一个值（10）的内存地址。

第 5 行：解释器执行代码 y=20 时，会新生成一个整数对象存放到内存地址为 0011 的内存空间中，此时 y 的内存空间不再存储 0100，而是存储 0011。所以，打印 y 的值成了 20，而 x 则依然是 10，如图 2.11 所示。

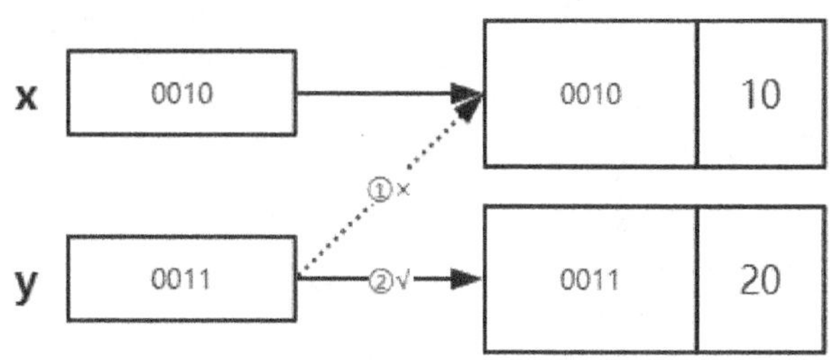

图 2.11　x、y 各自指向的变量值

第 10 行：解释器执行代码 y=30 时，首先解除与 20 的绑定关系，然后与 30 建立绑定关系，如图 2.12 所示。

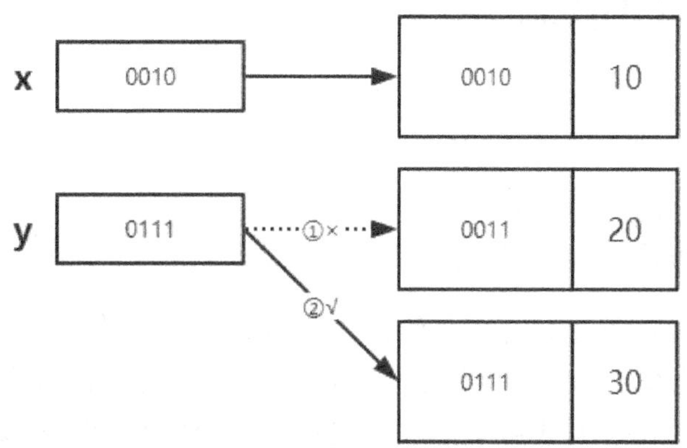

图 2.12　y 变量被重新赋值

那么，问题来了，整型数据对象 20 去哪了？这就要说到垃圾回收机制，Python 解释器会每隔很短的时间扫描一下内存中的数据，对于那些没有变量引用的，直接当作垃圾清除掉。此例中，当变量 y 存储的内存地址由 0011 换成 0111 后，整个内存不再有变量引用数据 20，所以 20 就被解释器的垃圾回收机制从内存中清除了。

而如果要将 10 清除掉呢？因为 10 由变量 x 引用，所以清空 x 的内存空间，不再引用 10 即可，具体语法由 del 实现：

```
del x
```

此时再打印 x 会直接抛出错误，因为 x 现在没有指向任何变量，所以就会抛出一个变量 x 未定义的错误。

```
>>> x
Traceback (most recent call last):
  File "<stdin>", line 1, in <module>
NameError: name 'x' is not defined
```

del 也可以同时删除多个对象，如下例所示。

```
>>> x, y = 1, 2
>>> x, y
 (1, 2)
>>> del x, y
>>> x
Traceback (most recent call last):
File "<stdin>", line 1, in <module>
NameError: name 'x' is not defined
>>> y
Traceback (most recent call last):
File "<stdin>", line 1, in <module>
NameError: name 'y' is not defined
```

2.4 print and input

Python中的print函数用于输出内容，那我们如何向程序输入内容呢？这种需求要通过另一个函数input来实现。

```
username = input()
print(username)
```

此时如果执行上例代码，就会发现程序好像卡住了，其实程序并没有卡住，而是 input 函数在执行，程序被阻塞，等待我们输入一个值。当我们输入内容并回车确认之后，input 函数将输入的内容赋值给 username 变量，然后 print 函数打印出输入结果。我们来改动一下程序，使之更友好一些。

```
>>> username = input('please enter your name:')       # 输入 oldboy
please your name:oldboy
>>> password = input('please enter your password:')  # 输入 123
please your password:123
>>> print(username, password)
('oldboy', '123')
```

input 函数返回的是字符串，也就是说变量的类型是字符串类型，比如：

```
>>> num=input("enter num: ")
enter num: 12
```

```
>>> num, type(num)
('12', <class 'str'>)
```

type 为 Python 的内置函数，功能是打印某个变量的类型。其中，str 在 Python 中代表字符串，注意，字符串不能用来进行数值计算。

```
>>> num + 100
Traceback (most recent call last):
  File "<stdin>", line 1, in <module>
TypeError: Can't convert 'int' object to str implicitly
```

想要计算，必须将字符串类型的数字转换为数字类型才行，而转换要用到 int 函数。

```
>>> int_num = int(num)
>>> print(int_num + 100, type(int_num))
(112, <class 'int'>)
```

print 函数能接受多个变量，变量之间以英文状态的逗号隔开，在打印时会依次打印每个变量对应的值，遇到一个逗号时会打印一个空格。

```
>>> print('i', 'am', 'oldboy')
i am oldboy
```

让我们再次对程序进行优化。

```
>>> username = input('enter name:')        # 输入 oldboy
enter name:oldboy
>>> password = input('enter password:')  # 输入 123
enter password:123
>>> print("用户名: %s | 密码: %s" %(username, password))
用户名: oldboy | 密码: 123
```

上面的程序是不是更加友好了？是的，我们在不知不觉间又学到了一个新的知识点，格式化输出与占位符。顾名思义，格式化输出就是按照某种固定的格式进行字符串输出。而占位符，就是先固定一个字符串格式，涉及这个变化的内容，用%s 占住位置，字符串后面跟一个%()，括号内，按照顺序依次存放对应的变量值，如果只有一个占位符可以不用括号，直接跟变量名即可。

```
>>> username = input('enter name:')
enter name:oldboy
>>> print('用户名: %s' % username)
用户名: oldboy
```

2.5 运算符与表达式

大多数的逻辑行都包含表达式，如计算面积就需要一个简单的表达式。表达式可以分解为运算符（也称操作符）与操作数。运算符是为了完成某个功能，它们由如“+”“-”这样的符号或者其他特定的关键字表示，运算符需要结合数据来完成计算，这样的数据被称为操作数，在计算面积的示例中，3 和 4 为操作数，而 area 则称为表达式，如：

```
>>> length = 3
>>> width = 4
>>> area = length * width
>>> print(area)
12
```

我们将长和宽通过变量保存起来，然后通过表达式来计算面积，计算的结果保存在 area 中，通过打印 area 输出结果。

本节我们主要讲解常用的运算符与表达式。

2.5.1 算数运算符

算数运算符和我们数学上使用的计算符号大致是相同的，Python 支持的算数运算符，如表 2.1 所示。

表 2.1 常用算数运算符

运算符	描述
+	加，两数相加
-	减，得到负数或者一个数减去另一个数
*	乘，两数相乘或者返回一个被重复若干次的字符串
/	除，两个数相除
//	取整除
%	取模，返回除法的余数
**	幂，x**y 表示返回 x 的 y 次方

```
>>> 1 + 1       # 运算符 +
2
>>> 1 - 1       # 运算符 -
0
>>> 1 * 1       # 运算符 *
1
>>> 1 / 1       # 运算符 /
1.0
>>> 4 // 3      # 取整除 //
1
>>> 10 % 3      # 取模 %
1
>>> 2 ** 2      # 幂 **
4
```

2.5.2 比较运算符

比较运算符通常用来比较两个变量的关系，如表 2.2 所示。

表 2.2　　常用比较运算符

运算符	描述
==	等于，比较两个对象是否相等
!=	不等于，比较两个数是否不相等
>	大于
<	小于
>=	大于等于
<=	小于等于

```
>>> 2 == 2        # 比较运算符 ==
True
>>> 2 != 2        # 比较运算符 !=
False
>>> 2 > 2         # 比较运算符 >
False
>>> 2 < 2         # 比较运算符 <
False
>>> 2 >= 2        # 比较运算符 >=
True
>>> 2 <= 2        # 比较运算符 <=
True
```

2.5.3　赋值运算符

前文中所讲赋值操作，如 x = 3，即将一个整型数字 3 赋值给变量 x，其中 “=” 就是赋值运算符。另外，Python 中还有其他的赋值运算符，如表 2.3 所示。

表 2.3　　常用赋值运算符

运算符	描述
=	简单的赋值运算符
+=	加法赋值运算符
-=	减法赋值运算符
*=	乘法赋值运算符
/=	除法赋值运算符
%=	取模赋值运算符
**=	幂赋值运算符
//=	取整除赋值运算符

```
>>> a = 5
>>> b = 3
>>> c = a + b     # 赋值运算符 =，相当于 c=5+3
>>> c             # 此时，b=3，a=5，c=8
8
>>> b += a        # 赋值运算符 +=，相当于 b=b+a，3+5=8
>>> b             # 此时，b=8，a=5
```

```
8
>>> b -= a          # 赋值运算符 -=，相当于b=b-a，8-5=3
>>> b               # 此时，b=3，a=5
3
>>> b *= a          # 赋值运算符 *=，相当于b=b*a，3*5=15
>>> b               # 此时，b=15，a=5
15
>>> b /= a          # 赋值运算符 /=，相当于b=b/a，15/5=3
>>> b               # 此时，b=3.0，a=5
3.0
>>> b %= a          # 赋值运算符 %=，相当于b=b%a，3.0%5=3.0
>>> b               # 此时，b=3.0，a=5
3.0
>>> b **= a         # 赋值运算符 **=，相当于b=b**a，3.0的5次幂等于243.0
>>> b               # 此时，b=243.0，a=5
243.0
>>> b //= a         # 赋值运算符 //=，相当于b=b//a，243.0//5=48.0
>>> b               # 此时，b=48.0，a=5
48.0
```

2.5.4 逻辑运算符

当下一节学完流程控制语句之后，经常会在程序中通过判断某个条件是否成立，而执行相应的代码块。

```
>>> if 2 > 1:
...     print('ok')
...
ok
```

但实际运用中，当需要判断的条件为多个时，比如用户登录验证，要同时验证用户名和密码都正确的情况下才能登录，这时候就要搭配上逻辑运算符了，如表 2.4 所示。

表 2.4 常用的逻辑运算符

运算符	描述
and	逻辑与，只当两个条件同时成立才返回 True，否则返回 False
or	逻辑或，两个条件只要有一个成立就返回 True，否则返回 False
not	not 真为假，not 假为真

```
>>> 2 < 3 and 3 == 3    # 逻辑运算符 and
True
>>> 2 < 3 or 3 != 3     # 逻辑运算符 or
True
>>> not 1 > 2           # 逻辑运算符 not
True
```

我们来实现一个前文中的登录验证，当用户名为 oldboy，密码为 111 时显示登录成功。

```
username = input('please your name:')
password = input('please your password:')
if username == 'oldboy' and password == '111':
    print('login successful, welcome: %s'%username)
else:
    print('login error')
```

如果有两个用户，我们就要优化上面的代码，使之当用户名为 oldboy 和 alex，密码对应为 111 和 3714 时显示登录成功。

```
username = input('please your name:')
password = input('please your password:')
if username == 'oldboy' and password == '111' or username == 'alex' and password
== '3714':
    print('login successful,welcome: %s'%username)
else:
    print('login error')
```

上例程序的判断顺序为，or 两边有一个条件成立就成功，而 and 需要两个条件都成立才成功，把 and 两边算作整体去跟 or 比较，其实，加个括号就更容易理解了。

```
if (username == 'oldboy' and password) == '111' or (username == 'alex' and
password == '3714'):
    pass
```

2.5.5　成员运算符

有时候需要做这样的判断：王二狗子在家吗？小李同学不在班里吗？小芳的手机号存在手机联系人中了吗？Python 中也存在这种“在不在”的关系判断，并由具体的运算符来完成这样的运算，我们称这样的运算符为成员运算符，如表 2.5 所示。

表 2.5　成员运算符

运算符	描述
in	如果在指定的序列找到值则返回 True，否则返回 False
not in	如果在指定的序列内没找到值返回 True，否则返回 False

```
>>> 'a' in 'abcd'        # 成员运算符 in
True
>>> 'a' not in 'abcd'    # 成员运算符 not in
False
```

2.5.6　身份运算符

身份运算符用于比较两个对象的存储关系，如表 2.6 所示。

表 2.6　身份运算符

运算符	说明
is	is 是判断两个变量是否引用一个对象，是则返回 True
is not	is not 是判断两个变量是否引用一个对象，是则返回 False

```
>>> a = 'abcd'
>>> b = a
>>> c = a
>>> b is a          # 身份运算符 is
True
>>> b is c
True
>>> c is not a      # 身份运算符 is not
False
```

2.5.7 位运算符

简单来说，位运算是把数字转换为机器语言，也就是二进制来进行计算的一种运算形式。

在以前的计算机上，位运算比加减运算略快，比乘除运算快得多。虽然现在随着技术的迭代，架构在推陈出新，位运算与加减法相差无几，但是仍然快于乘除运算。

Python 中的按位运算规则如表 2.7 所示。

表 2.7　　位运算符

运算符	说明
&	按位与，参与运算的两个值，如果相应位都为 1，则该位的结果为 1，否则为 0
^	按位异或运算符，当两个对应的二进位相异时，结果为 1
~	按位取反运算符，对数据的每个二进制位取反，即把 1 变为 0，把 0 变为 1
|	按位或运算，只要对应两个二进制位有一个为 1 时，结果就为 1
<<	左移动运算符，运算数的各二进位全部左移若干位，由 << 右边的数字指定了移动的位数，最高位丢弃，最低位补 0
>>	右移动运算符，把>>左边的运算数的各二进位全部右移若干位，>> 右边的数字指定了移动的位数，最低位丢弃，最高位补 0

```
>>> a = 8
>>> b = 5
>>> a & b   # 按位与
0
>>> a ^ b   # 按位异或
13
>>> a | b   # 按位或
13
>>> a << b  # 左移
256
>>> a >> b  # 右移
0
>>> ~ a     # 反转
-9
```

2.5.8 运算符的优先级

那么，这么多运算符在参与运算时，谁先参与计算？和数学运算中先算乘除，后算加减一样，Python 中也有规则，称之为运算符的优先级。图 2.13 列出了从低到高的优先级的运算符。

<table>
<tr><th>运算符</th><th>描述</th></tr>
<tr><td>lambda</td><td>lambda表达式</td></tr>
<tr><td>if/else</td><td>条件表达式</td></tr>
<tr><td>or</td><td>布尔表达式or</td></tr>
<tr><td>and</td><td>布尔表达式and</td></tr>
<tr><td>not x</td><td>布尔表达式not</td></tr>
<tr><td>in、not in、is、is not、<、<=、>、>=、!=、==</td><td>比较运算符，包括成员资格测试和身份测试</td></tr>
<tr><td>|</td><td>按位或（or）</td></tr>
<tr><td>^</td><td>按位异或</td></tr>
<tr><td>&</td><td>按位与（and）</td></tr>
<tr><td><<、>></td><td>按位左移与按位右移</td></tr>
<tr><td>+、-</td><td>加法，减法</td></tr>
<tr><td>*、@、/、//、%</td><td>乘法，矩阵乘法，除法，整除，取余</td></tr>
<tr><td>+x、-x、~x</td><td>正，负，按位not</td></tr>
<tr><td>**</td><td>幂</td></tr>
<tr><td>await x</td><td>等待表达</td></tr>
<tr><td>x[index]、x[index:index]、x(arguments...)、x.attribute</td><td>取索引，分片，调用，属性引用</td></tr>
<tr><td>(expressions...)、[expressions...]、{key:value}、{expressions}</td><td>绑定或元组显示，列表显示、字典显示、集合显示</td></tr>
</table>

图 2.13　运算符的优先级

2.6　流程控制语句

在 Python 中有 3 种流程控制语句：顺序执行语句、分支执行语句（或称条件语句 if/else）和循环语句（for/while），如图 2.14 所示。

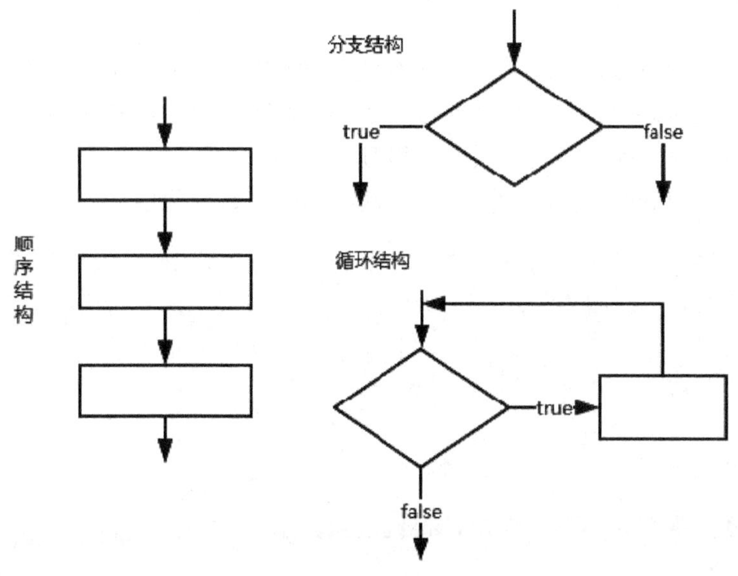

图 2.14　流程控制语句

2.6.1 条件语句

条件语句，即通过一个或多个条件的成立与否（true 或 false）决定执行哪些代码块。

Python 中 if 语句用于控制程序的执行，基本形式为 if/else 形式。

```
1. if 判断条件:
2.     执行的代码块 1
3. else:
4.     执行的代码块 2
```

执行的流程是：当表达式的布尔值为真时，执行代码块 1，为假时执行代码块 2。

注意，上面代码第 2 行的缩进（4 个空格）必须存在，用来标识执行代码的归属，两个代码块只能有一个被执行，这取决于哪个分支的条件成立。

示例：

```
score = input("enter score: ")
if score > '60':
    print('成绩合格')
else:
    print('成绩不合格')
```

注意，if 语句可以单独使用，if 条件执行与否，程序都会往下继续执行，如果 if 条件成立，执行其中的代码块，执行完毕，继续往下执行；如果 if 条件不成立，则程序跳过 if 下的代码块，直接往下执行。

```
score = input("enter score: ")
if score > '0':
    print('记录成绩: %s'%score)
print('演示完毕')
```

之前判定成绩是否合格的例子是不是觉得还不完美？如果输入一个超出范围的数字怎么办（如输入 1000，-5，百分制的考试成绩既不可能得 1000 分，也不可能得负分）？仅靠两个判断肯定不够，所以，我们还要增加其他条件来限制，不至于让我们的程序这么简陋。

if/elif/else 语句完美地解决了这个问题。先来了解这个语句的基本形式：

```
if 表达式 1:
    执行的代码块 1
elif 表达式 2:
    执行的代码块 2
elif 表达式 3:
    执行的代码块 3
......
else:
    执行的代码块 n
```

这种多分支语句的功能，即在多个条件下的不同分支中选择一个分支代码块来执行。

执行过程：若表达式 1 为真，则执行代码块 1，若为假，则继续判断表达式 2、判断表达式 3……为真则执行其下的代码块，若都为假，则执行最后的 else 语句的代码块。

注意，无论有多少分支，整个语句只会有一个代码块被执行，如图 2.15 所示。

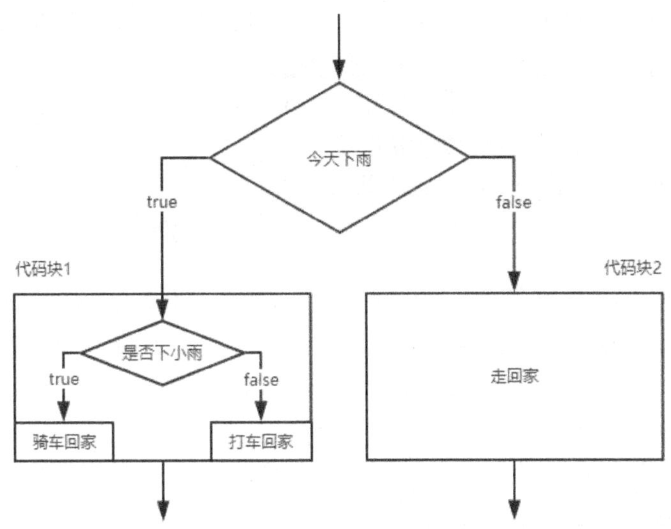

图 2.15 分支语句执行

让我们完善上面的判定成绩的例子。

```
score = int(input("enter score: "))

if score > 100 or score < 0:
    print('你可能输入了一个来自火星的成绩 %s'%score)
elif score >= 90:
    print('成绩优秀')
elif score >= 75:
    print('成绩良好')
elif score >= 60:
    print('马马虎虎吧')
else:
    print('成绩不合格')
```

注意，input 函数要放在 int 函数内。还记得上面讲 input 的时候，我们说过 input 函数返回的是 str 类型吗？这里要将其转换为 int 类型，不然无法和 int 类型的成绩作判断。但这就限制了 input 的输入类型，比如你输入你的名字就不行了，因为 int 函数无法转换。

if 语句支持很多运算符来丰富条件语句，如比较运算符、成员运算符、逻辑运算符、算数运算符等。

```
if 3 + 2 == 5:
    print('ok')
if 'a' in 'abc':
```

```
    print('ok')
```

再来看 if 语句的嵌套形式。

有时候一个条件成立无法满足需求，那么就要用到 if 的嵌套语句了，先看基本形式。

```
1. if 今天下雨：  # 代码块 1，其内部的 if 语句无论多复杂，都属于代码块 1
2.     if 下小雨：  # 分支条件
3.         骑车回家  # 如果该分支条件成立，执行的代码块
4.     else:
5.         打车回家  # 分支条件不成立执行的代码块
6. else:  # 代码块 2，当代码块 1 条件不成立时执行的代码块
7.     走回家
```

执行过程：上述逻辑就是根据今天是否下雨作判断，如果今天不下雨，则执行第 6 行的 else；而如果今天下雨这个条件成立，程序就进入代码块 1 中，此时，程序会再次根据子条件作出判断，是否下小雨，如果是下小雨，则骑车回家，否则无论什么情况都是打车回家。执行过程如图 2.15 所示。

注意

if 语句的嵌套不宜过多，否则会降低代码的可读性。

我们通过示例来进一步理解 if 的嵌套形式，首先来看示例 1。

```
1. num = int(input(">>>"))
2. if num < 10:
3.     if num == 3:
4.         print('输入正确')
5.     else:
6.         print('再接再厉')
7. else:
8.     print('输入错误')
```

上例中，首先在第 1 行获取用户的输入，为了后续判断，直接将字符串类型的值转换为整数类型。当用户在输入数字后，程序执行第 2 行的 if 判断，如果输入的数值小于 10，程序执行该 if 语句中的代码块，进入子条件判断，如果输入的值等于 3，打印“输入正确”，否则打印“再接再厉”。如果输入的值大于 10，则直接执行第 7 行的语句，打印“输入错误”。

再来看示例 2。

```
num = int(input('请输入一个数字：'))

 if num < 10:
     if num < 5:
         print('你输入的是 %s,比 5 小' % num)
     elif num > 5:
         print('你输入的是 %s,比 5 大' % num)
 else:
```

```
9.            print('good，输入正确 %s' % num)
10.       else:
11.           print('老铁别乱来：%s' % num)
```

上例在示例 1 的基础上增加了子条件判断。如果输入的数值小于 10，进入第 3～8 行的子条件判断语句块。如果这个值小于 5，提示“你输入的值比 5 小”，“%s”会将输入的值填入到打印的句子中，后续章节会详细讲解。如果输入的值大于 5 则提示“你输入的值比 5 大”。只有当输入的值是 5 的时候，才会提示“good，输入正确”。如果最开始输入的值比 10 大，程序执行第 9 行的语句块，提示“老铁别乱来”。

接下来，我们再了解一种不推荐的写法。

```
num = int(input(">>>"))
if num == 3: print('输入正确')
```

我们不推荐这种写法，上面提到过，在一个物理行上写多个逻辑行代码，这样会降低代码的可读性。

2.6.2 循环之 while 循环

循环语句，顾名思义，就是一个语句可以被重复循环执行多次。Python 提供两种循环方式：while 循环和 for 循环。先来看 while 循环，其语法基本形式如下。

```
while 表达式:
    循环体
```

下面示例打印 oldboy 3 次。

```
>>> count = 0
>>> while count < 3:
...     print('oldboy')
...     count += 1
...
oldboy
oldboy
oldboy
```

执行流程如下。

count 的初始值为 0，进入 while 循环，第一次判断表达式成立，执行循环体：

```
print('oldboy')
count += 1
```

执行完毕，count=1。再次进入循环，条件表达式仍为真（count<3），继续执行，每次 count 的值都会加 1，直到第三次，count=3，进入循环判断，此时表达式条件为假，直接退出循环，程序往下运行（由于后面没代码，所以程序结束）。

接下来我们通过 while 循环计算 1+2+3+⋯+100 的值。

```
count = 0    # 循环中的变量
sum = 0    # 用于求和
```

```
3. while count < 100:  # 当 count 小于 100 的时候，while 循环执行
4.     count = count + 1
5.     print(count)  # 每次 count 值都会加 1
6.     sum = sum + count  # sum 都会加上 count 值
7. print(sum)
```

上例中，首先定义两个变量，初始值都为 0，第一次循环，首先执行第 4 行的 count 加 1 操作，然后第 5 行的 sum 加上此次循环的 count 值等于 1。第二次循环 count 值为 2，sum 值为 1，执行第 4～5 行的赋值操作，此时 sum 在原来的基础上加上 count 值为 3。在每次循环中，count 都加上 1，而 sum 则都加上 count 值，最后当 count 等于 100 的时候，while 循环结束。执行第 7 行的打印，就得出了最终的 sum 值。

循环还有一种形式，我们称为死循环（或无限循环），例如，while 的条件表达式始终为真，程序就会陷入死循环。

```
while True:
    print('ok')
```

注意

如果运行上例代码，就会发现程序是不是停不下来了？没错，这就是死循环。我们在编写代码的时候后，如无必要，应注意避免死循环的产生。

2.6.3 循环之 for 循环

Python 的 for 循环可以遍历任何序列类型，如下一章我们重点讲的列表、字典、字符串。for 循环不像 while 一样是通过条件判断实现的循环。for 循环的基本形式为：

```
for 可迭代的变量（i） in 序列:
    循环体
```

执行过程如下。

将迭代对象的第一个元素赋值给变量 i，然后执行一次循环体；执行结束后，再将迭代对象的第二个元素赋值给变量 i，再执行一次循环体……直到取出迭代对象的所有元素。

关键点：循环次数取决于迭代对象内有多少元素。

有了 for 循环，我们在处理序列类型的数据时就方便多了，比如循环打印一串字符串的每个字符。

```
str1 = 'oldboyisstrongman'
for i in str1:
    print(i)
```

执行过程如下。

在 for 循环的时候，先将可迭代对象，即字符串中的第一个字符“o”赋值给变量 i，然后执行循环体，打印这个字符，然后进入第二次循环，将字符串中的第二个字符“l”再次赋值给变量 i，再执行打印，以此类推，直到打印完整个字符串。

2.6.4 break 语句

break 语句用来终止循环，即使循环条件依然成立，遇到 break 语句也会终止，并且 break 语句后面的代码不会执行。

break 语句用在 for 和 while 循环中，如果当前的循环是嵌套类型的循环，break 语句将停止执行包含 break 语句的循环。

示例，打印字符串，遇到“h”时终止循环。

```
>>> for i in 'python':
...     if i == 'h':
...             print(i)
...             break
...     print(i)
...
p
y
t
h
```

执行过程如下。

for 循环字符串，拿到字符串“python”的第一个字符赋值给 i 去和 if 条件表达式作判断，条件为假，不执行 if 内的代码块，而是往下执行，输出这个字符，程序进入第二次循环，依次作比较。当拿到的字符符合 if 的条件时，执行 if 内的代码块，打印这个字符，然后遇到 break 语句，结束循环，程序也随之结束，不执行后面的代码。

2.6.5 continue 语句

break 语句跳出整个循环，而 continue 语句则是结束当前循环执行的剩下的代码，继续执行下次循环。continue 语句在 for 和 while 循环中都适用。

```
>>> for i in 'python':
...     if i == 'h':
...             continue
...     print(i)
...
p
y
t
o
n
```

执行过程如下。

for 循环字符串，拿到字符串“python”的第一个字符赋值给 i 去和 if 条件表达式作判断，条件为假，不执行 if 内的代码块，而是往下执行，输出这个字符，程序进入第二次循环，依次作比较。当拿到的字符符合 if 的条件时，执行 if 内的代码块，continue 跳出本次循环，程序继续执行下一次循环，打印剩下的字符。

通过两个例子，对比学习了 break 语句和 continue 语句的区别。一句话总结两个语句，break 语句跳出整个循环；而 continue 语句只结束当前循环执行的代码，但程序会继续往下执行，并不会结束循环。

2.6.6 pass 语句

pass 语句意为正在等待完成的任务或功能。就是说 pass 是空的语句，不执行具体的功能，只是为了保持程序的完整性，比如我们要实现一个登录登出的功能，可以先定义有这两个功能的程序，然后我们着手写登录的功能，把登出的功能先放那，不完善具体的登出细节，这时就用到了 pass 语句了。记住一句话，pass 是空语句，保证程序的完整性，我们有这个功能，但这个功能的细节，我们先不做描述。

```
i = 0
while i < 10:
    if i == 3:
        pass
    print(i)
    i += 1
```

上面的代码示例中，pass 语句这个代码块，意思就是我还没想好要干啥，但什么都不写程序不完整，无法执行，所以用到了 pass 空语句。

2.7 习题

1. 判断下列逻辑语句是 True 还是 False.

```
(1)  1 > 1 or 3 < 4 or 4 > 5 and 2 > 1 and 9 > 8 or 7 < 6
(2)  not 2 > 1 and 3 < 4 or 4 > 5 and 2 > 1 and 9 > 8 or 7 < 6
(3)  1 > 2 and 3 < 4 or 4 > 5 and 2 > 1 or 9 < 8 and 4 > 6 or 3 < 2
```

2. 给出下列逻辑语句的值。

```
(1)  0 or 3 and 4 or 2 and 0 or 9 and 7
(2)  0 or 2 and 3 and 4 or 6 and 0 or 3
(3)  5 and 9 or 10 and 2 or 3 and 5 or 4 or 5
```

3. 下列语句的结果是什么?

```
(1)  0 or 2 > 1
(2)  0 and 2 > 1
(3)  0 or 5 < 4
(4)  5 < 4 or 3
(5)  2 > 1 or 6
```

```
（6） 3 and 2 > 1
（7） 0 and 3 > 1
（8） 2 > 1 and 3
（9） 3 > 1 and 0
（10） 3 > 1 and 2 or 2 < 3 and 3 and 4 or 3 > 2
```

4. 简述变量命名规范。
5. name = input(">>>")，name 变量是什么数据类型?
6. if 条件语句的基本结构是什么?
7. while 循环语句基本结构是什么?
8. 写代码：计算 1 − 2 + 3 − 4 + … + 99 −100 的结果。
9. 写代码：计算 1 − 2 + 3 − 4 + 5 +… + 99 中除了 88 以外所有数的总和。
10. 写程序实现用户输入账号、密码登录（3 次输错机会）且每次输入错误时显示剩余错误次数。

03 第3章　数据类型

学习目标

- 熟练掌握 Python 的数据类型及用法。
- 重点掌握列表、字典用法以及各自的方法。
- 掌握各种数据结构的相互嵌套。
- 熟悉文件的操作与字符编码。

首先了解一个知识点，什么是数据结构呢？数据结构，顾名思义，就是将数据通过某种方式（如对元素进行编号，或者其他的方式）组织在一起的元素集合，这些元素可以是数字、字符串或者其他数据类型。在 Python 中，最基本的数据类型称为序列（或称为容器）类型，Python 会为序列中的每个元素分配一个序号，即元素的位置，也叫作索引，序列中的第一个元素索引为 0，第二个索引为 1，以此类推。

Python 中序列编号机制是从 0 开始的，其他大部分的语言都是如此设计。另外，这里的序列如无特指，一律为有序序列。

3.1 Python 基础数据类型

如果学过其他语言，如 C 语言，可能会知道在定义一个变量时，必须声明这个变量的类型，就是说，要告诉编译器以什么类型去存储，而在 Python 中则无须声明，Python 在内部帮我们处理好了（变量部分讲过），那么这一节就学习一下 Python 中的基本数据类型。

Python 3 中基础数据类型共分为 4 种，整型（int）、浮点型（float）、布尔型（bool）和复数（complex）。也许读者会问，不是还有长整型（long）吗？注意，长整型在 Python 3 中统一归为整型了。

3.1.1 整型

整型数即整数，分为正整数、0 和负整数，Python 使用 int 表示整型数。

Python 为 int 类型提供了数学运算及运算符。

```
>>> 2+4*2
10
>>> 2*4/4
2.0
>>> 4/2
2.0
>>> type(4*2)
<class 'int'>
>>> type(4/2)
<class 'float'>
```

可以看出，运算规则与数学运算规则基本一致，只是在作除法时，返回的是 float 类型。如果想要实现复杂的计算，可以加括号，跟数学计算一样。

```
>>> ((2+4) * 3 / (3 + 2)) + 2 * 3
9.6
```

int 类型不仅能与算数运算符结合，还能跟赋值运算符结合，现在让我们复习一下上一章讲的赋值运算。

```
>>> x = 5
>>> x += 1
>>> x
6
>>> x -= 1
>>> x
5
>>> x *= 1
>>> x
5
>>> x *= 2
>>> x
10
```

```
>>> x /= 1
>>> x
10.0
>>> x /= 2
>>> x
5.0
```

我们在做循环练习的时候肯定没少用到诸如 x += 1 之类的赋值运算。在这里再次说明一下赋值运算符，在现实中，我们知道一个数不可能“等于”该数加 1，但在编程语言中，却是一个合法的语句，它的含义是将变量 x 指向的值加 1 之后再重新赋值给 x 本身，鉴于这种操作的频繁，Python 包括其他语言都提供了+=这种简写形式。

```
x += 1  # 等价于 x = x + 1
```

3.1.2 浮点型

Python 提供了类型 float 用来表示浮点数，float 类型的数值与数学中的写法基本一致，但允许小数点后面没有任何数字（小数部分为 0），下列数值都是浮点类型。

```
3.1415   -6.23   12.0   -5.   .5
```

Python 同样为浮点型数值提供了加减乘除等运算，运算符也跟整数类型一样，但有一点，在 Python 3 中，运算符“/”用于浮点数时，是保留小数部分的，而 Python 2.x 版本解释器则返回 int 类型。

```
>>> 6 / 3
2.0
>>> type(6/3)                    # Python 3.x 中
<class 'float'>
>>> type(6/3)                    # Python 2.x 中
<class 'int'>
```

浮点型数据能够表示巨大的数值，能够进行高精度的计算，但由于浮点型数据在计算机内部是用固定长度的二进制表示的，有些数值可能无法精确表示，只能存储带有微小误差的近似值，比如下面的情况。

```
>>> 1.2 - 1.0                    # 示例 1
0.19999999999999996
>>> 2.2 - 1.2                    # 示例 2
1.0000000000000002
>>> 2.0 - 1.0                    # 示例 3
1.0
```

上面的例子可以看到，示例 1 的结果比 0.2 略小，而示例 2 比 1.0 略大，而示例 3 则算出了精确的结果。一般而言，这种微小的误差不影响实际应用，但在一些极端情况下，因为极小的误差，仍能导致出错。

```
>>> 1.2 - 1.0 == 0.2
False
>>> 2.0 - 1.0 == 1.0
```

```
True
```

上面我们用运算符“==”来比较两个表达式，结果显示为布尔值的 True 和 False，从上面的例子中我们得出了一个重要的经验：不要对浮点数使用运算符“= =”来判断是否相等。但想这么比较时怎么办?我们不应该直接比较，而是通过计算两个浮点数的差值是否足够小，是的话，我们认为相等。

```
>>> epsilon = 0.0000000000001
>>> abs((2.2 - 1.2) - 1) <= epsilon
True
>>> abs((1.2 - 1.0) - 0.2) <= epsilon
True
```

注意

abs 函数是返回一个数值的绝对值。

```
>>> abs(-5)
5
>>> abs(-5.0)
5.0
```

Python 用浮点型数值表示很大或很小的数值时，会自动采用科学计数法来表示。

```
>>> 1234.56789 ** 10
8.225262591471028e+30
>>> 1234.56789 ** -10
1.2157666565404538e-31
```

但下面这种情况除外，这种情况 Python 将长串的数值理解为一串整型数，会原封不动地打印出来。而上面的例子则是会计算结果。

```
>>> 1111111111111123121213
1111111111111123121213
>>> 12312313131313131313131321231321231
12312313131313131313131321231321231
>>> type(12312313131313131313131321231321231)
<class 'int'>
```

知识扩展

从运算效率来说，float 相对于 int 运算效率略低。所以，我们如果不是必须用到小数，一般采用整数类型。另外，不要用浮点数通过运算符“==”来判断是否相等这样的问题。

我们常用“==”和 is 作判断，那么二者是否含义相同呢? 下面通过例子来看看 is 与 == 的区别。

```
>>> a = 256
>>> b = 256
>>> c = 257
>>> d = 257
>>> a == b
True
```

```
7. >>> a is b
8. True
9. >>> c == d
10.True
11.>>> c is d
12.False
13.>>> id(a)
14.494578096
15.>>> id(b)
16.494578096
17.>>> id(c)
18.57248800
19.>>> id(d)
20.57248784
```

在解释之前，我们需要补充一点知识。Python 为了实现对内存的有效利用，会对小整数，即–5～256 的整数进行缓存，不在此范围内的则不缓存。那么，我们再来看上面的例子，通过各变量在内存中的 id 可以看到，a 和 b 都指向同一个内存空间（第 13～16 行），所以，无论是 is 还是“= =”都是 True，那么我们再来看 c 和 d，在内存中的 id 地址是不同的，但是两者的值是相同的，那么可以得出，“= =”比较的是值，而 is 则比较的是两个变量在内存中的 id 地址。

3.1.3 布尔型

上一节中的示例中，判断两个数是否相等时，Python 返回了布尔型的结果，那么什么是布尔型呢？

布尔是 19 世纪英国的数学家，他建立了命题代数。所谓的命题就是可以判断真假的语句。在编程语言中，将真假两个值组成了一个类型，即布尔型，真假值也称为布尔值，以真假为值的表达式称为布尔表达式，布尔表达式在程序中的作用是根据条件的真假执行对应的语句。

Python 在 2.3 版本之后就定义了布尔型 bool，bool 型的两个值为 True 和 False。在 2.3 版本之前，Python 用 1 和 0 来表示真、假，这个方法沿用至今。

```
>>> if 1:
...     print('true')
... else:
...     print('false')
...
true
```

布尔表达式最常用的是判断两个表达式的数值大小关系。

```
[表达式] [运算符] [表达式]
>>> 2 == 2
True
```

但布尔表达式在判断字符串的时候就不那么简单了。

```
>>> 'oldboy' == 'oldboy'
True
>>> 'oldboy' == 'OLDBOY'
```

```
False
```

在 Python 中，字符串是按字典的顺序进行比较的，也就是说是基于字母顺序比较，而字母顺序是按照 ASCII 编码顺序排列的。所以，不管是大小写字母，标点符号，阿拉伯数字以及其他各种字符，都要按照 ASCII 编码来确定大小。

```
>>> 3 > 3
False
>>> 3 > 2
True
>>> 2 * 2 > 2
True
>>> 'like' > 'lake'
True
```

那么，我们怎么查看这些数字、字母、标点符号在 ASCII 编码中的位置呢？我们可以通过 ord 函数来查看。

```
>>> ord('1')
49
>>> ord('a')
97
>>> ord('A')
65
>>> ord(',')
44
>>> ord('<')
60
```

ord 函数返回字符在 ASCII 中的位置序号。

当然，仅用简单的布尔表达式不足以满足某些需求，将多个简单的布尔表达式用逻辑运算符连接起来可以组成复杂的布尔表达式。回顾一下我们学过的逻辑运算符：and、or、not。

```
[布尔表达式] and [布尔表达式]
[布尔表达式] or [布尔表达式]
not [布尔表达式]
```

复杂表达式各项的值依赖于参加逻辑运算的简单布尔表达式的值，具体的依赖关系可以用真值表来定义，如图 3.1 所示。

and			or			not	
P	Q	P and Q	P	Q	P or Q	P	not P
F	F	F	F	F	F	T	F
F	T	F	F	T	T	F	T
T	F	F	T	F	T		
T	T	T	T	T	T		

图 3.1 真值表

在图 3.1 中，P 和 Q 是参加运算的布尔表达式。在 and 运算中，P 和 Q 各有两种可能的值，所以 P、Q 组合共有 4 种不同的值组合，每种组合用一行表示，后面一列是 P and Q 的值，从图中可知，只有当 P、Q 都为真，并且 P and Q 为真，整个表达式为真。

```
>>> 3 > 3 and 3 < 4
False
>>> 3 > 2 and 3 < 4
True
```

在 or 运算中，只有 P 和 Q 都为假，表达式 P or Q 才为假，也就是说，只要其中一项为真，表达式就为真。

```
>>> 3 > 3 or 3 < 4
True
>>> 3 > 3 or 3 == 4 or 3 == 3
True
```

not 的用法相对简单。

```
1. >>> not 3 > 3
2. True
3. >>> not not 3 > 3
4. False
```

上例中，第 3 行的语句相当于我们生活中的双重否定为肯定。

利用这 3 个逻辑运算符可以构建复杂的布尔表达式。同算数运算符一样，在复杂的布尔表达式中，谁先谁后计算成了问题，这就要牵扯到运算符的优先级了，回顾一下上一章中我们列出运算符的优先级的图，可以看到逻辑运算符的优先级。

```
not > and > or
```

在此再介绍一种别的语言不支持的表达式形式。

```
>>> 3 > 2 < 4
True
>>> 3 > 2 < 4 == 4 != 5
True
```

虽然这种形式在数学中常用，但我们仍不推荐这种方式，因为这不为大多数语言所接受，对于这类表达式，还是用逻辑运算符比较好。

有时候可以通过适当地加括号来改变原有的优先级，就像数学运算中加括号改变计算顺序一样，如计算：2*2+2，加括号后变为 2*(2 + 2)，运算顺序就不一样了。

```
>>> print( 0 or not 0 or '')
True
>>> print( 0 or not 0 or '' and 1)
True
>>> print( 0 or not 0 or '' and 1 and 0)
True
>>> print( 0 or not 0 or '' and 1 and 0 and None)
```

```
True
>>> print( (0 or not 0 or '') and 1 and 0 and None)
0
>>> print( (0 or not 0 or '') and 1 and 0 or None)
None
>>> print( (0 or not 0 or '') and 1 and 0 or None)
None
```

通过上面的例子，我们可以看到，返回值是有一定的规律的。

如果我们用 x、y 表示两个表达式。

```
x and y
```

在 and 运算中，如果 x 的值为 False，则返回 x 的值，否则返回 y 的值。

```
>>> 1 and 0
0
>>> 0 and 1
0
```

在 or 运算中，如果 x 的值为 False，则返回 y 的值，否则返回 x 的值。

```
>>> 0 or 1
1
>>> 1 or 0
1
```

在 not 运算中，如果 x 的值为 False，则返 True，否则返回 False。

```
>>> x = 0
>>> not x
True
>>> y = 1
>>> not y
False
>>> not not y
True
```

在 Python 中，元素自带布尔值，也就是说，每个元素都有自己的布尔值，我们可以通过 bool 函数来证明。

```
>>> bool(0)
False
>>> bool(1)
True
>>> bool(None)
False
>>> bool('')
False
>>> bool([])
False
>>> bool(-1)
True
```

由上例可以看到，在 Python 中，0、None、空为假，其余为真。

空包括空的字符串、空的容器类型(接下来我们要讲的列表，字典等）。

3.1.4 复数

Python 语言用 complex 类型表示复数，但由于不常用，我们只做了解。

在数学中，任意数可表示为 a + bi，a 称为实部，b 称为虚部，而 Python 中 complex 类型的表示方法为(a + bj)。

Python 中的 complex 类型的虚数符号用 j 表示，而不是数学中的 i，在不会产生误解的情况下，(a + bj)可以省略括号为 a + bj。

对于 complex 类型也可以执行数学运算。

```
>>> c1 = 3 + 5j
>>> c2 = 2 + 4j
>>> c1 + c2
(5+9j)
>>> c1 - c2
(1+1j)
>>> c1 * c2
(-14+22j)
>>> c1 ** c2
(-0.524974754249287 3+0.16891854983884866j)
>>> abs(c1)
5.830951894845301
```

需要注意的是，abs 函数对复数的计算是返回复数的模数。

我们也可以通过 c1.real 和 c1.imag 来分别获取 c1 的实数和虚数，结果都是 float 类型。

```
>>> c1 = 3 + 5j
>>> c2 = 2 + 4j
>>> c1.real
3.0
>>> c1.imag
5.0
```

3.2 字符串

在早期，计算机都是用于科学计算，处理的都是数值，现在计算机已经大量用于处理各种文本文件，而文本文件中的数据在计算机中都是用字符串表示的。

常见的字母、数字、标点符号等都是字符。另外，还有控制类的字符，如回车、退格等功能键。这些字符组成了字符串序列，成为程序可以处理的数据。

3.2.1　字符串的创建

字符串可以说是 Python 中最受欢迎的数据类型了。字符串在表示方面也更为灵活多变。

Python 用引号来创建（界定）字符串。单引号、双引号、三引号（单、双三引号）都可以标识字符串。

```
>>> str1 = 'str1'
>>> str2 = "str2"
>>> str3 = '''str3'''
>>> str4 = """str4"""
>>> str1, type(str1)
('str1', <class 'str'>)
>>> str2, type(str2)
('str2', <class 'str'>)
>>> str3, type(str3)
('str3', <class 'str'>)
>>> str4, type(str4)
('str4', <class 'str'>)
```

通常，我们使用单、双引号来创建字符串，这也是程序中最常用的形式。三引号（单、双三引号）允许字符跨越多行，并在输出时保持原来的格式，字符串中可以包含换行符、制表符及其他特殊字符，主要用于一些特殊格式，如文档型的字符串，也用来对代码进行注释。但需要注意的是，只要不是三引号，就只能在一行内表示（你肯定会说那我加个换行符不就行了么！好吧，你成功地骗了自己，但 Python 解释器显然不这么认为）。

一般地，Python 中用单引号还是双引号并没有区别，但有些情况单双引号的结合使用更方便，比如我们会碰到如下的情况。

```
'I'm oldboy'
```

Python 解释器在读取字符串的时候，碰到第二个单引号就已经解释成了字符串，但又无法解释后面的字符串因而报错。这时你也许会想到用双引号来解决这个问题。

```
"I'm oldboy"
```

没错，能解决，但是碰到下面这种情况呢？

```
'"I'm oldboy" he said'
```

这时候就要用转义字符反斜杠。

```
>>> str5 = '"I\'m oldboy",he said'
>>> print(str5)
"I'am oldboy",he said
```

因为上面的单引号被当作界定符，所以字符串内部的单引号要用字符“\”来转变意义为普通字符，才能被解释器正常解释执行。下面的“\"”和“\'”一样，被当成普通的字符了。

```
>>> str6 = "\"I'am oldboy\", he said"
>>> print(str6)
"I'am oldboy", he said
```

有时候，我们会打印一些特殊的字符串，而不希望反斜杠被当成特殊字符，如打印一个路径。

```
>>> print('C:\\nowhere')
C:\nowhere
```

但结果已经不是我们想要的样子了，这时，可能会想到加两个反斜杠。没错，是解决了这个问题。

```
>>> print('C:\\nowhere')
C:\\nowhere
```

但如果碰到比较长的路径呢？这样写是不是很头疼？

```
>>> print('C:\\\\Users\\\\Anthony\\\\AppData\\\\Roaming\\\\Microsoft\\\\Windows\\\\Start Menu\\\\Programs')
C:\\Users\\Anthony\\AppData\\Roaming\\Microsoft\\Windows\\Start Menu\\Programs
```

这里还有一种方法，使用原生字符串（或称原始字符串）来解决这个问题。在字符串前加一个“r”，该字符串就变为原生字符串了。原生字符串不会将反斜杠视为特殊字符，原生字符串中的每个字符都会原封不动地输出。

```
>>> print(r'C:\\nowhere')
C:\\nowhere
>>> print(r'C:\\Users\\Anthony\\AppData\\Roaming\\Microsoft\\Windows\\Start Menu\\Programs')
C:\\Users\\Anthony\\AppData\\Roaming\\Microsoft\\Windows\\Start Menu\\Programs
```

3.2.2 常用字符串方法

本章开头提到数据类型的概念时说字符串是序列类型。那么，我们可以通过其索引来确定字符串中字符的位置，并且访问该位置上的字符。

```
<字符串>[数值表达式]
```

数值表达式就是索引位置，索引位置返回的结果就是该索引位置上的字符。

```
str[start_index:end_index:step]
```

start_index 表示索引开始的位置，正（从左到右）索引默认为 0，负（从右到左）索引默认为-len(str)。

end_index 表示索引结束的位置，正索引默认为 len(str) – 1，负索引默认为 –1。

step 表示取值的步长，默认为 1，切记，步长的值不能为 0。

图 3.2 展示了字符串的索引顺序，由左到右索引从 0 开始，由右到左索引从-1 开始。

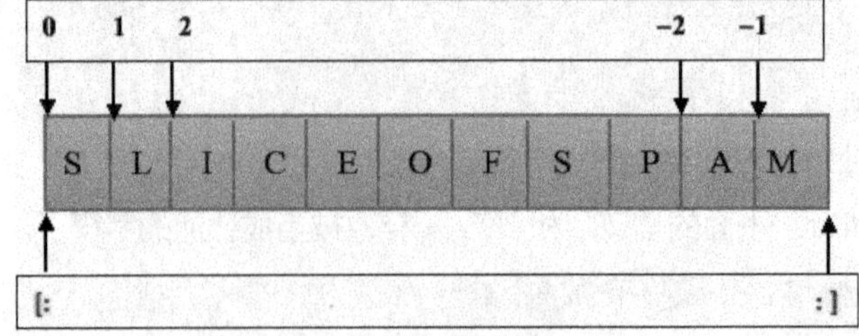

图 3.2　字符串索引示意图

提示

len()函数为 Python 内置函数，用来返回对象（字符串、列表、元组）的长度或项目个数（字典）。

下面通过示例来学习字符串索引。

```
>>> str1 = 'http://www.oldboyedu.com/'
>>> str1[3]     # 取索引位置为 3 的字符
'p'
>>> str1[-1]    # 取最后 1 个字符
'/'
```

注意

如果正向取最后一个字符，必须用 len(str)−1 才能取到，因为索引是从 0 开始的，如下例所示。

```
>>> str1 = 'http://www.oldboyedu.com/'
>>> str1[len(str1)]
Traceback (most recent call last):
  File "<stdin>", line 1, in <module>
IndexError: string index out of range
>>> str1[len(str1) - 1]
'/'
```

下面这个例子为通过切片来取值。

```
>>> str1 = 'http://www.oldboyedu.com/'
>>> str1[-3]      # 取倒数第 3 个字符
'o'
>>> str1[:6]      # 取前 6 个字符
'http:/'
>>> str1[6:]      # 从第 7 个字符开始取到末尾
'/www.oldboyedu.com/'
>>> str1[6:9]     # 取两者之间的字符
'/ww'
>>> str1[2:9:2]   # 两者之间，每隔 2 个字符取一个
't:/w'
>>> str1[::4]     # 所有字符中每隔 4 个取一个
'h:wly./'
>>> str1[::-1]    # 反转字符串，通过负数的步进，实现反转
'/moc.udeyobdlo.www//:ptth'
```

切片中的表达式举例如下。

```
>>> str1 = 'http://www.oldboyedu.com/'
>>> str1[3 + 2]
'/'
>>> str1[2 * 4]
'w'
```

利用切片复制字符串举例如下。

```
>>> str1 = 'http://www.oldboyedu.com/'
>>> str2 = str1[:]
>>> str2
'http://www.oldboyedu.com/'
>>> id(str1), id(str2)
(9240264, 9240264)
```

id 为 Python 中的内置函数，用来获取变量在内存中的地址。另外，Python 中的字符串具有不可变特性，也就是创建后不能在原基础上改变它，如无法执行如下操作。

```
>>> str1 = 'http://www.oldboyedu.com/'
>>> str1[2] = 'x'
Traceback (most recent call last):
  File "<stdin>", line 1, in <module>
TypeError: 'str' object does not support item assignmen
```

但在开发中，我们要对这个字符串做类似的操作，那么我们可以通过合并、切片等操作创建一个新的字符串来实现，如有必要再将结果重新赋给原来的变量，如下例所示。

```
>>> str1 = 'oldboy'
>>> "I'm" + str1
"I'moldboy"
>>> "I'm " + str1
"I'm oldboy"
>>> str1 = "I'm " + "O" + str1[1:]
>>> str1
"I'm Oldboy"
```

切片在国外的一些 Python 书籍中叫分片，而国内一般翻译为切片，所以在别处看到分片其实就是指切片。

再来看字符串的其他操作。

1. 字符串复制：*

```
>>> name = 'oldboy'
>>> name * 5
'oldboyoldboyoldboyoldboyoldboy'
```

2. 字符串合并：+

字符串的合并操作，也叫字符串的拼接，此操作应用十分广泛，比如在前面的例子中已经用到了。

```
>>> '100' + '-' + '1800' + '-' + '18000'
'100-1800-18000'
```

3. 成员测试：in，not in

```
>>> 'o' in 'oldboy'
```

```
True
>>> 'ol' in 'oldboy'
True
>>> 'od' in 'oldboy'
False
>>> 'od' not in 'oldboy'
True
```

字符串的成员测试，就是判断指定字符在不在字符串中。

4. 字符串格式化运算符：%s

首先来复习一下之前所学的，字符串的格式化输出。格式化输出就是按照某种固定的格式进行字符串输出，这个字符串称为模板字符串，我们在模板里用格式定义符“%”占住一个“空位”，然后把运算得出的数据放到这个“空位”里，字符串格式化运算符%的基本用法如下。

```
<模板字符串> % (<数据 1>, …, 数据 n>)
```

就像我们之前使用的“%s”这个字符串格式化运算符，但仅凭“%s”不足以“包打天下”，所以，这一节我们在学习几个其他常用的与%搭配的字符，以实现不同的功能，比如商店消费的小票上，或者银行等涉及金钱的输出都有固定格式。我们怎么用格式化输出￥1.50 呢？读者可能会想，可以这样干。

```
>>> "金额：￥%.2f 元" % 1.50
'金额：￥1.50 元'
```

格式定义符还可以通过如下方式对格式字符进行进一步的控制。

```
<模板字符> %[flags][width].[precision]<模板字符> % (数据 1, …, 数据 n)
```

上例中，模板字符就是普通的字符串，flags 可以是“+”“-”或 0，“+”表示右对齐，“-”表示左对齐，0 表示格式化字符不够指定宽度（字符串长度）填充 0。width 表示显示字符宽度。precision 表示小数的位数。

```
print("金额：￥%+9.2f 元" % 1.50000)  # 金额：￥    +1.50 元
print("金额：￥%-9.2f 元" % 1.50000)  # 金额：￥1.50      元
print("金额：￥%09.2f 元" % 1.50000)  # 金额：￥000001.50 元
```

上例中，“%+9.2f”表示格式化字符右对齐（一般加号可以省略不写，写上的话，会当成格式化字符填充进去）、宽度是 9，小数位保留 2 位，需要填充的是浮点型的数据。“%-9.2f”表示格式化字符左对齐，宽度是 9，小数位保留 2 位，需要填充的是浮点型的数据。“%09.2f”表示格式化字符填充 0，宽度是 9，需要填充的是浮点型的数据。

要注意的是，如果使用的是浮点型的格式定义符，那么数据也必须是浮点型数据或 int 类型。

```
>>> "金额：￥%f 元" % 4
'金额：￥4.000000 元'
>>> "金额：￥%.2f 元" % 4
'金额：￥4.00 元'
>>> "金额：￥%.2f 元" % 'str'
Traceback (most recent call last):
```

```
  File "<stdin>", line 1, in <module>
TypeError: a float is required
```

这同样适用于其他格式定义符，比如用 int 类型的格式定义符“%d”，而数据是 str 类型的，那么就会报错。

```
>>> "金额：￥%d 元" % '1'
Traceback (most recent call last):
  File "<stdin>", line 1, in <module>
TypeError: %d format: a number is required, not str
>>> "金额：￥%d 元" % 1
'金额：￥1 元'
```

表 3.1 列举了可以与%符号一起使用的常用符号集（不完全）。

表 3.1　　字符串格式化运算符

格式化符号	描述
%s	在格式化之前通过 str()函数转换为字符串，%s 是最常用的
%f	浮点实数
%F	浮点实数
%c	单个字符
%d	十进制整数
%g	指数（e）或浮点数
%G	指数（E）或浮点数
%e	指数（小写字母“e”）
%E	指数（大写字母“E”）

示例如下。

```
>>> print('%c'%'a')
a
>>> print('%c'%111)
o
>>> print('%d'%11)
11
>>> print('%f'%.6)
0.600000
>>> print('%F'%.6)
0.600000
>>> print('%g'%.6)
0.6
>>> print('%G'%.6)
0.6
```

我们再来介绍字符中最常用的 9 个方法。

1. str.center(width,filler)

参数：width 为字符串的宽度，filler 为填充字符。

返回值：返回一个指定宽度的字符串，如果 width 的宽度小于字符串本身的宽度，就直接返回该字符串，否则字符串两边填充 filler 字符。

```
>>> str1 = 'oldboy'
>>> str1.center(20,'*')
'*******oldboy*******'
>>> str1.center(2,'*')
'oldboy'
```

filler 默认是空格，且 filler 必须是单个字符。

```
>>> str1 = 'oldboy'
>>> str1.center(20)
'       oldboy       '
>>> str1.center(20,'*&')
Traceback (most recent call last):
  File "<stdin>", line 1, in <module>
TypeError: The fill character must be exactly one character long
```

2. str.count(sub, start=0, end=len(str))

参数：sub 为要统计的字符，start 为开始查找的位置，默认为 0，end 为字符串结束的位置，默认到字符串的末尾。

返回值：返回 sub 在字符串内出现的次数。

```
>>> str1 = 'www.oldboyedu.com'
>>> str1.count('w')
3
>>> str1.count('ww')
1
>>> str1.count('ww', 1,8)
1
>>> str1.count('ww', 4,8)
0
```

3. str.startswith(obj,start,end)

参数：obj 为要判断的对象，该对象可以为字符串，也可以为元素，start 和 end 参数标识查询的字符串范围。

返回值：如果该字符串中存在指定的 obj 对象，返回 True，否则返回 False。

```
>>> str1 = 'hello oldboy'
>>> print(str1.startswith('old'))
False
>>> print(str1.startswith('h'))
True
>>> print(str1.startswith('e'))
False
>>> print(str1.startswith('i'))
False
>>> print(str1.startswith('hel', 2, 10))
False
```

4. index(obj,start,end)

参数：obj 是要查找的字符串对象，start 为开始的索引，end 为结束位置，start 和 end 如果不指定，则检索整个字符串。

返回值：包含则返回字符串对象所在字符串中的开始位置索引，否则抛出异常。

```
>>> str1 = 'hello oldboy'
>>> print(str1.index('he'))
0
>>> print(str1.index('he', 2, 10))
Traceback (most recent call last):
  File "<stdin>", line 1, in <module>
ValueError: substring not found
>>> print(str1.index(' ol', 5, 10))
5
```

与 index 方法功能一样的还有 find 方法，区别在于 index 找不到指定字符直接抛出异常，而 find 找不到则返回-1。find 相对更友好一些，选择哪个方法视情况而定。

5. join(sequence)

参数：sequence 为要连接的元素序列。

返回值：返回生成的新的字符串。

```
>>> str1 = '-'
>>> str2 = ''
>>> seq = ('p', 'y', 't', 'h', 'o', 'n')
>>> str1.join(seq)
'p-y-t-h-o-n'
>>> str2.join(seq)
'python'
```

连接对象（可迭代对象）必须是字符串。

```
>>> str1 = '-'
>>> seq = (1, 2, 3)
>>> str1.join(seq)
Traceback (most recent call last):
  File "<stdin>", line 1, in <module>
TypeError: sequence item 0: expected str instance, int found
>>> seq1 = ('abc','d')
>>> str1.join(seq1)
'abc-d'
```

6. str.strip(sub)

参数：sub 为指定的字符。如果 sub 参数不指定，则默认去除字符串两边的空格或者换行符。

返回值：返回截掉指定字符后的新的字符串。

```
>>> str1 = '****oldb***oy*******'
>>> str1.strip('*')
'oldb***oy'
```

如果想截掉上面字符中的“*”号怎么办？请看下面示例。

```
>>> str1 = '****oldb***oy*******'
>>> str1.strip('*')
'oldb***oy'
>>> str1.replace('*','')
'oldboy'
```

问题解决，但是 replace 是什么？

7. str.replace(old, new,[max])

参数：od 是旧的字符，new 是新的字符，如果指定 max 则替换最多不超过 max 次。

返回值：返回字符中 old 字符替换成 new 字符后生成的新的字符串。

```
>>> str1 = 'oldboy said hello python'
>>> str1.replace('o', 'O')
'OldbOy said hellO pythOn'
>>> str1.replace('o', 'O', 1)
'Oldboy said hello python'
```

8. str.upper()

参数：无。

返回值：返回新生成小写转大写的字符串。

```
>>> str1 = 'oldboy'
>>> str1.upper()
'OLDBOY'
```

与 upper 功能相反的方法是 lower。lower 使字符串大写转小写，它的用法与 upper 方法一致。这两个方法用处很多，比如我们对登录验证码的判断就可以用该方法，因为验证码是随机的，并且是含有大小写和特殊字符的一串字符串，那么怎么判断呢？可以通过 upper 和 lower 这两个方法来判断。

```
>>> verification_code1 = '@Y2n%C'
>>> verification_code2 = input("输入验证码： ")
输入验证码： @Y2n%C
>>> if verification_code1.upper() == verification_code2.upper():
...     print('login successful')
... else:
...     print('login error')
...
login successful
>>> if verification_code1.lower() == verification_code2.lower():
...     print('login succcessful')
... else:
```

```
...     print('login error')
...
login succcessful
```

通过上例中的方法，我们可以灵活地实现很多功能。

9. str.split(str=", num)

参数：str 为要分割的字符串，num 指定分割次数。

返回值：split 方法返回的是一个列表，列表内是按照分隔符分割的元素。

```
>>> str1 = 'oldboy said hello python'
>>> str1.split()
['oldboy', 'said', 'hello', 'python']
>>> str1.split('o')
['', 'ldb', 'y said hell', ' pyth', 'n']
>>> str1.split('o', 2)
['', 'ldb', 'y said hello python']
>>> type(str1.split())
<class 'list'>
```

注意

列表接下来会讲，但这里一定要注意包括这个方法在内的字符串各方法的返回值，看看是什么类型。

现在有个需求。将字符串 str1 = "Im love, Python!"变为 str2 = "Python,love Im"。该如何实现呢？

可能想到要先反转过来再看，没错。

```
>>> str1 = "Im love, Python!"
>>> str1[::-1]
'!nohtyP ,evol mI'
```

结果跟我们想的不一样，这么反转是反转每个字符，显然不符合要求，想一想刚学的 split 方法是不是合适。

```
>>> str1.split(' ')
['Im', 'love,', 'Python!']
```

没错，合适！接下来我们再反转。

```
>>> str1.split(' ')[::-1]
['Python!', 'love,', 'Im']
```

到这就成功一大步了，接下来就是把“!”换成“,”，是不是？

```
>>> str1 = str1.split(' ')[::-1]
>>> str1
['Python!', 'love,', 'Im']
>>> str1.replace('!', ',')
Traceback (most recent call last):
```

```
  File "<stdin>", line 1, in <module>
AttributeError: 'list' object has no attribute 'replace'
```

报错了！看上面的代码，我们说过 split 返回的是列表类型，那么前面我们还学过一个 join()方法，可以将列表元素转换为字符串。

```
>>> str = ['a', 'b', 'c']
>>> ''.join(str)
'abc'
```

在这里就能用上了。

```
>>> ''.join(str1.split(' ')[::-1])
'Python!love,Im'
```

现在总能替换了吧，把“!”换成“,”。

```
>>> ''.join(str1.split(' ')[::-1]).replace('!', ',')
'Python,love,Im'
>>> ''.join(str1.split(' ')[::-1]).replace('!', ',').replace(',', ' ')
'Python love Im'
```

可结果还是跟想的不一样。我们在用 replace 方法的时候，应该在心里想一下该方法都是替换哪些内容，谁先谁后，我们试一下调换两个 replace 方法先后位置。

```
>>> ''.join(str1.split(' ')[::-1]).replace(',', ' ').replace('!', ',')
'Python,love Im'
>>> str2 = ''.join(str1.split(' ')[::-1]).replace(',', ' ').replace('!', ',')
>>> str2
'Python,love Im'
```

好了，终于成功了！是不是很麻烦？没错，但这是某公司的笔试题。可以看到，这里没有用到什么高深的东西，只是在考察对 Python 基础的掌握情况。让我们总结一下本节所学吧。

表 3.2 列举了字符串的常用操作符。

表 3.2　　字符串的常用操作符

字符串的操作	描述	重要程度
[]	索引操作	*****
[:]	切片操作	*****
+	合并（拼接）字符串	****
*	复制字符串	***
in ，not in	成员测试	*****

表 3.3 列举了必须掌握的常用的字符串方法。

表 3.3　　常用的字符串方法

方法	描述	重要程度
str.capitalize	将字符串的一个字符转换为大写	**
str.center	返回指定宽度的居中的字符串	***
str.count	返回指定字符在字符串内出现的次数	****
str.endswith	检查字符串是否以指定字符结尾	***
str.startswith	检查字符串是否以指定字符开始	***
str.find	判断字符是否在字符串中	***
str.index	判断字符是否在字符串中	**
str.join	以指定分隔符，将序列中所有元素合并为一个新的字符串	*****
str.lower	将字符串内的所有大写字符转为小写	***
str.upper	将字符串内的所有小写字符转为大写	***
str.replace	将字符串内指定的 old 字符转换为 new 并返回为新的字符串	*****
str.split	以指定字符为分隔符分割字符串，并返回字符串列表	*****
str.isdigit	检测字符串是否由数字组成	***
bytes.decode	指定解码方式给 bytes 对象解码	*****
str.encode	指定编码方式给 str 编码	*****

表 3.4 列举了不常用但依然重要的字符串方法（不完全）。

表 3.4　　字符串方法

方法	描述	重要程度
str.expandtabs	转换字符串中的 tab 符号为空格，tab 符号默认的空格数是 8	*
str.isalnum	检测字符串是否由字符和数字组成	**
str.isalpha	检测字符串是否只由字母组成	***
str.islower	检测字符串是否只由小写字母组成	***
str.isupper	检测字符串是否只由大写字母组成	***
str.isnumeric	检测字符串是否只包含数字字符	*
str.isspace	检测字符串是否只由空格组成	*
str.title	返回字符串中首字母大写其余字母小写形式	**
str.istitle	如果字符串是首字母大写其余字母小写形式则返回 True，否则返回 False	*
str.isdecimal	检查字符串是否只包含十进制字符	*
str.ljust	返回原字符串的左对齐	*
str.rjust	返回原字符串的右对齐	*
str.lstrip	删除字符串开始的指定字符	**
str.rstrip	删除字符串末尾的指定字符	**
str.rfind	如 find 方法，但从右侧开始查找	*
str.rindex	如 index 方法，但从右侧开始查找	*
str.splitlines	以列表的形式按照换行符返回分割后的字符串	*
str.maketrans	创建字符映射的转换表，对于接受两个参数的最简单的调用方式，第一个参数是字符串，表示需要转换的字符，第二个参数也是字符串，表示转换的目标	**
str.translate	根据字符串给出的表转换字符串的字符，要过滤掉的字符放到 delete 参数中	***
str.zfill	返回指定长度的字符串，原字符串右对齐，前面补 0	*****
str.swapcase	将字符串中的大写字符转换为小写，小写字母转换为大写	**

除了上述这些字符串特有的方法外，还有以下 3 个函数可以应用于字符串中，当然也适用于后续的列表、元组。

（1）max(str)根据字符串中的字符在 ASCII 表中的位置，返回（同类型，比如都是数字类型或者都是字母）字符串中最大的字符。比如 a 和 z 在 ASCII 表中对应的分别是 97 和 122，那么 max("az")返回的是 z。

（2）min(str)同 max 一致，只是返回的是（同类型，比如都是数字类型或者都是字母）字符串中最小的字符。

（3）len(str)返回字符的长度。

用法示例如下。

```
>>> s = "adz"
>>> max(s)
'z'
>>> min(s)
'a'
>>> len(s)
3
```

3.2.3　字符串类型与类型的转换

我们在学习逻辑运算符的时候，在用户登录验证的例子中，读者对下面代码中的 123 要写成“123”肯定会有点迷惑。

```
while 1:
    user = input('用户名：')
    pwd = input('密码：')
    if user == 'oldboy' and pwd == '123':
        print('login successful')
        break
    else:
        print('login error')
        continue
```

因为，input 返回的是 str 类型，那么，我们就需要将字符串转换成其他类型。

```
while 1:
    user = input('用户名：')
    pwd = input('密码：')
    if user == 'oldboy' and int(pwd) == 123:
        print('login successful')
        break
    else:
        print('login error')
        continue
```

上面的例子中我们用到了 while 1 这个操作，之前讲 while 循环的时候也用过，但为什么要在这提一下呢？因为讲完了 bool 类型！其实 while 1 和 while True 一样，但是，客观地说，while 1 要比 while True 性能好一些，因为计算机只“认识”0 和 1，while True 要进一步地解释为 while 1，所以，这里用哪个都可以的，大家不要疑惑。

用 int 将字符串转换为整型，这只是其中的一例，我们在实际的开发中还会遇到将字符串转换为其他类型，或者将其他类型转换为 str 类型。为了达到目的，先看一个方法。

```
>>> eval('3*2+3')
9
>>> eval('3*2+a')
Traceback (most recent call last):
  File "<stdin>", line 1, in <module>
  File "<string>", line 1, in <module>
TypeError: unsupported operand type(s) for +: 'int' and 'str'
>>> a = 3
>>> eval('3*2+a')
9
```

eval 方法接收一个字符串，将该字符串解释成 Python 的表达式并求值，得到特定类型的值，如果该字符串无法解释成合法的 Python 表达式则会报错。

在一些特定的场合会用到 eval 方法，其功能虽然强大，但也具有较大的安全隐患，所以，我们只做简单的介绍，一般不推荐使用此方法。

一般地，int 和 float 都可以和 str 类型相互转换，但请注意只有当字符串为数字的时候才能转换。

```
>>> int('123')
123
>>> float('12.3')
12.3
>>> str(123)
'123'
>>> str(['a',1, 2])
"['a', 1, 2]"
```

3.2.4 最后，善用 help

这一章将学习大量的方法，包括接下来要讲的列表、元组、字典，都有相关的方法，那么多的方法，怎么才能记得每个数据类型都有哪些方法呢？每个方法都是怎么用的呢？甚至到后面可能会迷糊某个方法有没有参数等。这里介绍一个函数——help。help 函数能够查看当前的数据类型的所有相关方法及介绍，如图 3.3 所示。

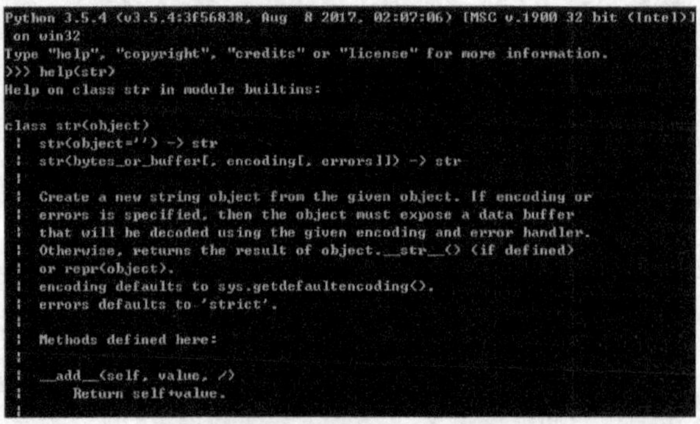

```
Python 3.5.4 (v3.5.4:3f56838, Aug  8 2017, 02:07:06) [MSC v.1900 32 bit (Intel)]
 on win32
Type "help", "copyright", "credits" or "license" for more information.
>>> help(str)
Help on class str in module builtins:

class str(object)
 |  str(object='') -> str
 |  str(bytes_or_buffer[, encoding[, errors]]) -> str
 |
 |  Create a new string object from the given object. If encoding or
 |  errors is specified, then the object must expose a data buffer
 |  that will be decoded using the given encoding and error handler.
 |  Otherwise, returns the result of object.__str__() (if defined)
 |  or repr(object).
 |  encoding defaults to sys.getdefaultencoding().
 |  errors defaults to 'strict'.
 |
 |  Methods defined here:
 |
 |  __add__(self, value, /)
 |      Return self+value.
 |
```

图 3.3　help 函数返回 str 的帮助信息

help 也能查看该数据类型的某个方法的具体使用方法介绍，如图 3.4 所示。

```
>>> help(str.replace)
Help on method_descriptor:

replace(...)
    S.replace(old, new[, count]) -> str

    Return a copy of S with all occurrences of substring
    old replaced by new.  If the optional argument count is
    given, only the first count occurrences are replaced.
```

图 3.4　help 返回 str.replace 方法的具体使用方法

无论何时，我们都要想着用 help，会有意想不到的收获。

3.3　容易走火入魔的字符编码

3.3.1　字符编码的发展

接下来展开讨论关于字符串的另一个知识点：字符编码。

很多人都经历过，在编写一份 Word 文件的时候，突然没电了。辛辛苦苦码的字都没了，只好重新启动计算机再写。有没有想过为什么字都没有了呢？因为打开 Word 软件的时候，系统就将 Word 中的内容读到内存中，继续编写内容，这些新编写的内容也在内存中。当单击保存的时候，这些数据会从内存中保存到硬盘上，如果没保存，突然断电（内存断电数据丢失），这些数据也就无法保存。而我们要了解的是当打开和保存的时候，这其中发生的事情。

我们知道计算机要想工作必须通电，即用“电”驱使计算机干活，也就是说“电”的特性决定了计算机的特性。电的特性即高低电平，从逻辑上用二进制数 1 对应高电平，二进制数 0 对应低电平。那么我们可以得出结论：计算机只认识数字。那么在使用计算机的过程中，输入和输出的都是人能读懂的字符，如何让计算机读懂人类的字符呢？这必须经过图 3.5 所示的过程。

图 3.5　计算机如何识别字符

而这个过程（如 Word 保存数据的过程）实际就是一个字符如何对应一个特定数字的标准（过程），这个标准称为字符编码。

接下来聊聊编码的前世今生。

1. ASCII 编码

由于计算机是美国人发明的，最早他们在规定英文字母、数字以及特殊字符与二进制数字对应的关系时规定 1 个字节（8 个二进制位）表示一个字符，即 2^8=256，一共能表示 256 个字符。并把这些对应关系编写在一张表上——美国信息交换标准代码（American Standard Code for Information Interchange，ASCII）。比如 A 对应 00010001，但英文只有 26 个字符，算上一些特殊字符和数字，127（最高位没用上，默认补 0）个字符也够用了，后来计算机为了表示拉丁文，就将最后一位也用了，至此 ASCII 表算是用满了。

注意

每个电平为一个 bit（比特位），8 个 bit 组成为一个 Byte（字节）。

8bit = 1Byte = 1 字节

1024Byte = 1KB

1024KB = 1MB

1024MB = 1GB

1024GB = 1TB

1024TB = 1PB

提示

字节单位为大写开头。

硬盘上每存储 1GB 的文件，就是 1GB = 1024(MB)*1024(KB)*1024(Bytes)*8(bit)这么多的 bit 位。

如果我们都用英文肯定没问题，但是各国的语言文字都不一样。比如计算机在漂洋过海来到中国后，如何处理中文？单拿一个字节表示一个汉字，并不能表达完所有的汉字。解决办法就是扩大字节表示，ASCII 用 1 个字节代表一个字符，那么就用两个字节代表一个汉字，就是 16 位的二进制表示。位数越多，代表的变化就越多。就这样，中国制定了自己的标准 GB2312（截止到本书编写时，最新为 GB 18030-2005）编码，规定了字符（包含中文字符）与二进制数字的对应关系。

计算机漂洋过海去了日本之后，日本也规定了自己的 Shift_JIS 编码；韩国也不甘落后，规定了自己的 EUC-KR 编码。

2. Unicode 编码

这样看似挺好，大家都能使用计算机了。但是问题也出现了，假如精通八国语言的老男孩用八种语言写了一篇文章，那么这篇文章，无论按照哪个国家的编码表，都会出现乱码（按照一个国家的标准保存的文字不会有问题，但其他国家的文字不在这个编码表上就会乱码），这个时候就迫切地需要一个统一的标准（包含所有的语言）。于是 Unicode（单一码，万国码，也称统一码）应运而生，Unicode 规定用 2 个字节代表一个字符（所以说 Unicode 是定长的），生僻字用 4 个字节表示。并且 Unicode 兼容 ASCII，是世界标准。

看似 Unicode 只能表示 $2^{16}-1=65535$ 这么多个字符，但实际 Unicode 可以表示一百多万个字符，因为 Unicode 中还存放着与其他编码的映射关系。所以，准确地说 Unicode 不算是严格意义上的字符编码表。

问题又来了！如果我们的文档内容全部为英文，用 Unicode 会比 ASCII 多耗费一倍的空间（ASCII 一个字母占 1 个字节，而 Unicode 同样的字母要用 2 个字节），这在存储和传输上十分低效。所以为了改变 Unicode 定长的弊端，在 Unicode 的基础上演化出了 UTF-8 可变长度的编码。

3. UTF–8 编码

UTF-8（8-bit Unicode Transformation Format）编码把一个 Unicode 字符根据数字的大小编码为 1～6 个字节（2003 年重新规范为最多 4 个字节）。常用的英文字母占用 1 个字节，一般汉字占用 3 个字节，生僻字占用 4～6 个字节，这样，在存储的过程中就会非常节约空间。表 3.5 展示了字符在不同编码表上的表示方式。

表 3.5　字符在不同编码表上的表示方式

字符	ASCII	Unicode	UTF-8
A	01000001	00000000 01000001	01000001
中	X	01001110 00101101	11100100 10111000 10101101

从表 3.5 中还可以发现，UTF-8 编码中的第一个字节与 ASCII 编码兼容。所以，大量只支持 ASCII 编码的历史遗留的软件，在 UTF-8 编码下还可以正常地工作。

目前，内存中的编码固定为 Unicode 编码，我们仅能改变的是硬盘上的数据编码，所以在打开 Word 编写内容的时候，其实经历了图 3.6 所示的从 UTF-8（根据软件所使用的编码，也可使用其他编码，如 GBK）格式的二进制文件解码为 Unicode 格式的内存中。

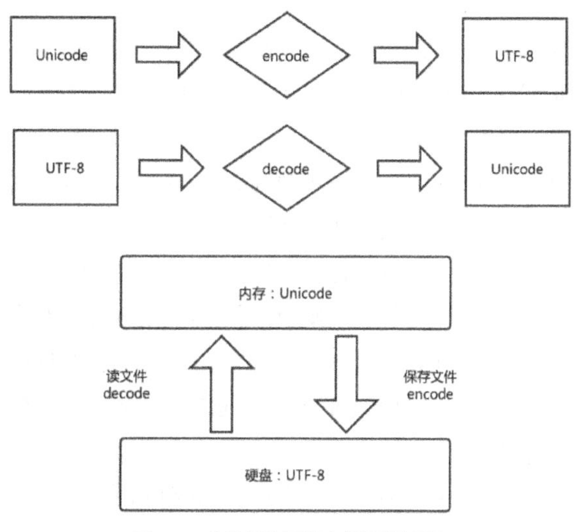

图 3.6　文件打开到保存经历的过程

知识扩展

UTF-8 是一种可变长编码标准，是目前主流的编码方式。据统计，2016 年的互联网超过 80%的网页采用 UTF-8 编码，其他还有 UTF-16，UTF-32，由于篇幅限制不过多介绍。

为什么计算机的内存采用 Unicode 编码？而存储一般选择 UTF-8？因为在内存中要求处理效率高，用空间换时间，而且定长的 Unicode 可以访问万国语言而不乱码；UTF-8 没有字节序，所以用来存储和传输就相当方便了。

保证不乱码的核心法则就是，字符按照什么标准而编码的，就要按照什么标准解码，此处的标准指的就是字符编码。

3.3.2　字符编码之 Python

由于 Python 的诞生比 Unicode 要早，Python 2 中默认采用了 ASCII 编码。后来 Unicode 携手 UTF-8 一统江湖直到现在。所以 Python 3 默认采用 UTF-8 编码。

Python 2 字符（串）类型分为 str 和 Unicode。

当我们用 Python 2 解释器来执行一个 py 文件时。如果不指定编码，会发生图 3.7 所示的错误。

图 3.7 Python 2 不指定编码的报错

分析报错内容，中文字符不在 ASCII 表内，所以报错。原因是发生在 Python 解释器解释过程中的报错。其实 Python 解释器在执行这个文件的时候，经历了 3 个过程。

（1）Python 解释器启动。

（2）Python 解释器读取 test1.py 文件，这一步跟 notepad++一样，只是读了文件内容。而 notepad++则是展示或者修改内容，而 Python 解释器则是要执行代码。

（3）按照 Python 的规则执行内容，在执行到将“你好”这个字符串赋值给“a”的时候，发生错误。因为在存储这个文件的时候没有指定编码格式，那么就是按照 notepad++（默认）的格式（UTF-8）存储的（Unicode → encode → UTF-8）。所以当 Python 解释器在读取这个文件的时候（UTF-8 → decode → Unicode），也没错。错就错在当没有指明编码的时候，Python 2 是按照自己的默认编码来解释这个字符串，就造成了 ASCII 无法识别中文的问题。

解决办法：在解释器执行这个文件的时候，在文件的头部指定图 3.8 所示的编码方式，告诉解释器要按照什么编码来执行。

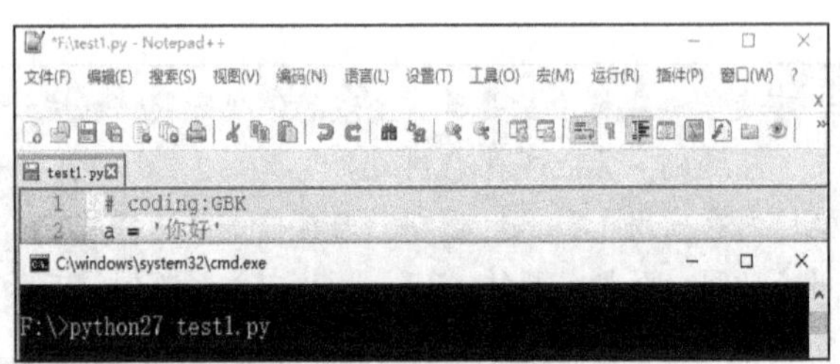

图 3.8 指定编码方式

在经过文件头部指定编码方式之后，Python 解释器就按照 GBK 编码的方式来执行文件，将“你好”这串字符串以 GBK 的方式赋值给变量“a”，保存在内存中。这也说明了，内存中的数据不一定全是 Unicode 的，是可以由我们自己指定的。但这就完了吗？没那么简单。我们来打印一下这个变量，打印结果如图 3.9 所示。

为什么不是我们想要的“你好”？这里说明一下，print 方法会在内部转换成让我们看着更友好的结果。其实真实的结果是第二行的打印结果，Python 2 在按照 GBK 存储的时候将这个变量结果以字节类型来存储在内存中的，类型也就是 str 字节字符串类型，那么第一个 print 的友好的结果为什么依然“不友好”呢？因为我们在开始存储这个 py 文件的时候是默认按照 UTF-8 的方式存储的，现在却按照 GBK 的方式打印，当然“不友好”了，想要友好，我们要指定解码方式，如图 3.10 所示中第 3 行代码。

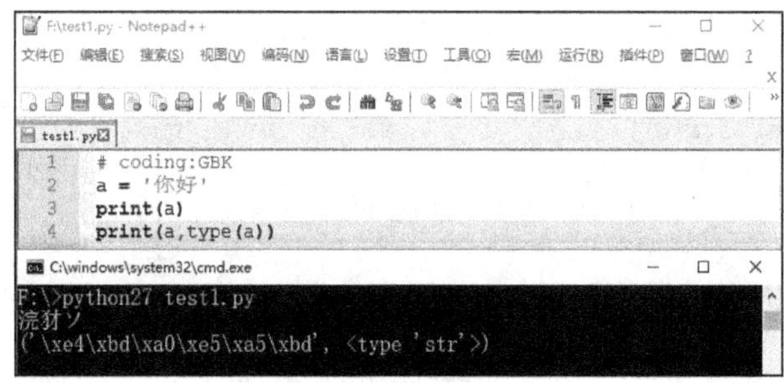

图 3.9　打印结果

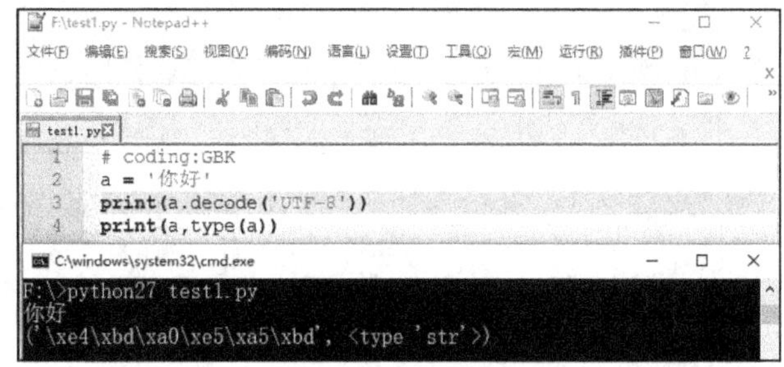

图 3.10　指定解码方式并打印结果

通过学习我们得出结论：Python 2 的字符默认格式是 Unicode，默认字节类型是 str。另外，我们可以通过文件头来声明以什么方式解码。

```
# coding:UTF-8
or
# -*- coding: GBK -*-
```

如果在别处看到 coding 之后的编码方式为 GBK、UTF-8 等其他方式的话，这些都为解释器所接受。

而 Python 2 想要将字符串存储为 Unicode 格式，就要在字符串前加“u”。

```
Python 2.7.14 (v2.7.14:84471935ed, Sep 16 2017, 20:19:30) [MSC v.1500 32 bit (Intel)] on win32
Type "help", "copyright", "credits" or "license" for more information.
>>> a = '你好'
>>> a, type(a)
('\xc4\xe3\xba\xc3', <type 'str'>)
>>> b = u'你好'
>>> b, type(b)
(u'\u4f60\u597d', <type 'unicode'>)
```

而 Python 3 的字节类型和字符串类型分别为 bytes 和 Unicode，所以，Python 3 中的字符串在打印的时候就不会出现如 Python 2 一样的乱码，而且，这个 Unicode 类型的字符串想要得到 bytes 类型，要通过 encode 来实现。

```
Python 3.5.4 (v3.5.4:3f56838, Aug  8 2017, 02:07:06) [MSC v.1900 32 bit (Intel)] on win32
Type "help", "copyright", "credits" or "license" for more information.
```

```
>>> a = '你好'
>>> a, type(a)
('你好', <class 'str'>)
>>> a.encode('GBK')
b'\xc4\xe3\xba\xc3'
>>> a.encode('UTF-8')
b'\xe4\xbd\xa0\xe5\xa5\xbd'
```

通过上面的示例可以看到，无论 encode 为何种编码方式，都为 bytes 类型，只是存储方式不同而已。

Python 2、Python 3 可以通过 sys 模块来查看各自的编码方式。

```
Python 3.5.4 (v3.5.4:3f56838, Aug  8 2017, 02:07:06) [MSC v.1900 32 bit (Intel)] on win32
Type "help", "copyright", "credits" or "license" for more information.
>>> import sys
>>> sys.getdefaultencoding()
'utf-8'

Python 2.7.14 (v2.7.14:84471935ed, Sep 16 2017, 20:19:30) [MSC v.1500 32 bit (Intel)] on win32
Type "help", "copyright", "credits" or "license" for more information.
>>> import sys
>>> sys.getdefaultencoding()
'ascii'
```

所以 Python 2 的字符串有两个类型 str 和 Unicode，而 Python3 则为 bytes 和 Unicode。其实我们可以这样理解，Python 2 中的 str 类型就是 Python 3 中的 bytes 类型，这点可以查看 Python 2 的源码，如图 3.11 所示。

图 3.11 Python 2 源码

所以，在 Python 3 中字符串有两种，文本类型字符 Unicode 和字节类型（或称字节流）字符 Bytes。

3.4 列表

列表是 Python 中最常用的数据类型之一，也是最灵活的数据类型之一，它可以包含任何种类的对象：数字、字符串、元组、字典，也可以嵌套包含列表。与字符串不同的是，列表是可变的，可变指的是我们在原处修改其中的内容，如删除或增加一个元素，则列表中的其他元素自动缩短或者增长，也正是如此，在列表元素个数过多时，如果删除靠前的（如第一个）元素，则其他的元素都要向前移动，会导致性能有所下降，这是在开发中需要注意的。

3.4.1 列表的基本操作

1. 创建列表

Python 中用一对中括号“[]”来创建列表（list），用“,”分割列表内的每个元素。

```
1. >>> l = []
2. >>> l
3. []
4. >>> type(l)
5. <class 'list'>
6. >>> list('abcd13433444')
7. ['a', 'b', 'c', 'd', '1', '3', '4', '3', '3', '4', '4', '4']
8. >>> list(range(-1, 4))
9. [-1, 0, 1, 2, 3]
```

可以看出，列表中的元素可重复，range(start,stop,step)为 Python 的内置函数，range 函数在 Python 3.x 中返回一个区间范围，如果想要得到列表，就需要如上例第 6 行所示，显式使用 list 转化。start 参数表示这个区间的起始位置，stop 是区间结束的位置，step 是步长，也就是在这个区间内，每隔几个数值取一个值。

需要注意的是，正如上例第 9 行返回的结果所示，通过 range 取-1 到 4 这个区间内的数值，但是-1 可以取到，而 4 取不到，只取到 3，这是 range 的特性，start 的值能取到，而 stop 也就是最后一个值取不到。

range 函数一般在 for 循环内用得较多。

```
>>> for i in range(-1, 10, 3):
...     print(i)
...
-1
2
5
8
```

上例 for 循环的范围是-1 到 10，但由于只能取值到 9，也就是在“-1 0 1 2 3 4 5 6 7 8 9”这几个数字中取值，并且由于 step 步长是 3，所以每 3 个数字取 1 个，结果就是“-1 2 5 8”。

2. 列表的合并

```
>>> l1 = [1, 2, 'a']
>>> l3 = l1 + l2
>>> l3
[1, 2, 'a', 3, 4, 'b']
```

合并就是将两个列表合为一个新列表，原有列表不变。

3. 列表的重复

```
>>> l1 = [1, 2, 'a']
>>> l2 = l1 * 5
>>> l2
[1, 2, 'a', 1, 2, 'a', 1, 2, 'a', 1, 2, 'a', 1, 2, 'a']
```

重复可以理解为将原列表“复制”指定次数，然后相加得到一个新的列表。

4. 成员资格

```
>>> l =['a','b','c','we']
>>> 'a' in l
True
>>> 'w' in l
False
>>> 'we' in l
True
```

成员资格测试就是判断指定元素是否存在于列表中，存在则返回 True，不存在则返回 False。

5. 通过索引取值

```
>>> l1 = [1, 2, 'a']
>>> l1[2]
'a'
>>> l1[4]
Traceback (most recent call last):
  File "<stdin>", line 1, in <module>
IndexError: list index out of range
```

列表中每一个元素都有自己的索引（从 0 开始）位置，这也是为什么说列表是有序的。我们可以通过索引取对应的值。注意，当通过索引取值时，索引范围超过列表索引长度时，会报错。

6. 列表切片操作

```
>>> l = [1, 2, 3, 4, 5, 6]
>>> l[3:]                           # 从某个索引位置开始取元素
[4, 5, 6]
>>> l[3:6]                          # 取列表内的一段元素
[4, 5, 6]
>>> l[1:6:2]                        # 每两个取一个
[2, 4, 6]
>>> l[:-2]                          # 取倒数第二个之前的元素
[1, 2, 3, 4]
>>> l[-2]                           # 取倒数第二个元素
5
>>> l[::-1]                         # 反转列表
[6, 5, 4, 3, 2, 1]
```

切片是根据列表的索引来取值。需要说明的是，只要是序列类型（字符串，列表，元组），其内的元素都有自己的索引位置，我们可以根据索引位置取值。

7. 通过 for 循环取值

```
>>> for i in [0, 1, 2, 3]:
...     print(i)
...
0
1
```

```
2
3
```

for 循环取值时，每次循环取出一个元素，然后将这个元素赋值给“i”，操作“i”其实操作的是取出的元素。

8. 为列表添加元素

```
>>> l1 = [1, 2, 'a']
>>> l1.append("b")
>>> l1
[1, 2, 'a', 'b']
```

如上例所示，列表通过 append 方法追加元素。追加的意思是这个元素将会添加到列表的尾部。

append 方法还可以用在 for 循环中。

```
>>> l = []
>>> for i in range(5):
...     l.append(i)
...
>>> l
[0, 1, 2, 3, 4]
```

for 循环每次从 0 到 5 的区间范围内取出一个值，赋值给“i”，然后将“i”对应的值追加到空列表中。

9. 列表元素更新

```
>>> l1 = ['a', 'b']
>>> l1,id(l1)
(['a', 'b'], 8338448)
>>> l1[1] = 2
>>> l1,id(l1)
(['a', 2], 8338448)
```

通过索引修改列表中对应的元素，从打印结果可以发现，当列表内的元素被修改后，列表的内存地址不变。

10. 通过下标索引删除元素

del 关键字可删除列表元素。

```
>>> l = [1, 2, 3, 4]
>>> del l[2]
>>> l
[1, 2, 4]
>>> l = [1, 2, 3, 4, 5, 6]
>>> del l[1], l[3]
>>> l
[1, 3, 4, 6]
```

del 支持删除多个元素。但要注意的是，删除多个元素的时候，需要牢记，要删除的第一个元素后面的元素此时还在索引范围内。

```
>>> l = [1, 2, 3, 4]
>>> del l[1], l[3]
Traceback (most recent call last):
  File "<stdin>", line 1, in <module>
IndexError: list assignment index out of range
>>> l = [1, 2, 3, 4]
>>> del l[3], l[1]
>>> l
[1, 3]
```

上例中，原列表的最大索引为 3，删除第二个元素后，列表此时最大的索引为 2，此时却要删除索引为 3 的元素，就抛出错误了。

3.4.2　列表的常用方法

1. list.append(obj)

描述：此方法用于在列表的末尾添加新的元素。

语法：list.append(obj)。

参数：obj 为添加的元素。

返回值：无，原地修改了列表。

```
>>> l = [1, 'a', 2]
>>> l.append(1)
>>> l.append('b')
>>> l
[1, 'a', 2, 1, 'b']
```

在之前的基本操作中，我们已经了解过，append 方法将元素追加到列表的尾部。

2. list.insert(index,obj)

描述：此方法用于在列表的指定位置添加新的元素。

语法：list.insert(index,obj)。

参数：index 是 obj 对象要添加的索引位置，obj 为添加的元素。

返回值：无，原地修改了列表。

```
>>> l = [1, 'a', 2]
>>>
>>> l.insert(1,'ba')
>>> l.insert('ddd')
Traceback (most recent call last):
  File "<stdin>", line 1, in <module>
TypeError: insert() takes exactly 2 arguments (1 given)
>>> l
[1, 'ba', 'a', 2]
>>> l.insert(-1,'ddd')
>>> l
[1, 'ba', 'a', 'ddd', 2]
```

正如例子中的错误显示，insert 方法必须指定位置，而且要明白一点，添加元素到指定索引位置，那么，在该位置的元素和其后面的元素都往后自动退一位。大家在使用时注意索引位置的变动可能给程序带来的影响。

3. list.pop()

描述：此方法用于移除列表中的一个元素，并且返回该元素的值。

语法：list.pop(obj)。

参数：obj 为要移除的元素。

返回值：返回移除的元素。

```
>>> l = ['a', 'b', 'c', 'd']
>>> l.pop('b')
Traceback (most recent call last):
  File "<stdin>", line 1, in <module>
TypeError: 'str' object cannot be interpreted as an integer
>>> l.pop(1)
'b'
>>> l.pop(-1)
'd'
>>> l
['a', 'c']
```

obj 只能是列表内元素的索引值，因此不能通过索引值删除，而不能指定删除某个元素，如上例中一样，使用时需注意。

4. list.remove()

描述：此方法用于移除列表中的指定元素的第一个匹配项。

语法：list.remove(obj)。

参数：obj 为要移除的元素。

返回值：无，只是修改了原列表。

```
>>> l = [1, 2, 1, 3, 2, 'a', 'b', 'c', 'a']
>>> l.remove(1)
>>> l
[2, 1, 3, 2, 'a', 'b', 'c', 'a']
>>> l.remove('a')
>>> l
[2, 1, 3, 2, 'b', 'c', 'a']
```

5. del

描述：del 方法删除列表内的元素，或者连续的几个元素，或者删除整个列表。

语法：del obj1, obj2。

参数：obj 为列表内的元素。

返回值：无，只是原地修改了列表，或者删除了整个列表。

```
>>> l = [1, 2, 1, 3, 2, 'a', 'b', 'c', 'a']
>>> del l[-1]
```

```
>>> l
[1, 2, 1, 3, 2, 'a', 'b', 'c']
>>> del l[2:4], l[1]
>>> l
[1, 2, 'a', 'b', 'c']
>>> del l
>>> l
Traceback (most recent call last):
  File "<stdin>", line 1, in <module>
NameError: name 'l' is not defined
```

del 如果删除的是整个列表，其实只是删除了列表所赋值的变量名，当然，根据学过的变量与内存部分的知识，当变量名不存在时，Python 的垃圾回收机制会把变量名指向的变量值清理掉，但有种情况也要了解，如下例所示。

```
>>> l = [1, 2, 3]
>>> l2 = l
>>> l2
[1, 2, 3]
>>> del l
>>> l
Traceback (most recent call last):
  File "<stdin>", line 1, in <module>
NameError: name 'l' is not defined
>>> l2
[1, 2, 3]
```

我们上面说过，del 在删除整个列表的时候删除的是指向列表的变量名，而不是列表本身，所以，l 和 l2 都指向同一个列表的时候，虽然把 l 删除了，但此列表还与 l2 建立着指向关系。这点大家要多多体会。

在学习列表删除元素的时候，要明白 del、remove、pop 三者的区别，掌握什么情况下适合用哪种方法，才能更完美地实现我们想要的功能。比如说在列表内存的是整个商品的商品名，需要删除其中过期的商品，并做过期记录，用 pop 就比其他两个更适合。

```
>>> l = ['cheese','milk', 'bread']
>>> cheese = l.pop(0)
>>> cheese
'cheese'
>>> l1 = l.remove('milk')
>>> l1
>>> l
['bread']
```

可以看到 remove 方法没有返回值，上例这种情况下就不适合用它了，而 pop 方法完美地解决了问题。

6. list.reverse()

描述：此方法用于反转列表的元素。

语法：list.reverse()。

参数：无。

返回值：无，只是对列表的元素进行反转。

```
>>> l = [1, 2, 3, 4]
>>> l.reverse()
>>> l
[4, 3, 2, 1]
```

7. list.sort()

描述：此方法用于对原列表进行排序。

语法：list.sort(key=None, reverse=False)

参数：key 用来指定一个参数，此函数在每次元素比较时被调用，reverse 表示排序方式，默认值为 False，即按照升序进行排序的，当 reverse=True 时，排序结果为降序。

返回值：None，只是对列表进行排序。

```
1. >>> l = [3, 6, 1, 2, 5, 7, 4, 9]
2. >>> l.sort()
3. >>> l
4. [1, 2, 3, 4, 5, 6, 7, 9]
5. >>> l = ['abc', 'cae', 'edg', 'ffh']
6. >>> l.sort(key=lambda x: x[1])
7. >>> l
8. ['cae', 'abc', 'edg', 'ffh']
```

上例第 6 行，我们通过 key 参数来指定以每个元素索引为 1 的元素排序，lambda 后续再展开讲解。

注意，我们还需要了解另一个函数，sorted 函数。这个函数可以对所有的可迭代对象进行排序操作，这里不过多讲解。

```
>>> l = [1, 7, 2, 6, 3, 5, 4, 9]
>>> l.sort()
>>> l
[1, 2, 3, 4, 5, 6, 7, 9]
>>> sorted(l,reverse=True)
[9, 7, 6, 5, 4, 3, 2, 1]
>>> l
[1, 2, 3, 4, 5, 6, 7, 9]
```

这里只需记得，list.sort()是在原列表上排序的，而 sorted 是返回一个新的列表。

我们可能已经发现，有些函数如 insert、remove 或者 sort 只是修改了列表，并没有返回值——返回值为 None，这是 Python 中所有可变数据结构的设计原则。

表 3.6 为列表常用的操作符。

表 3.6　　列表常用操作符

操作符(表达式)	描述	重要程度
+	合并	**
*	重复	**
in	成员资格	****
for i in [1, 2, 3]:print(i)	迭代	*****
list[2]	索引取值	*****
list[start:stop:step]、list[::-1]	切片（截取）	*****

表 3.7 为列表常用的、必须牢记的方法和内置函数。

表 3.7　　列表常用方法和内置函数

方法	描述	重要程度
list.append(obj)	列表添加元素到末尾	*****
list.insert(index,obj)	列表添加元素到指定位置	*****
list.pop(obj)	删除列表元素	*****
list.remove()	删除列表元素	*****
list.reverse()	反转列表的元素	****
del obj1, obj2	删除列表的元素	****
list.sort()	排序	***
list(seq)	将序列转换为列表	*****
len(list)	返回列表的元素个数	*****
max(list)	返回列表内最大的元素	**
min(list)	返回列表内最小的元素	**
list.extend(seq)	列表末尾追加多个值	***
list.count(obj)	统计某个字符在列表内出现的次数	****
list.index(obj)	找出指定元素的第一个匹配项的索引位置	***

3.4.3　列表的嵌套

前文介绍列表时说的元素类型丰富，是指列表不仅能存储数字、字符串，还能存储列表，即列表可以嵌套。

```
>>> l = [1, 2, [3, 4]]
>>> for i in l:
...     print(i)
...
1
2
[3, 4]
>>> l[2]
[3, 4]
>>> l[2].pop()
4
>>> l
[1, 2, [3]]
>>> l[2].insert(0,'a')
>>> l
[1, 2, ['a', 3]]
```

可以看到，列表对嵌套的处理也同样简单，可以使用我们学过的方法。不仅如此，列表还可以存储别的数据结构，如字典、元组、集合。

```
>>> l = [1,(2, 3), [4,[5, 6]], {'a':'b'}, {7, 8}]
>>> for i in l:
...     print(i)
```

```
...
1
(2, 3)
[4, [5, 6]]
{'a': 'b'}
{8, 7}
>>> l[1][1]
3
>>> l[2][1][1] = 'c'
>>> l[3]['a']
'b'
>>> l[-1]
{8, 7}
>>> l
[1, (2, 3), [4, [5, 'c']], {'a': 'b'}, {8, 7}]
```

先不管元组、字典、集合是什么，后面章节会讲到。但并不推荐像上例这么用，因为这样操作起来太不方便，这里只是为了演示列表可以各种嵌套。一般使用中，更多的是嵌套一种数据类型，如列表嵌套元组，列表嵌套字典，但很少有同时嵌套元组和字典的。

那么，如何展示列表中的所有元素呢？我们可以使用嵌套循环来完成。

```
1. >>> for i in [1, [2, 3], 4]:
2. ...     if isinstance(i, list):
3. ...         for j in i:
4. ...             print(j)
5. ...     else:
6. ...         print(i)
7. ...
8. 1
9. 2
10.3
11.4
```

上例中，第 1 行 for 循环列表，第 2 行判断每次循环中的元素是否为列表，如果是列表，那么就用 for 循环打印其内的列表中的元素，否则执行第 5 行的 else 语句直接打印列表中的元素。

需要强调的是，Python 中并没有二维数组的概念，但是列表嵌套列表同样能够达到二维数组的效果。

3.5 元组

3.5.1 元组的基本操作

学到这里会发现列表和字符串有很多的共同属性，像索引和切片，它们都是序列数据类型的基本组成，这里再来学习一种序列数据类型——元组（tuple）。

1. 创建元组

Python 中，元组用一对小括号“()”表示，元组内的各元素以逗号分隔。

```
>>> t = ()
>>> type(t)
<class 'tuple'>
>>> t = ('name',)
>>> t
('name',)
>>> type(t)
<class 'tuple'>
>>> t,type(t)
(('name',), <class 'tuple'>)
```

元组中要特别注意逗号的使用，否则一不小心创建的元组就会成为字符串。

```
>>> t = ('a')
>>> type(t)
<class 'str'>
>>> t = ('a',)
>>> t = ('a',)
>>> t[0]
'a'
>>> t[1]
Traceback (most recent call last):
  File "<stdin>", line 1, in <module>
IndexError: tuple index out of range
>>> type(t)
<class 'tuple'>
```

2. 元组的取值

元组通过索引取值的方式跟列表类似，比如按照索引取某个值，或者取某个范围内的值，或者可以指定在一个范围内，每几个取一个。

```
>>> t = (1, 2, 3, 4, 'a', 'b')
>>> t[2]                                    # 按索引取值
3
>>> t = (1, 2, 3, 4, 'a', 'b')
>>> t[2:5]                                  # 取两者之间的值
(3, 4, 'a')
>>> t = (1, 2, 3, 4, 'a', 'b')
>>> t2 = t[::2]                             # 每两个取一个
>>> t
(1, 2, 3, 4, 'a', 'b')
>>> t2
(1, 3, 'a')
>>> for i in t:                             # for 循环取值
...     print(i)
...
1
2
3
4
```

```
a
b
```

与列表不同的是，元组为不可变类型，无法原地修改其中的值。

```
>>> t = (1, 2, 3, 4, 'a', 'b')
>>> t[2] = 'd'
Traceback (most recent call last):
  File "<stdin>", line 1, in <module>
TypeError: 'tuple' object does not support item assignment
```

元组支持连接组合，通过“+”号可以把两个元组合并为一个新的元组。

```
>>> t1 = (1, 2)
>>> t2 = ('a', 'b')
>>> t3 = t1 + t2
>>> t3
(1, 2, 'a', 'b')
```

上例中，t1 加 t2 就可以合并为一个新元组 t3，但 t1 和 t2 本身没有改变。

3. 元组的重复：*

简单来说，正如字符串的重复一样，当对元组使用“*”时，复制指定次数后合并为一个新的元组。

```
>>> t1 = (1, 2)
>>> t1 * 3
(1, 2, 1, 2, 1, 2)
```

4. 成员资格：in

判断一个元素是否存在于元组内时，使用“in”来完成。

```
>>> t1 = ('a', 'b', 'abc')
>>> 'a' in t1
True
>>> 'c' in t1
False
```

需要注意的是，成员资格判断，只是判断某个元素是否为元组的一级元素，比如上例中的“a”是元组的一级元素，判断结果为 True。而“c”不是元组的一级元素，“c”是元组一级元素字符串“abc”的子串，所以判断结果为 False。

5. 元组（序列）的打包与解包

```
>>> t = 1, 2, 3
>>> x, y, z = t
>>> x
1
>>> y
2
>>> z
```

```
8. 3
9. >>> t
10.(1, 2, 3)
```

上例第 1 行，将 1、2、3 打包赋值给变量 t，相当于将 3 个苹果打包到一个盒子内。第 2 行，从盒子 t 中将 3 个苹果取出来，分别交给 x、y、z，我们称为解包。解包这里需要注意的是，盒子里有几个苹果，必须有几个对应的变量接收，多了不行，少了也不行。

再来看平行赋值。

```
1. >>> x, y = 1, 2
2. >>> x,y
3. (1, 2)
4. >>> x
5. 1
6. >>> type(x)
7. <class 'int'>
8. >>> a = x,y
9. >>> a
10.(1, 2)
11.>>> type(a)
12.<class 'tuple'>
```

如上例第 1 行所示，平行赋值就是把等号右边的 1，2 分别赋值给等号左边的 x，y。第 2 行是打包（只是打包，并没有赋值给某个变量），打包后的结果是元组类型。第 8 行将 x，y 打包并赋值给变量 a，此时 a 就是打包后的元组。

通过打印斐波那契序列来练习平行赋值。

```
>>> x, y = 0, 1
>>> while x < 10:
...     x,y = y, x + y
...     print(x)
...
1
1
2
3
5
8
13
```

定义 x，y 两个变量并赋值。在每次循环中，x 和 y 都会重新赋值。

同样地，我们可以通过 del 来删除元组。

```
>>> t = (1, 2, 3)
>>> del t[1]
Traceback (most recent call last):
  File "<stdin>", line 1, in <module>
TypeError: 'tuple' object doesn't support item deletion
>>> del t
```

```
7. >>> t
8. Traceback (most recent call last):
9.   File "<stdin>", line 1, in <module>
10.NameError: name 't' is not defined
```

上例第 2 行，删除元组内的元素导致报错，又一次证明元组为不可变类型。但我们可以删除整个元组（第 6 行）。

表 3.8 为元组常用的操作符。

表 3.8　　元组的常用操作符

操作符(表达式)	描述	重要程度
+	合并	**
*	重复	**
in	成员资格	****
for i in (1, 2, 3):print(i)	迭代	*****
t[2]	索引取值	*****
t[start:stop:step]	切片（截取）	*****

表 3.9 为可以应用于元组的内置函数。

表 3.9　　元组的常用方法

函数	描述	重要程度
len(tuple)	返回元组的长度	*****
max(tuple)	返回元组内最大的元素	**
min(tuple)	返回元组内最小的元素	**
tuple(seq)	将序列转换为元组	*****

3.5.2 元组的嵌套

元组同样能嵌套存储数据。

```
>>> t = (1, (2, 3), [4, [5, 'c']], {'a': 'b'}, {8, 7})
>>> for i in t:
...     print(i)
...
1
(2, 3)
[4, [5, 'd']]
{'a': 'b'}
{8, 7}
>>> t[1]
(2, 3)
>>> t[2][1][1]
'c'
>>> t[2][1][1] = 'd'
>>> t[3]['a']
'b'
>>> t[3]['a'] = 'x'
```

```
>>> t
(1, (2, 3), [4, [5, 'd']], {'a': 'x'}, {8, 7})
>>> t[0] = 9
Traceback (most recent call last):
  File "<stdin>", line 1, in <module>
TypeError: 'tuple' object does not support item assignment
```

通过上例可以发现，元组内的普通元素不允许修改，嵌套的子元素是否能够修改取决于这个子元素本身属于什么数据类型，如这个子元素是列表，那么就可以修改，如果是元组，就不可以修改。

了解完元组，读者可能会有疑问，除了不可变之外，元组跟列表好像没什么区别？下面我们通过元组与列表的对比，来发现二者的区别。

需要注意的是，元组并没有增、删功能。那么元组如此设计，以放弃增、删为代价换来了什么呢？

性能！是的，换来了性能。请看下面的例子，以下演示代码由 IPython（Python 的另一个发行版本）完成。

1. 通过创建同样大小的列表和元组来观察不同

```
1. In [1]: % timeit [1, 2, 3, 4, 5]
2. 10000000 loops, best of 3: 61 ns per loop
3. In [2]: % timeit (1, 2, 3, 4, 5)
4. 100000000 loops, best of 3: 15.1 ns per loop
```

由于计算机的运算速度太快了，创建一个列表或者元组是在一瞬间完成的，那么我们怎么看它到底用了多少时间？IPython 帮我们解决了这问题，%timeit 对相同的语句执行上万次，甚至是上百万次，然后产生一个较为精准的平均值，供我们研习判断。

上例第 4 行的执行结果的意思是，这个表达式被执行了 100000000 次，最好的三次循环时间是 15.1 纳秒。

通过与第 2 行的结果对比，可以看到，同样创建元素个数为 5 的情况下，元组的执行效率要远高于列表。

2. 通过存储开销来对比列表和元组

```
In [7]: list1 = [i for i in range(10000000)]
In [8]: tuple1 = tuple(i for i in range(10000000))
In [15]: from sys import getsizeof
In [18]: getsizeof(tuple1)
Out[18]: 80000048
In [19]: getsizeof(list1)
Out[19]: 81528056
```

通过上例可以看到元组比列表有着更小的内存开销。

3. 元组是可哈希的，而列表不是

```
>>> tuple1 = tuple(i for i in range(10000000))
>>> hash(tuple1)
719927539
>>> list1 = [i for i in range(10000000)]
```

```
>>> hash(list1)
Traceback (most recent call last):
  File "<stdin>", line 1, in <module>
TypeError: unhashable type: 'list'
```

当然，举的这三个例子，我们暂时看不懂没关系，但我们只要明白，元组有自己的独到之处，在性能、数据安全等方面，元组都是优于列表的，而且，元组可以当成字典的键来使用，而列表则不行。

3.6　字典

在之前的学习中，我们知道，无论字符串、列表、元组都是将数据组织到一个有序的结构中，然后通过下标索引处理数据，这几种数据结构虽然已经满足大多数场景了，但是依然不够丰满，现在了解一种通过名字（key）来处理数据的数据类型，这种名字对应数值的关系我们称之为映射关系，而这种数据类型就是前文或多或少了解过的——字典（dict）。字典是目前为止 Python 唯一内建的映射方式的数据类型。需要说明的是，从 Python 3.6 开始，字典元素的存储顺序由各键值存储时的顺序而定（但依然不支持索引取值），并优化了空间上的开销，更节省内存占用。

下面通过存储同样的数据，利用对比列表和字典的不同之处来学习字典。比如存储商品的名称和价格，可以用列表来存储。

```
>>> goods = ['apple', 'orange', 'banana']
>>> price = ['20', '24', '32']
```

有 3 个商品，对应 3 个价钱，如果想要知道 banana 的价钱怎么办？

```
>>> banana = price[goods.index('banana')]
>>> banana
'32'
```

完整程序如下所示，但这样取值很麻烦，而且，读者可能要有疑问，为什么价钱要存储成字符串类型？

```
>>> goods = ['apple', 'orange', 'banana']
>>> price = [20, 24, 32]
>>> banana = price[goods.index('banana')]
>>> banana
32
```

上例虽然可以存储为 int 类型，但要是存个电话号码呢？比如 010-998-998 这样的数字怎么存？

```
>>> number = [010, 998, 998]
  File "<stdin>", line 1
    number = [010, 998, 998]
                ^
SyntaxError: invalid token
```

这个问题告诉我们，碰到类似电话号码这样的数据，或者以 0 开头的数据，尽量存储为字符串类型，而不是整型。另外，虽然列表能存储多种数据类型，但是通过上面商品和价钱的例子可以发现，在用列表的时候，应该尽量存储数据为单一类型。

好，言归正传，再来看看更好的选择。

```
>>> d = {'apple':'20', 'orange':'24', 'banana':'32'}
>>> d['banana']
'32'
```

上例采用了字典来存储数据，是不是简单多了？接下来就学习一下字典的用法。

3.6.1 字典的基本操作

字典是无序（Python 3.6 版本之前）的可变数据类型。我们通过一对“{}”来创建字典，字典内的值是通过“:”来表示的，也就是“key:value”的格式。

```
>>> dict
<class 'dict'>
>>> {}
{}
>>> type({})
<class 'dict'>
>>> d = {'apple':'20'}
>>> d
{'apple': '20'}
>>> d['apple']
'20'
```

当习惯用索引取值后，可能也习惯于对字典使用索引取值。那么字典能索引取值吗？

```
1. >>> d = {'a':1, 'b':2}
2. >>> d[0]
3. Traceback (most recent call last):
4.   File "<stdin>", line 1, in <module>
5. KeyError: 0
```

上例第 2 行，字典加中括号是在取 key 对应的值，而不是之前学过的按照索引取值，字典不可以按照索引取值。通过第 5 行的报错也可以看到，报的错误是“KeyError”，意思是字典中没有“0”这个 key。

需要注意的是，字典的 key 可以是任何不可变类型，比如整型、浮点型、字符串、元组（元组内的每个元素也必须是不可变的类型），并且所有的 key 都是唯一的。而 value 则不限制类型。

```
>>> d = {12.3:'a', (1,2):'b', 'c':2, 1:1}
>>> d
{(1, 2): 'b', 1: 1, 12.3: 'a', 'c': 2}
```

上面这个例子证明了字典（Python 3.6 版本之前）是无序的，因此字典无法索引取值。

下例使用内建函数 dict 来创建字典。

```
>>> d = dict(apple='20',orange='24')
>>> d
{'orange': '24', 'apple': '20'}
```

还可以通过设置指定的内容，创建空值的字典。

```
>>> dict.fromkeys(['apple', 'orange'])
{'orange': None, 'apple': None}
```

None 很明显不是我们想要的结果，那么该如何更新字典呢?

```
>>> d = dict.fromkeys(['apple', 'orange'])
>>> d
{'orange': None, 'apple': None}
>>> d['apple'] = '20'
>>> d
{'orange': None, 'apple': '20'}
```

我们通过字典的 key 修改对应的 value。除此之外，字典也支持如下操作。

```
>>> d = {'apple':'20', 'orange':'24'}
>>> d['banana'] = '32'
>>> d
{'orange': '24', 'banana': '32', 'apple': '20'}
>>> d = {}
>>> d['apple'] = 20
>>> d
{'apple': 20}
```

可以向字典（字典可为空）添加新的键值对，但是对于列表就不能这么干。

```
>>> l = []
>>> l[20] = 30
Traceback (most recent call last):
  File "<stdin>", line 1, in <module>
IndexError: list assignment index out of range
```

我们无法向列表的索引为 20 的位置添加数据，因为这个位置根本不存在！除非首先初始化这个列表。

```
>>> l = [None] * 10
>>> l[5] = 'ok'
>>> l
[None, None, None, None, None, 'ok', None, None, None, None]
```

注意，在学习数据类型的时候，要注意各数据类型之间的相似之处和不同之处，这样有助于加深理解与记忆，比如说字典就不能像列表那样可以合并。

```
>>> d1 = {'a':1, 'b':2}
>>> d2 = {1:'a', 2:'b'}
>>> d1 + d2
Traceback (most recent call last):
  File "<stdin>", line 1, in <module>
TypeError: unsupported operand type(s) for +: 'dict' and 'dict'
```

但可以通过 dict.update 方法来完成合并操作。

```
>>> d1 = {'a':1, 'b':2}
>>> d2 = {1:'a', 2:'b'}
>>> d1.update(d2)
>>> d1
{1: 'a', 2: 'b', 'a': 1, 'b': 2}
```

dict.update 方法将一个字典的键值对更新到另一个字典中。

删除字典的值的操作，与其说是删除值，倒不如说成是删除这个键。键没了，值自然也就被垃圾回收机制回收了。

```
>>> d = {'a':1, 'b':2}
>>> del d['a']
>>> d
{'b': 2}
>>> del d
>>> d
Traceback (most recent call last):
  File "<stdin>", line 1, in <module>
NameError: name 'd' is not defined
```

del 也能同时删除多个键，但是不允许删除不存在的键，否则会报 keyError 的错误，大家在使用时需注意。

3.6.2 字典的其他操作

如何遍历字典呢？

```
>>> d = {'a':1, 'b':2, 'c':3}
>>> for i in d:
...     print(i)
...
b
c
a
```

由上例可以看到，遍历的时候，字典默认返回 key，那么怎么取 key 和 value 呢？

```
>>> d = {'a':1, 'b':2, 'c':3}
>>> for item in d.items():
...     print(item)
...
('b', 2)
('c', 3)
('a', 1)
```

可以看到，字典对象的 items 的方法将 key 和 value 打包成元组一一返回。此外，还可以像下例这样。

```
>>> d = {'a':1, 'b':2, 'c':3}
>>> for k, v in d.items():
```

```
...     print(k, v)
...
b 2
c 3
a 1
```

如果只对字典的 key 或者 value 做取值处理，那么就要用到 keys 和 values 这两个方法了。

```
>>> d = {'a':1, 'b':2, 'c':3}
>>> for k in d.keys():
...     print(k)
...
b
c
a
>>> for v in d.values():
...     print(v)
...
2
3
1
>>> d = {'a':1, 'c':3 , 'b':2}
>>> d.keys()
dict_keys(['b', 'c', 'a'])
>>> d.values()
dict_values([2, 3, 1])
>>> d.items()
dict_items([('b', 2), ('c', 3), ('a', 1)])
```

字典取值时，不能取一个不存在的 key。

```
>>> d = {'a':1, 'b':2, 'c':3}
>>> d['a']
1
>>> d['d']
Traceback (most recent call last):
File "<stdin>", line 1, in <module>
KeyError: 'd'
```

在程序中，很多时候需要先根据某个字典中是否存在某个键作出逻辑判断，然后取值，那么这种情况下上面的取值方式就不行了，这时就要用到另一个方法。

```
>>> d = {'a':1, 'b':2, 'c':3}
>>> print(d.get('d'))
None
>>> print(d.get('a'))
1
```

dict.get 方法会先判断字典中是否存在指定的键，如果有则返回对应的值，如果指定的键不存在则返回 None。这就很友好了，我们可以根据返回值来进行逻辑判断了。说到这里，就不得不说一下另一个跟 dict.get 类似的方法 dict.setdefault。

```
>>> d = {'a':1, 'c':3 , 'b':2, 1:3}
>>> d.setdefault('a')
1
>>> d.setdefault('w')
>>> d
{'w': None, 1: 3, 'b': 2, 'c': 3, 'a': 1}
```

使用 setdefault 时，如果该键不存在，则将该键添加到字典中，并设置默认值。默认值为 None，也可以自己指定。

在字典的基础操作中，我们了解过 dict.update 这个方法，此方法将一个字典的键值对一次性地更新到当前字典，如果两个字典中存在同样的键，更新的时候，对应的值以另一个字典非当前字典的值为准。

```
>>> d1 = {'a':1, 'b':2, 'c':3}
>>> d2 = {1:'a', 'b':4, 'd':3}
>>> d1.update(d2)
>>> d1
{'d': 3, 1: 'a', 'b': 4, 'c': 3, 'a': 1}
>>> d2
{1: 'a', 'b': 4, 'd': 3}
```

注意，字典的键是唯一的，但是值可以是相同的。

我们在上面也了解过了通过 del 来删除字典以及删除字典的键，这里我们再介绍两个删除字典的键的方法。

```
>>> d = {'a':1, 'c':3 , 'b':2}
>>> d.pop()
Traceback (most recent call last):
  File "<stdin>", line 1, in <module>
TypeError: pop expected at least 1 arguments, got 0
>>> d.pop('a')
1
>>> d.pop('x')
Traceback (most recent call last):
  File "<stdin>", line 1, in <module>
KeyError: 'x'
>>> d = {'a':1, 'c':3 , 'b':2}
>>> d.popitem()
('b', 2)
>>> d
{'c': 3, 'a': 1}
>>> d.clear()
>>> d
{}
```

dict.pop(obj)删除字典中指定的键，并且该键必须存在，否则报错，删除成功后返回对应的值。dict.popitem 随机删除字典中的键值对。dict.clear 用来清空字典中的所有键。

再来看一下 dict.fromkeys。

```
>>> dict.fromkeys(['apple', 'orange'])
{'orange': None, 'apple': None}
>>> dict.fromkeys('apple', 'orange')
{'e': 'orange', 'p': 'orange', 'a': 'orange', 'l': 'orange'}
```

dict.fromkeys(seq, None)创建一个字典，第一个参数 seq 为序列类型（如上例中的字符串、列表），作为字典的 key，第二个参数为 value，如不设置则默认为 None。

另外，再来了解下成员运算符在字典中的运用。

```
>>> d = {'a':1, 'c':3 , 'b':2}
>>> 'a' in d
True
>>> 'd' in d
False
```

注意，Python 2 中有 dist.has_key 方法可以做这种判断，但在 Python 3 中被__contains__取代了。

```
>>> d = {'a':1, 'c':3, 'b':2, 1:3}
>>> d.__contains__('a')
True
>>> d.__contains__('d')
False
```

通过成员运算符也可以看出，在有些方面，字典比列表有更高的性能，我们通过 IPython 来看看。

```
In [1]: l = [1, 2, 3, 4, 5]
In [2]: d = {'a':1, 'b':2,'c':3}
In [3]: %timeit 1 in l
10000000 loops, best of 3: 35.7 ns per loop
In [4]: %timeit 'a' in d
10000000 loops, best of 3: 41.8 ns per loop
In [5]: %timeit 5 in l
10000000 loops, best of 3: 92 ns per loop
In [6]: %timeit 'c' in d
10000000 loops, best of 3: 41.3 ns per loop
```

可以看出，对于成员资格判断，列表是不稳定的，而字典相对稳定。

之前说字典是无序的，也就是字典的键值对没有按照顺序存储。

```
>>> d = {}
>>> d['小a'] = (1, 23)
>>> d['小b'] = (2, 32)
>>> d['小c'] = (2, 43)
>>> d
```

```
6. {'小c': (2, 43), '小a': (1, 23), '小b': (2, 32)}
```

如上例第 6 行所示，插入时是按照顺序插入，而展示结果却没有按照插入时的顺序。怎样才能保证顺序不变呢？此时需要一个有序的字典。

```
>>> import collections
>>> d = collections.OrderedDict()
>>> d['小a'] = (1, 23)
>>> d['小b'] = (2, 32)
>>> d['小c'] = (2, 43)
>>> d
OrderedDict([('小a', (1, 23)), ('小b', (2, 32)), ('小c', (2, 43))])
```

有序字典需要导入 collections 模块（第 5 章再介绍模块是什么），借助其 OrderedDict 方法来创建。此时，输出顺序和插入顺序是一致的。

表 3.10 为字典的常用方法。

表 3.10　　字典的常用方法

方法	描述	重要程度
x in dict	成员运算符	***
help(dict)	获取字典的帮助信息	*****
len(dict)	返回字典项目的个数	*****
str(dict)	转字典类型为字符串类型	****
type(dict)	查看字典的类型	****
sorted(dict)	字典排序	*****
dict.fromkeys(seq)	创建新字典	*****
dict1.update(dict2)	另一个字典（dict2）更新当前字典（dict1）	*****
dict.keys ()	以列表的形式返回字典的所有的键	*****
dict.values()	以列表的形式返回字典的所有的值	*****
dict.setdefault(key,default=None)	返回字典的键，如不存在则添加为字典的 key,value 默认为 None	***
dict.popitem()	随机删除字典中的键值对	***
dict.pop()	删除字典中的指定 key，并返回对应的 value	*****
del dict	删除字典或期内的指定键值	***
dict.clear()	将字典清空	***

自 Python 2.6 版本开始，增加了 format 函数，format 函数增强了字符串格式化的功能，其基本语法是通过“{}”和“:”来代替“%”。format 函数可以接受不限个数的参数，位置也可不按顺序。下面通过示例来学习一下 format 函数的用法。

1. 不指定参数，按照默认顺序传参

```
>>> '{} {}'.format('hello', 'oldboy')
'hello oldboy'
```

format 默认将“hello”填充到第一个花括号内，将“oldboy”填充到第二个花括号内，相当于平行赋值。

2. 按照指定位置传递参数

```
>>> '{0} {1}'.format('hello', 'oldboy')
'hello oldboy'
>>> '{1} {0} {1} {0}'.format('hello', 'oldboy')
'oldboy hello oldboy hello'
```

上例我们可以这样理解，format 内两个参数都有自己的位置序号，format 会根据序号填充字符串。

3. 设置参数

```
>>> 'site:{user} | url:{url}'.format(user='oldboy', url='http://www.oldboyedu.com')
'site: oldboy | url: http://www.oldboyedu.com'
```

上例中，我们为 format 中的参数起一个别名，字符串根据别名填充对应的内容。

4. 通过列表索引设置参数

```
>>> oldboy_list = ['oldboy', 'http://www.oldboyedu.com']
>>> 'site: {0[0]} url: {0[1]}'.format(oldboy_list)
'site: oldboy | url: http://www.oldboyedu.com'
```

上例中 format 的 oldboy_list 参数位置序号是 0，在填充时，这个参数对应的列表被填充到字符串中，然后取出列表 0 和 1 索引对应的元素。

5. 通过字典设置参数

```
>>> oldboy_dict = {'name': 'oldboy', 'url': 'http://www.oldboyedu.com'}
>>> 'site: {name} | url: {url}'.format(**oldboy_dict)
'site: oldboy | url: http://www.oldboyedu.com'
```

**oldboy_dict 表示把整个字典传递进去，这种传递参数的方式称为按关键字传参。

表 3.11 展示了在 format 函数中，都有哪些方式可用于数字格式化，表中的“宽度”指字符串长度。

表 3.11　format 函数的数字格式化

格式	说明
{:.4f}	保留四舍五入后的 4 位小数
{:+.2f}	带符号保留小数点后 2 位
{:-.2f}	带符号保留小数点后 2 位
{:.0f}	保留整数位
{:0<3d}	数字补 0，填充在右侧，宽度为 3
{:0^3d}	数字补 0，填充在两边，宽度为 3
{:0>3d}	数字补 0，填充在左侧，宽度为 3
{:r<3d}	数字补字母“r”，填充在右侧，宽度为 3
{:r^3d}	数字补字母“r”，填充在两侧，宽度为 3
{:r>3d}	数字补字母“r”，填充在左侧，宽度为 3

续表

格式	说明
{:.2%}	指定位数的百分比格式
{:,}	以逗号分隔数字格式
{:20d}	默认右对齐，宽度 20
{:>20d}	右对齐，宽度 20
{:<20d}	左对齐，宽度 20
{:^20d}	居中，宽度 20

表 3.11 的示例代码如下。

```
>>> '{:.4f}'.format(3.1415926)
'3.1416'
>>> '{:+.2f}'.format(1)
'+1.00'
>>> '{:-.2f}'.format(-1)
'-1.00'
>>> '{:.0f}'.format(3.1415926)
'3'
>>> '{:r<3d}'.format(2)
'2rr'
'{:r^3d}'.format(2)
'r2r'
>>> '{:r>3d}'.format(2)
'rr2'
>>> '{:0<3d}'.format(2)
'200'
>>> '{:0^3d}'.format(2)
'020'
>>> '{:0>3d}'.format(2)
'002'
>>> '{:,}'.format(2000000)
'2,000,000'
>>> '{:2%}'.format(3)
'300.000000%'
>>> '{:.2%}'.format(3)
'300.00%'
>>> '{:20d}'.format(2000000)
'             2000000'
>>> '{:>20d}'.format(2000000)
'             2000000'
>>> '{:<20d}'.format(2000000)
'2000000             '
>>> '{:Λ20d}'.format(2000000)
'      2000000       '
```

注意

“^”“<”“>”分别代表居中、左对齐、右对齐，后面跟填充的宽度，不指定则默认用空格填充。

```
>>> format('居中，后面的20则是指定宽度', '^20')
'   居中，后面的20则是指定宽度   '
>>> format('右对齐，后面的20则是指定宽度', '>20')
'      右对齐，后面的20则是指定宽度'
>>> format('左对齐，后面的20则是指定宽度', '<20')
'左对齐，后面的20则是指定宽度      '
```

format 的功能还不止于此，它还能传递对象。

```
>>> class Bar(object):
...     def __init__(self, value):
...         self.value = value
...
>>> bar = Bar(4)
>>> 'value: {0.value}'.format(bar)
'value: 4'
```

关于上面的例子中的类，我们后面会详细讲解，这里只需知道 format 有传递对象的功能就行了。

3.6.3　字典的嵌套

字典的嵌套，类型非常丰富，而且手法多变。

```
>>> d  = {'a':'b', 1:'c', (2, 3):[4, 5], 's':{6, 7}}
>>> for k,v in d.items():
...     print(k, v)
...
1 c
s {6, 7}
(2, 3) [4, 5]
a b
>>> d[(2, 3)].append('w')
>>> d['s'].add(8)
>>> for i in d[(2, 3)]:
...     print(i)
...
4
5
w
>>> d
{1: 'c', 's': {8, 6, 7}, (2, 3): [4, 5, 'w'], 'a': 'b'}
>>> d1 = {[1, 2]:'a'}
Traceback (most recent call last):
  File "<stdin>", line 1, in <module>
TypeError: unhashable type: 'list'
```

可变的数据类型不能当成字典的 key，如列表不能当字典的 key。并且，如果元组内存在可变的数据类型，那么该元组同样不能成为字典的 key。

3.7 集合

Python 2.3 版引入了一种新的数据类型——集合（set）。

集合是由序列（也可以是其他的可迭代对象）构建的，是无序的、可变的数据类型。

Python 中，集合用一对大括号“{}”表示，集合内的各元素用逗号分隔。

```
>>> {1, 2}
{1, 2}
>>> type({1, 2})
<class 'set'>
>>> s = {1, 2}
>>> s
{1, 2}
>>> type(s)
<class 'set'>
```

注意集合与字典的区别，字典虽然也是一对大括号，但是其内是键值对形式的，而集合是用逗号隔开元素。也可通过 set 函数将列表、元组等其他可迭代的对象转换为集合。

```
>>> s = set([1, 2, 1, 3, 4])
>>> s
{1, 2, 3, 4}
```

可以看出，转换的时候，集合会自动将元素去重，这也是集合的特性：集合内的每个元素都是唯一的，不可重复。

除此之外，集合的元素只能是不可变类型的数据类型，也就是可哈希类型（稍后再讲解哈希），而如列表、字典和集合本身，则不可作为集合的元素。

3.7.1 集合的常用操作和方法

通过 set.add(obj)可为集合添加新元素。

```
>>> s = {1, 2}
>>> s.add(1)
>>> s
{1, 2}
>>> s.add(3)
>>> s.add('a')
>>> s
{1, 2, 3, 'a'}
```

通过 set1.update(set2)将另一个集合更新到当前集合。

```
>>> s1 = {1, 2}
>>> s2 = (1, 2, 3, 4)
>>> s1.update(s2)
>>> s1
{1, 2, 3, 4}
```

```
>>> s1[2]
Traceback (most recent call last):
  File "<stdin>", line 1, in <module>
TypeError: 'set' object does not support indexing
```

由上例可以看到。无论是添加还是更新，都会忽略重复元素，而且也不允许用索引取值！无序的数据类型都无法用索引取值，那么怎么访问集合呢？如下例所示。

```
>>> s = {1, 2, 3, 4, 'a', 'b', 'c'}
>>> for i in s:
...     print(i)
...
1
2
3
4
a
b
c
```

针对不同应用场景，Python 为集合提供了几种不同的删除方式。

```
>>> s = {1, 2, 3, 4, 'a', 'b', 'c'}
>>> s.pop('a')
Traceback (most recent call last):
  File "<stdin>", line 1, in <module>
TypeError: pop() takes no arguments (1 given)
>>> s.pop()
1
>>> s = set()
>>> type(s)
<class 'set'>
>>> s.pop()
Traceback (most recent call last):
  File "<stdin>", line 1, in <module>
KeyError: 'pop from an empty set'
```

由上例可以看到，set.pop 方法是随机删除集合的元素，并将删除元素返回。如果集合为空则会报错，这点需要注意。

```
>>> s = {1, 2, 3, 4, 'a', 'b', 'c'}
>>> s.remove('a')
>>> s.remove('d')
Traceback (most recent call last):
  File "<stdin>", line 1, in <module>
KeyError: 'd'
>>> s.discard('b')
>>> s.discard('d')
>>> s
{1, 2, 3, 4, 'c'}
```

set.remove 和 set.discard 都是用来删除指定的元素，但区别是使用 set.remove，如果指定的元素不存在则会报错，而 set.discard 不会报错。

```
>>> s = {1, 2, 3 ,4}
>>> s.clear()
>>> s
set()
>>> del s
>>> s
Traceback (most recent call last):
  File "<stdin>", line 1, in <module>
NameError: name 's' is not defined
```

set.clear 用来清空集合内的元素，而 del 则是删除这个集合。注意，del 不能删除某个指定的元素。

3.7.2 集合的运算

现在提个需求，假设有个培训学校欧德博爱开设了 Python 和 Linux 两门课程，来学习的同学有如下情况：有的同学学习 Linux，有的学习 Python，还有的既要学 Linux 又要学 Python，那么现在需求来了，我们要对这些同学的情况做统计，比如找出两门课都报了的同学。

要解决上述问题，采用什么数据类型最为合适呢？这里先用列表举例。

```
>>>  learn _python = ['小a', '小b', '小c', '小麻雀', '葫芦娃']
>>> learn_linux = ['小c', '小d', '小e', '小东北', '小麻雀']
>>> learn_p_l = []
>>> for i in learn_python:
...     if i in learn_linux:
...         learn_p_l.append(i)
...
>>> learn_p_l
['小c', '小麻雀']
```

如果要找出只学习 Linux 的同学呢？

```
>>> learn_python = ['小a', '小b', '小c', '小麻雀', '葫芦娃']
>>> learn_linux = ['小c', '小d', '小e', '小东北', '小麻雀']
>>> learn_l = []
>>> for i in learn_linux:
...     if i not in learn_python:
...         learn_l.append(i)
...
>>> learn_l
['小d', '小e', '小东北']
```

这么做是不是特别麻烦？在 Python 中，“懒惰”即美德！所以 Python 给我们提供了一种简便的方法，使用集合来做这些事情。结合图 3.12 来给出答案。

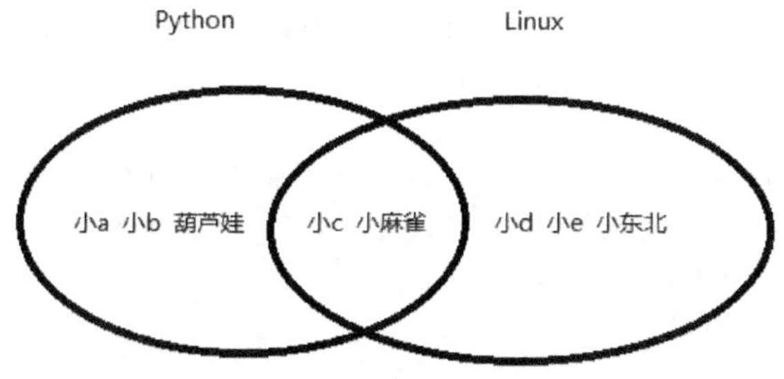

图 3.12　学生与学科的关系

（1）通过集合的交集，找出既学习 Python 又学习 Linux 的同学。

```
>>> learn_python = {'小a', '小b', '小c', '小麻雀', '葫芦娃'}
>>> learn_linux = {'小c', '小d', '小e', '小东北', '小麻雀'}
>>> learn_python.intersection(learn_linux)
{'小c', '小麻雀'}
>>> learn_python & learn_linux
{'小c', '小麻雀'}
>>> learn_python.intersection_update(learn_linux)
>>> learn_python
{'小c', '小麻雀'}
```

交集，也就是两个集合相交的部分。求交集的方法为 intersection，对应的运算符为“&”。另外，intersection_update 方法是在求出结果之后将结果更新到当前（learn_python）集合。说到这里，读者可能也明白了，只要不牵扯到更新这种操作，那么我们就没有改变原来的集合，这一点要注意。我们再说一个跟交集有关的方法。

```
>>> s1 = {1, 2, 'a'}
>>> s2 =
>>> s3 = {'b', 'c', 'd'}
>>> s1.isdisjoint(s3)
True
>>> s1.isdisjoint(s2)
False
```

isdisjoint 方法用来判断两个集合是否有交集，如果有交集返回 False，没有则返回 True，如上例中，s1 和 s2 有交集，返回 False，而 s1 和 s3 没有交集，则返回 True。

（2）集合的并集，找出所有来 oldboy 学习课程的人。

```
>>> learn_python = {'小a', '小b', '小c', '小麻雀', '葫芦娃'}
>>> learn_linux = {'小c', '小d', '小e', '小东北', '小麻雀'}
>>> learn_python.union(learn_linux)
{'小d', '小a', '葫芦娃', '小b', '小麻雀', '小e', '小c', '小东北'}
>>> learn_python | learn_linux
{'小d', '小a', '葫芦娃', '小b', '小麻雀', '小e', '小c', '小东北'}
```

并集，也就是两个集合的所有元素。求并集的方法为 union，对应的运算符为“|”。

（3）集合的差集，找出只学习了 Python（或者 Linux）课程的人。

```
>>> learn_python = {'小a', '小b', '小c', '小麻雀', '葫芦娃'}
>>> learn_linux = {'小c', '小d', '小e', '小东北', '小麻雀'}
>>> learn_python.difference(learn_linux)
{'葫芦娃', '小b', '小a'}
>>> learn_python - learn_linux
{'葫芦娃', '小b', '小a'}
>>> learn_python.difference_update(learn_linux)
>>> learn_python
{'小a', '葫芦娃', '小b'}
```

差集，也就是当前集合独有的元素。求差集的方法为 difference，对应的运算符为“-”，跟另一个集合相同的元素排除在外。另外还有一个方法 difference_update，此方法不仅求差集，而且将求出的结果更新到当前（learn_python）的集合中。

（4）对称差集，找出没有同时学习 Python 和 Linux 的学生。可以简单地理解为，Python 和 Linux 各求一次差集，然后将值相加。

```
>>> learn_python = {'小a', '小b', '小c', '小麻雀', '葫芦娃'}
>>> learn_linux = {'小c', '小d', '小e', '小东北', '小麻雀'}
>>> learn_linux.symmetric_difference(learn_python)
{'小a', '葫芦娃', '小东北', '小b', '小d', '小e'}
>>> learn_linux ^ learn_python
{'小a', '葫芦娃', '小东北', '小b', '小d', '小e'}
>>> learn_linux.symmetric_difference_update(learn_python)
>>> learn_linux
{'小a', '葫芦娃', '小东北', '小d', '小b', '小e'}
```

所谓差集，就是“你（Linux）”独有的加上“我（Python）”独有的。对称差集的方法为 symmetric_difference，对应的运算符为“^”。symmetric_difference_update 是在求出结果后更新到当前（learn_linux）集合内。

（5）判断子集、超集。

```
>>> s1 = {1, 2}
>>> s2 = {1, 2, 3}
>>> s1.issubset(s2)
True
>>> s2.issubset(s1)
False
>>> s1.issuperset(s2)
False
>>> s2.issuperset(s1)
True
```

上例中，方法 issubset 用来判断一个集合是否为另一个集合的子集，是则返回 True，否则返回 False。第 3 行含义为判断 s1 是 s2 的子集。issuperset 方法用来判断一个集合是否为另一个集合的超集，是则返回 True，否则返回 False。第 7 行含义为判断 s1 是否为 s2 的超集，结果为 False。第 9 行含义为判断 s2 是否为 s1 的超集，结果为 True。

```
>>> s3 = {1, 2, 3}
>>> s4 = {1, 2, 3}
>>> s3.issubset(s4)
True
>>> s4.issubset(s3)
True
>>> s3 == s4
True
```

上例中，两个集合元素一样的情况下，两个集合的关系可以称为互为子集。

（6）运用集合中的关系运算符表示集合的关系。

```
>>> s5 = {1, 2, 3}
>>> s6 = {1, 2, 3, 4}
>>> s5 < s6
True
>>> s5 <= s6
True
>>> s5 > s6
False
>>> s5 >= s6
False
>>> s5 == s6
False
>>> s5 != s6
True
```

由上例所示，在集合中，关系运算符 “<” “<=” “>” “>=” “==” “!=”，只是表示两个集合的包含关系，而不是代表两个集合的大小关系。

像 len、max、min 等内置函数同样适用于集合。

```
>>> s = {'a', 'b', 'c', 'd'}
>>> len(s)
4
>>> max(s)
'd'
>>> min(s)
'a'
>>> sum(s)
Traceback (most recent call last):
  File "<stdin>", line 1, in <module>
TypeError: unsupported operand type(s) for +: 'int' and 'str'
>>> sorted(s)
['a', 'b', 'c', 'd']
>>> sorted(s, reverse=True)
['d', 'c', 'b', 'a']
```

```
>>> s1 = {1, 3, 4, 2, 5}
>>> sum(s1)
15
```

表 3.12 展示了可用于集合的方法或者内置函数。

表 3.12　　　　集合的常用方法与内置函数

方法(函数)	描述	重要程度
len(set)	返回集合的元素个数	*****
max(set)	返回集合内的最大元素	****
min(set)	返回集合内的最小元素	****
sum(set)	返回集合元素之和	***
sorted(set)	排序集合内的元素	*****
set.add(obj)	添加元素	*****
set1.issuperset(set2)	判断当前集合(set1)是否为另一个集合(set2)的超集	***
set1.issubset(set2)	判断当前集合(set1)是否为另一个集合(set2)的子集	***
set1.sysmmetric_difference_update(set2)	求对称差集并将结果更新到当前集合内	***
set1.sysmmetric_difference(set2)	对称差集：^	*****
set1.update(set2)	用另一个集合(set2)更新当前集合(set1)	*****
set.copy()	浅拷贝	****
set.discard(obj)	删除指定元素	*****
set.pop()	随机删除集合内元素并将此元素返回	*****
set.clear()	清空集合	***
set.remove(obj)	删除指定元素	****
set1.difference_update(set2)	求差集并将结果更新到当前集合(set1)内	****
set1.difference(set2)	差集: -	*****
set1.union(set2)	并集: |	*****
set1. isdisjoint(set2)	两个集合没有交集返回 True，否则返回 False	***
set1.instersection_update(set2)	求交集并将结果更新到当前集合(set1)内	****
set1.instersection(set2)	交集: &	*****

3.7.3 集合的嵌套

前文中说集合中的元素只能是不可变类型的数据，所以集合中的元素就只能是数字、字符串和元组。

```
>>> s = {1, (8, 9), 'a'}
>>> for i in s:
...     print(i)
...
(8, 9)
1
a
>>> s = {1, (8, 9, ['b','c']), 'a'}
Traceback (most recent call last):
  File "<stdin>", line 1, in <module>
TypeError: unhashable type: 'list'
```

这里不得不提一个重要的概念，我们虽然说元组为不可变类型，可以当作字典的 key 或集合的元素，这只是指元组的所有元素都为不可变类型时，而极端如上例中，元组中有了可变类型数据（列表）就不可以了。

元组中只有当所有的元素都为不可变类型的时候，此时的元组才认为是可哈希的，如 t = (1, 2, 3)才可以当作字典的 key 或集合的元素。

那么，说元组为不可变类型时，指的是元组内的元素地址是不可变的，但是，当某个元素地址上实际存储为可变类型的数据，那么此时的元组是不可哈希的，如 t = (1,2,[3,4])，此时就不可以作为字典的 key 或集合的元素了。

虽然如字典、列表都可以存放多种类型的数据，但是，我们建议在使用中存储为一种数据类型，在将数据结构举例的时候，看似是“胡乱”地举个例子，其实不然，在例子中我们尽可能地展示每种数据结构的用法，让读者知道，可以这么干，而那些报错，是让读者知道，不可以这么干！

再复习一下各数据类型的相同与差异。

1. 按照可变与不可变分类

◆ 可变类型数据：字典、集合。
◆ 不可变类型数据：数字、字符串、元组。

2. 按照存放值的个数分类

◆ 一个值：数字、字符串。
多个值（容器类型）：列表、元组、字典、集合。

一串字符串在客观上也可以理解为一个元素，比如在列表中，字符串再长，也只是列表的一个元素。数字也一样。

3. 按照取值方式分类

◆ 直接取值：数字。
◆ 序列类型：字符串、元组、列表。
◆ 映射类型：字典。

读者可能在别的语言中学过堆、栈、队列、枚举这些数据结构，那么在 Python 中，也可通过 enum、heapq 等模块来实现相应的目标，但在这里我们不多做讲解，有兴趣的可以自行查阅资料。

3.8 推导式、三元表达式与深、浅拷贝

本节补充一些其他知识点。

3.8.1 一行代码解决的事情

之前，我们是这样的生成列表的。

```
>>> l = [{1,2,3},{1:1},(1,2,3)]
>>> l = []
```

```
>>> for i in range(10):
...     l.append(i)
...
>>> l
[0, 1, 2, 3, 4, 5, 6, 7, 8, 9]
```

但这明显有点麻烦，现在学习一种简单便捷的方法。

```
>>> [i for i in range(10)]
[0, 1, 2, 3, 4, 5, 6, 7, 8, 9]
```

如上例所示，这种创建列表的方式叫作列表推导式，或称列表解析式，格式是中括号内用 for 语句来创建列表，后面也可跟语句用作判断，满足条件的元素传到 for 语句前面用于构建这个列表。

```
# 规则
variable = [expr for value in collection if condition]
 变量         表达式        收集器                     条件
# 示例
>>> [i for i in range(10) if i % 2 == 0]
[0, 2, 4, 6, 8]
>>> [i ** 2 for i in range(10) if i % 2 == 0]
[0, 4, 16, 36, 64]
```

创建嵌套的列表，共有 rows 个子元素，每个子元素（嵌套内的列表）是 col，如下所示。

```
>>> [[col for col in range(3)] for rows in range(5)]
[[0, 1, 2], [0, 1, 2], [0, 1, 2], [0, 1, 2], [0, 1, 2]]
```

除此之外，还有其他的形式。

```
>>> [x+y for x in 'abc' for y in 'ABC']
['aA', 'aB', 'aC', 'bA', 'bB', 'bC', 'cA', 'cB', 'cC']
```

同样地，集合也有其推导式，用法与列表类似，只要将中括号换为花括号即可。

```
# 规则
variable = {expr for value in collection if condition}
 变量         表达式       收集器                    条件
# 示例
>>> {i for i in range(5)}
{0, 1, 2, 3, 4}
>>> {i for i in range(10) if i % 2 == 0 }
{0, 8, 2, 4, 6}
```

同为花括号的字典，也有自己的推导式。

```
>>> d = {'a': 2, 'b': 3, 'c': 4}
>>> {v:k for k,v in d.items()}
{2: 'a', 3: 'b', 4: 'c'}
```

下面的示例展示另一种创建字典的方式。

```
>>> dict.fromkeys([i for i in range(5)])
{0: None, 1: None, 2: None, 3: None, 4: None}
>>> dict.fromkeys([i for i in range(1, 5)])
{1: None, 2: None, 3: None, 4: None}
>>> dict.fromkeys(i for i in range(1,5))
{1: None, 2: None, 3: None, 4: None}
```

上例中，使用字典的 fromkeys 方法将列表内的元素当成字典的 key，value 默认是 None。

3.8.2　三元表达式

接下来再说一个知识点——三元表达式。有些情况下的代码结构相当简单，所以 Python 为我们提供一种将这种简单结构的代码镶嵌在较大的表达式内的格式，即三元表达式 if\else 格式。其语法如下。

```
result = True if condition else False
```

if 后跟条件，条件为真返回 if 左侧的结果，条件为假则返回 else 的结果，其等价于下面的示例。

```
x = 1
y = 2
if x < y:
    print(x)
else:
    print(y)
res = x if x < y else y
```

3.8.3　深、浅拷贝那些事

之前总结字典和集合的方法的时候说到各自都有一个 copy 方法，只是并没有细说，在此我们就来详细地剖析一下深、浅拷贝。

```
>>> l1 = [1, 2, 3]
>>> l2 = l1
>>> l1,id(l1)
([1, 2, 3], 90031248)
>>> l2,id(l2)
([1, 2, 3], 90031248)
>>> l1.append('a')
>>> l1,id(l1)
([1, 2, 3, 'a'], 90031248)
>>> l2,id(l2)
([1, 2, 3, 'a'], 90031248)
>>> l1 = [4, 5, 6]
>>> l1,id(l1)
([4, 5, 6], 90070312)
>>> l2,id(l2)
([1, 2, 3, 'a'], 90031248)
```

先看上例，第 1~2 行，将列表分别赋给了 l1 和 l2 两个变量，在修改 l1 所对应列表内的元素后（第 7 行），列表 l2 元素也随之发生改变（第 10 行），但将 l1 重新指向一个新的列表后（第 12 行），l2 并没有发生变化，这其中发生了什么？根据图 3.13 来一探究竟。

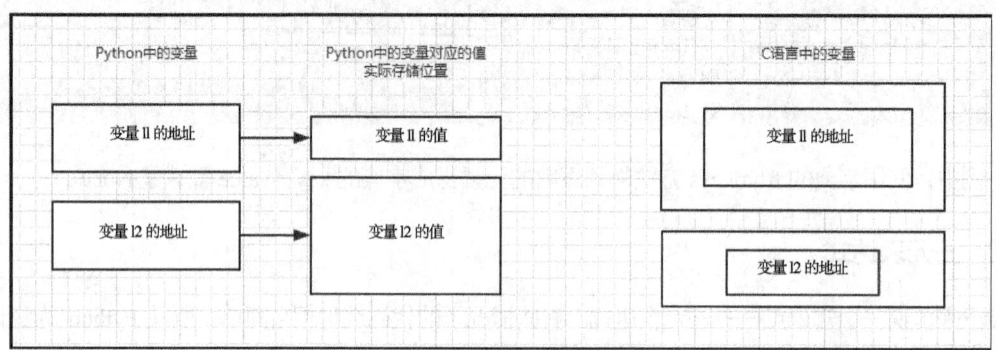

图 3.13　变量与值的关系

在高级的语言中，变量和值的关系有两种。

- 引用语义。在 Python 中，变量保存的是对象（值）的引用，称为引用语义（或称对象语义或者指针语义），变量所需的存储空间大小一致，不随值的大小而变化。
- 值语义。C 语言采用值语义，就是说把变量和值同时保存在一个存储空间内，每个变量在内存中所占的空间根据值的大小而定。

也就是说，Python 存储 a = 1 时，为 a 和 1 各开辟一块内存空间，a 的内存空间内存储着 1 所在空间的地址，然后建立 a 和 1 的指向关系，这才完成了变量的赋值。这就不难理解在开始的例子中，l1 和 l2 同时指向了列表所在的空间地址，而当通过 l1 为这个列表增加元素时，并没有改变这个地址，所以，当查看 l2 的时候，由于指向的地址不变，拿到的是由 l1 变动之后的列表。而再将 l1 重新赋值给一个新的列表时，在内存中做了两件事，第一是 l1 “掐断”指向原列表的那条“线”（断开指向关系），第二是重新与新列表建立指向关系。再说深、浅拷贝，图 3.14 所示为变量 l 在内存中的存储方式。

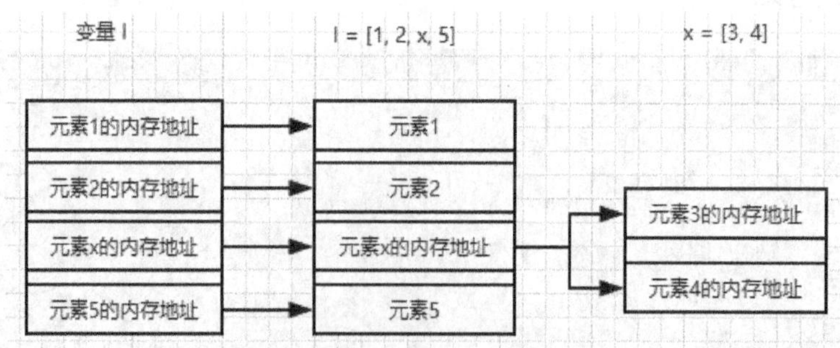

图 3.14　变量与值在内存中的存储方式

```
>>> x = [3, 4]
>>> l = [1, 2, x, 5]
>>> id(x)
25112248
>>> id(l)
25112368
>>> l[2]
```

```
[3, 4]
>>> id(l[2])
25112248
```

通过上例可以看到，l 在存储 x 变量时，存储的是 x 的内存地址。

```
1. >>> import copy
2. >>>
3. >>> x = [3, 4]
4. >>> l = [1, 2, x, 5]
5. >>> l1 = copy.copy(l)
6. >>> l,l1
7. ([1, 2, [3, 4], 5], [1, 2, [3, 4], 5])
8. >>> l.append(6)
9. >>> l,l1
10.([1, 2, [3, 4], 5, 6], [1, 2, [3, 4], 5])
11.>>> l[2]
12.[3, 4]
13.>>> l[2].append('a')
14.>>> l,l1
15.([1, 2, [3, 4, 'a'], 5, 6], [1, 2, [3, 4, 'a'], 5])
```

Python 为拷贝提供了 copy 模块，而 copy 模块提供了 copy 和 deepcopy 两个方法分别对应浅拷贝和深拷贝。上例中，当浅拷贝后，第 8 行，为 l 添加一个元素，通过第 9 行看到并没有影响到 l1，但是我们在第 13 行修改 l 中的子元素（嵌套列表的子元素）后，通过第 14 行再看，l1 也被修改了，这是为什么呢？因为浅拷贝在拷贝的时候，顶层元素被完全拷贝，但是当这个元素有子元素（有嵌套结构）时，浅拷贝只是拷贝了这个子元素的内存地址（如拷贝了 x 的内存地址），当修改了这个子元素时，由于内存地址不变，所有指向该子元素的变量都将受影响。为了解决这个问题，Python 提供了深拷贝 deepcopy。

```
1. >>> import copy
2. >>>
3. >>> x = [3, 4]
4. >>> l = [1, 2, x, 5]
5. >>> l1 = copy.deepcopy(l)
6. >>> l,l1
7. ([1, 2, [3, 4], 5], [1, 2, [3, 4], 5])
8. >>> l.append(6)
9. >>> l,l1
10.([1, 2, [3, 4], 5, 6], [1, 2, [3, 4], 5])
11.>>> l[2].append('a')
12.>>> l[2][0] = 'b'
13.>>> l,l1
14.([1, 2, ['b', 4, 'a'], 5, 6], [1, 2, [3, 4], 5])
15.>>> l[2] = tuple(l[2])
16.>>> l,l1
17.([1, 2, ('b', 4, 'a'), 5, 6], [1, 2, [3, 4], 5])
```

上例中，在深拷贝之后，通过第 11 ~ 12 行修改 l2 子元素的内容，l1 没有受到影响。

浅拷贝指在拷贝时，被拷贝对象的顶层元素将完全被拷贝走，遇到嵌套结构时，仅拷贝了该嵌套结构的内存地址，两个对象之间还有“藕断丝连”的关系，而深拷贝则完全地拷贝为一个新的对象，与原来的对象之间没有任何关系。

3.9 习题

1. 有变量 name = "aleX leNb"，完成如下操作。

（1）移除 name 变量对应的值两边的空格，并输出处理结果。

（2）移除 name 变量左边的'al'并输出处理结果。

（3）移除 name 变量右面的'Nb'，并输出处理结果。

（4）移除 name 变量开头的 a'与最后的'b'，并输出处理结果。

（5）判断 name 变量是否以 "al" 开头，并输出结果。

（6）判断 name 变量是否以'Nb'结尾，并输出结果。

（7）将 name 变量对应的值中的 所有的'l' 替换为 'p'，并输出结果。

（8）将 name 变量对应的值中的第一个'l'替换成'p'，并输出结果。

（9）将 name 变量对应的值根据 所有的'l' 分割，并输出结果。

（10）将 name 变量对应的值根据第一个'l'分割，并输出结果。

（11）将 name 变量对应的值变大写，并输出结果。

（12）将 name 变量对应的值变小写，并输出结果。

（13）将 name 变量对应的值首字母'a'大写，并输出结果。

（14）判断 name 变量对应的值字母'l'出现几次，并输出结果。

（15）如果判断 name 变量对应的值前四位'l'出现几次，并输出结果。

（16）从 name 变量对应的值中找到'N'对应的索引（如果找不到则报错），并输出结果。

（17）从 name 变量对应的值中找到'N'对应的索引（如果找不到则返回-1）输出结果。

（18）从 name 变量对应的值中找到'X le'对应的索引，并输出结果。

（19）请输出 name 变量对应的值的第 2 个字符。

（20）请输出 name 变量对应的值的前 3 个字符。

（21）请输出 name 变量对应的值的后 2 个字符。

（22）请输出 name 变量对应的值中 'e' 所在索引位置。

2. 有字符串 s = '132a4b5c'，请按要求完成如下操作。

（1）通过对字符串 s 的切片形成新的字符串 s1,s1 = '123'。

（2）通过对字符串 s 的切片形成新的字符串 s2,s2 = 'a4b'。

（3）通过对字符串 s 的切片形成新的字符串 s3,s3 = '1245'。

（4）通过对字符串 s 的切片形成字符串 s4,s4 = '3ab'。

（5）通过对字符串 s 的切片形成字符串 s5,s5 = 'c'。

（6）通过对字符串 s 的切片形成字符串 s6,s6 = 'ba3'。

3. 使用 while 和 for 循环分别打印字符串 s='asdfer'中每个元素。

4. 实现一个整数加法计算器。

如：content = input('请输入内容:') # 如用户输入：5+9 或 5+ 9 或 5 + 9，然后进行分割再进行计算

5. 计算用户输入的内容中有几个整数。

如：content = input('请输入内容：') # 如 qwert234asdf98769zxcv

6. 有如下列表，按照要求实现每一个功能。

li = ['alex','wusir','eric','rain','alex']

（1）计算列表的长度并输出。

（2）在列表中追加元素'seven'，并输出添加后的列表。

（3）请在列表的第 1 个位置插入元素'Tony'，并输出添加后的列表。

（4）请修改列表第 2 个位置的元素为'Kelly'，并输出修改后的列表。

（5）请将列表 l2=[1,'a',3,4,'heart']的每一个元素添加到列表 li 中，一行代码实现，不允许循环添加。

（6）请将字符串 s = 'qwert'的每一个元素添加到列表 li 中，一行代码实现，不允许循环添加。

（7）请删除列表中的元素'eric'，并输出添加后的列表。

（8）请删除列表中的第 2 个元素，并输出删除的元素和删除元素后的列表。

（9）请删除列表中的第 2 至 4 个元素，并输出删除元素后的列表。

（10）请将列表所有得元素反转，并输出反转后的列表。

（11）请计算出'alex'元素在列表 li 中出现的次数，并输出该次数。

7. 有如下列表，利用切片实现每一个功能。

li = [1,3,2,'a',4,'b',5,'c']

（1）通过对 li 列表的切片形成新的列表 l1,l1 = [1,3,2]。

（2）通过对 li 列表的切片形成新的列表 l2,l2 = ['a',4,'b']。

（3）通过对 li 列表的切片形成新的列表 l3,l3 = ['1,2,4,5]。

（4）通过对 li 列表的切片形成新的列表 l4,l4 = [3,'a','b']。

（5）通过对 li 列表的切片形成新的列表 l5,l5 = ['c']。

（6）通过对 li 列表的切片形成新的列表 l6,l6 = ['b','a',3]。

8. 有如下列表，按照要求实现每一个功能。

lis = [2,3,'k',['qwe',20,['k1',['tt',3,'1']],89],'ab','adv']

（1）将列表 lis 中的'tt'变成大写（用两种方式）。

（2）将列表中的数字 3 变成字符串'100'（用两种方式）。

（3）将列表中的字符串'1'变成数字 101（用两种方式）。

9. 请用代码实现如下内容。

li = ['alex','eric','rain]

利用下画线将列表的每一个元素拼接成字符串"alex_eric_rain"。

10. 查找列表 li 中的元素，移除每个元素的空格，并找出以 A 或者 a 开头，并以 c 结尾的所有元素，并添加到一个新列表中,最后循环打印这个新列表。

li = ['taibai ','alexC','AbC ','egon',' Ritian',' Wusir',' aqc']

11. 有如下元组，请实现要求的功能。

tu = ("alex", [11, 22, 44])

（1）讲述元组的特性。

（2）请问 tu 变量中的元素 "alex" 是否可被修改？

（3）请问 tu 变量中的第 1 个是否可以被修改？如果可以，请在其中添加一个元素 "Seven"。

12. 有字典 dic,dic = {'k1': "v1", "k2": "v2", "k3": [11,22,33]}，按要求实现如下功能。

（1）请循环输出所有的 key。

（2）请循环输出所有的 value。

（3）请循环输出所有的 key 和 value。

（4）请在字典中添加一个键值对，"k4": "v4"，输出添加后的字典。

（5）请在修改字典中 "k1" 对应的值为 "alex"，输出修改后的字典。

（6）请在 k3 对应的值中追加一个元素 44，输出修改后的字典。

（7）请在 k3 对应的值的第 1 个位置插入个元素 18，输出修改后的字典。

13. 字典元素的分类，有如下值 li= [11,22,33,44,55,66,77,88,99,90]，按要求完成相关操作。

（1）将所有大于 66 的值保存至字典的第一个 key 中。

（2）将小于 66 的值保存至第二个 key 的值中。

最终的字典：{'k1': 大于 66 的所有值列表, 'k2': 小于 66 的所有值列表}。

14. 有字符串"k:1|k1:2|k2:3|k3:4"，将字符串处理成字典 {'k':1,'k1':2....}。

15. 编程练习—购物车程序开发。

参考以下数据结构：

```
goods=[
{"name": "电脑","price":1999},
{"name": "鼠标","price":10},
{"name": "游艇","price":20},
{"name": "赛车","price":998},
......
]
```

实现功能要求如下。

（1）启动程序后，让用户输入工资，然后进入循环，打印商品列表和编号。

（2）允许用户根据商品编号选择商品。

（3）用户选择商品后，检测余额是否足够，够就直接捐款，并加入购物车，不够就提醒余额不足。

（4）可随时退出，退出时，打印已购买商品和余额。

16. 请设计一个 dict，存储公司每个人的信息，信息包含至少姓名、年龄、电话、职位、工资，并提供一个简单的查找接口，用户按程序提示的要求输入要查找的人，程序把查到的信息打印出来。

04 第4章　函数

学习目标

- 重点掌握函数的传参方式。
- 重点掌握名称空间和作用域。
- 重点掌握装饰器、迭代器、生成器。
- 重点掌握文件操作与内置函数。
- 理解递归与面向过程编程。

在之前的学习中，只是学习了 Python 一些简单的功能，这些功能也只是由简单的流程控制语句配合数据类型（如列表、字典）实现的，这些程序有着无法避免的缺陷。

- 代码耦合性太高，各功能都糅合在一起，“干湿”不分离。
- 扩展性差，由于代码都揉在一起，如果要添加新的功能，可能就要费一番功夫了。
- 代码冗余，比如实现一个加法功能，那么当别处也需要这个功能的话，还要重新实现这个功能，这种情况多了，就是在“重复造轮子”。
- 可读性差，如果一个程序有多处“重复造轮子”的操作，代码可读性就变得非常差。

列举了如上几种目前代码的弊端之后，该如何解决呢？解决方法就是使用函数。其实我们在之前的学习中已经体会到函数的好处了，比如要计算一个列表的长度，可能想到用 for 循环解决问题。

```
count = 0
l = [1, 2, 3, 4, 5]
for i in l:
    count += 1
print(count)                          # 结果为：5
```

当要计算一串字符串、元组的长度呢？此时不可避免地陷入“重复造轮子”的过程，直到学习了 len 函数之后。

```
print(len([1, 2, 3, 4, 5]))      # 结果为：5
```

不管是字符、列表还是元组，都可以调用这个 len 函数来计算。我们无须了解 len 函数内部具体是怎么实现的，只要知道 len 函数怎么用就行了。就像我们感冒了要吃药，我们只要知道吃什么药和该怎么吃就好了，不用考虑药到底由哪几种材料构成。

这章主要来学习函数的相关知识。

4.1 函数基础

函数是通用程序的组件（部件），别的语言中或称为过程、子例程。函数也是工具。

通俗地说，我们可以把函数想象为一个黑匣子，将数据（如 1+1）传递进去，经过内部一番操作之后，最终得到了想要的结果，如图 4.1 所示。

图 4.1　函数功能示意图

4.1.1 函数的定义与调用

说了这么多概念，怎么来创建（定义）函数?

```
def <name>([arg1,agr2,…argn]):
    ''' functional annotation '''
    pass
    return
```

通过“def”关键字来定义函数，name 为函数名（必须有），函数的命名规则参考变量的命名。括号（必须有）内的参数是可选的，括号后面的冒号“:”也是必需的。注释部分为可选的（但强烈建议有注释，就像产品有说明书一样），pass 部分为函数的具体功能实现代码。执行结果视情况可以选择用 return 返回，如果没有 return 具体内容的话，默认返回 None。

虽然 def 为关键字，但 def 也是可执行的语句，就是说在定义完函数之前，这个函数是不存在的，当 Python 解释器执行到 def 语句时，def 语句创建一个函数对象并将这个对象赋值给 def 后面的 name 变量。然后该变量指向这个函数，或者说这个函数名（变量名）成为这个函数的引用。因为 def 也是执行语句，所以函数可以嵌套在 if 等语句内。

```
def foo():
    print("foo function")
def bar():
    print("bar function")
if 1:
    foo()
else:
    bar()
for I in range(10):
    if i == 2:
        foo()
    else:
        bar()
```

通过上面的例子，也可以看到，foo 和 bar 函数一处定义，多处调用，这也是函数的特点。函数还具有如下一些特点。

◆ 最大化地减少代码冗余和代码重用。

◆ 有利于程序的结构分解，也就是解耦合。

◆ 可以打包代码，使功能更加独立。

通过若干函数来将整个程序的功能拆分开，每个功能都是独立的存在。上述示例也说明了函数要先定义，后调用。例子中的函数加括号，表示执行这个函数。

```
>>> def foo():
...     return 1
...
>>> print(foo)
<function foo at 0x005966A8>
>>> print(foo())
1
```

由上例可以看到，打印这个函数名时，打印的是函数在内存中的地址，而打印这个函数名加括号时，打印的是这个函数执行的结果。

当定义了一个函数对象之后，这个对象允许任何附属功能“绑定”到这个函数对象上。

```
def foo():
    return 1
def bar():
    pass
bar.a = foo()
bar.b = 3
print(bar.a)  # 结果为：1
print(bar.b)  # 结果为：3
```

要养成写注释的良好习惯。虽然函数的注释是可选的，但我们强烈建议有注释（虽然后面的例子中为了节省空间且演示函数功能比较简单，有些函数可能不带注释）。因为注释就相当于这个函数的说明书。在一段时间之后，再翻看原来的代码，某些代码（包括函数）不加注释的话，自己都看不懂自己写的代码是干什么用的。

文档字符串，是一个用于解释程序的重要工具，帮助你的程序文档更加简单易懂。

在函数体内的第一行使用一对三个单引号'''或者一对三个双引号""" "来定义文档字符串。

使用_doc_（注意两边的下画线）调用函数中的文档字符串属性。

```
def func():
    '''
    文档字符串
    '''
    :return:
    Pass
print(func._doc_) #打印文档字符串内容
```

文档字符串使用惯例：首行简述函数功能，第 2 行空行，第 3 行为函数的具体描述。

4.1.2 函数的返回值

上一节的例子中，在执行 foo 函数后，返回了执行结果 1，那么就通过这个函数来说说返回值的几种形式。

1. 函数没有 return，也就是没有返回值

```
def foo():
    pass
f = foo()
print(f)            # 结果为: None
```

如果函数没有 return，那么默认返回 None。我们可以理解为默认 return None。

2. 返回一个值

```
def foo():
    # return 1
    # return 'abc'
    # return [1, 2, 3]
    # return {'a': 'b'}
    return len('1234')
f = foo()
print(f)            # 结果为: 4
```

可以看到 return 返回的这个值可以是任意类型。函数也可以接收任意类型的值。

3. 返回多个值

当返回多个值的时候，值之间需要用逗号隔开，最后多个值以元组的方式返回。

```
def foo():
    return 1, 2, {'a': 'b'}, [3, 4]
    print(res)
result = foo()
print(result)                        # 结果为: (1, 2, {'a': 'b'}, [3, 4])
print(result[2])                     # 结果为: {'a': 'b'}
```

由上例还可以发现，return 之后的 print 语句并没有执行。这也是 return 的另一个特点，那就是终止函数的执行。

```
1. def foo():
2.     return 1
3. f1 = foo()
4. f2 = foo()
5. fn = foo()
6. print(f1, f2, fn)              # 结果为: 1 1 1
```

在函数返回的时候，可通过变量来接收这个返回值（函数执行结果），第 3～5 行表示 foo 函数被执行了 3 次，每次都得到了执行结果 1。

4.1.3 函数的参数

之前示例中的函数并没有传递参数，这样的函数称为无参函数。与之对应的就是有参函数。有参函数的传参方式一般分为按位置传参、按关键字传参。而在传递参数的时候，一般根据参数的实际意义来划分，函数接收的参数为形式参数，调用函数的参数为实际参数。

```
1. def foo(value):                # value: 形式参数
2.     return value
3. foo(2)                         # 2: 实际参数
```

上例第 1 行代码中的 value 称为形式参数（形参），在调用函数的时候被对应的实际参数赋值。第 3 行 foo 函数中的 2 称为实际参数（实参），是函数真正执行所用的数据。

通俗地说，形参就像萝卜坑，而实参就像萝卜，但萝卜也不能随便找个坑，什么样的萝卜对应什么样的坑是有规则的。表 4.1 和表 4.2 展示了参数传递的常见方式。

表 4.1　形参接收参数的一般形式

形参接收参方式	描述
def foo1(value):	位置传参，按位置匹配传参
def foo2(value=None):	按关键字传参，通过变量名匹配传参
def foo3(value1, value2=None):	按位置传参匹配和关键字传参搭配传参，称 value2 为默认参数
def foo4(*args):	可变长度传参，接收任意长度的位置参数，并收集在一个元组内
def foo5(value, *args):	按位置匹配传参和可变长度传参搭配
def foo6(*args, value):	*args 接收任意长度的按位置匹配传参，并收集到元组中，命名关键字参数 value 接收关键字参数
def foo7(**kwargs):	接收任意长度的 key=value 形式的参数，并收集到一个字典内，在所有的参数的后面
def foo8(*args, **kwargs):	接收任意长度的按位置匹配传参和 key=value 形式的参数，且**kwargs 必须放在*args 后面

表 4.2　实参对应形式参数传值（与表 4.1 中函数一一对应）

实参传参方式	描述
foo1(1)	按位置匹配传参
foo2(value=2)	按位置匹配传参的其他形式，指定 value 传参
foo3(3, value2=3)	按位置和按关键字传参搭配传参
foo3(value1=3, value2=3)	按关键字传参
foo4(1, 2, 3, 4)	被*args 参数接收并收集到元组中
foo5(1, 2, 3, 4, 5)	第一个参数按位置匹配传参，剩余的被*args 收集
foo6(1, 2, 3, 4, value='a')	命名关键字传参，前面被*args 接收，value 以 key=value 的形式传递
foo7(a=1, b=2)	以 key=value 的形式被**kwargs 接收到字典中
foo8(1, 2, 3, 4, a=5, b=6)	位置参数被*args 接收，关键字参数被**kwargs 接收

```
# 常见的传参方式
def foo1(value):            # 常规参数，按位置匹配传参
    pass
foo1('a')                   # 按默认位置传参
def foo2(value=None):       # 按关键字传参，通过变量名匹配传参
    pass
foo2(value=2)               #   "指名道姓"将参数传给形参位置的 value
```

```
def foo3(value1, value2=None):  # 位置传参和关键字传参搭配传参，或称 value2 为默认参数
    pass
foo3(value1=1, value2=2)  # “指名道姓”地传参
foo3(2)                       # 实参位置将 2 传递给形参的 value1，value2 用默认值
foo3(2, 3)                    # 一一对应地传递参数
def foo4(*args):              # 接收任意长度的位置参数，并收集在一个元组内
    pass
foo4(1, 2, 3, 4)  # 不固定长度的位置参数，都被*args 接收
def foo5(value, *args):  # 普通位置参数搭配*args
    pass
foo5('a', 1, 2, 'c', 3)  # 字符串 a 传递给 value，其余的参数被*args 接收
def foo6(*args, value):  # *args 接收任意长度的位置参数,并收集到元组中，命名关键字参数 value
    pass
foo6(1, 2, 3, value='a')  # 命名关键字传参，前面被*args 接收，value 以 key=value 的形式传递
def foo7(**kwargs):         # 接收任意长度的 key=value 形式的参数，并收集到一个字典内，在所有参数的后面
    pass
foo7(a=1, b=2)  # 以 key=value 的形式被**kwargs 接收到字典中
def foo8(*args, **kwargs):  # 接收任意长度的位置参数和 key=value 形式的参数，且**kwargs 必须放在*args 后面
    pass
foo8(1, 2, 3, a=1, b=2)  # 位置参数被*args 接收，关键字参数被**kwargs 接收
```

上例演示了函数调用时传参的一般格式。结合上例和下面的例子来总结一下，函数在参数传递时需要注意的事项。

```
def foo1(value):
    print('foo1: ', value)
foo1(1)                                # foo1:  1
```

foo1 函数，参数的传递为按照位置传参。位置传参需要按照从左到右的顺序依次定义参数。按位置传参的形参必须被传值，而对应的实参必须与形参一一对应，多一个不行，少一个也不行。

```
def foo2(value=None):
    print('foo2: ', value)
foo2(value=2)                          # foo2:  2
```

foo2 函数是按照关键字传参。关键字参数可以不用像位置传参一样实参与形参一一对应，而是“指名道姓”地传。多个关键字传参的话，因为指定将 key 传给指定的 value，所以也就不必在乎前后顺序了，为了增强可读性，我们仍建议按照位置传参的形式为关键字传参。而当形参位置已经有值的话，则该值为默认参数。默认参数在定义函数阶段，就已经为形参赋值，定义阶段有值，调用阶段就无须传值。如果实参是经常变化的值，那么在定义对应形参位置时可定义为位置形参，如果实参不经常变化，形参可以定义为默认参数。

```
def foo3(value1, value2=None):
```

```
    print('foo3: ', value1, value2)
foo3(3, value2=3)                      # foo3:  3 3
foo3(value1=3, value2=3)               # foo3:  3 3
```

foo3 函数，是位置传参搭配关键字传参。位置参数必须在关键字参数的前面，而实参的形式既可以按位置参数来传，也可以按关键字来传。

```
def foo4(*args):
    print('foo4: ', args)
foo4(1, 2, 3, 4)                       # foo4:  (1, 2, 3, 4)
```

foo4 函数，以*args 传递所有的实参对象，并且*args 作为一个（都被收集到元组内）基于位置的参数。就是说*args 接收所有的除 key=value 格式以外的位置参数。

```
def foo5(value, *args):
    print('foo5: ', value, args)
foo5(1, 2, 3, 4, 5)                    # foo5:  1 (2, 3, 4, 5)
```

foo5 函数，位置和可变长度的*args 搭配传参。从结果来看，从左到右的第一个参数按位置传递给了 value，而剩余的位置参数都被*args 接收。

```
def foo6(*args, value):
    print('foo6: ', args, value)
foo6(1, 2, 3, 4, value='a')            # foo6:  (1, 2, 3, 4) a
```

foo6 函数，可变长度参数配合命名关键字参数（value），*args 接收所有位置参数，而当 value 在*args 后面的时候，我们称其为命名关键字参数，而命名关键字参数定义在*后的形参，这类形参必须被传值，而且要求实参必须是以关键字的形式来传值。

```
def foo7(**kwargs):
    print('foo7: ', kwargs)
foo7(a=1, b=2)                         # foo7:  {'b': 2, 'a': 1}
```

foo7 函数，**kwargs 接收任意长度的 key=value 格式的参数，并收集到字典中。请牢记，**kwargs 必须作为最右侧参数使用。

```
def foo8(*args, **kwargs):
    print('foo8: ', args, kwargs)
foo8(1, 2, 3, 4, a=5, b=6)             # foo8:  (1, 2, 3, 4) {'b': 6, 'a': 5}
```

foo8 函数，*args 和**kwargs 一起使用的话，可以接收任意形式、任意长度的参数。但切记**kwargs 还是要放到*args 的后面。

可变长度的参数指实参个数不固定。按位置定义的可变长度参数用“*”表示，而按照关键字定义的可变长度参数为“**”。我们一般对“*”用*args（Postional Arguments）表示，“**”用**kwargs（Keyword Arguments）表示，但是请牢记，args 和 kwargs 并不是 Python 的关键字。

```
>>> import keyword
>>> keyword.iskeyword('args')
```

```
False
>>> keyword.iskeyword('kwargs')
False
```

*args 的聚合和打散，如下例所示。

```
1. def foo(*args, **kwargs):
2.     print('args: ', args)             # args:  ([1, 2, 3, 4],)
3.     print('*args: ', *args)           # *args:  [1, 2, 3, 4]
4.     print('kwargs: ', kwargs)         # kwargs:  {'a': 5, 'b': 6}
5. foo([1, 2, 3, 4], a=5, b=6)
```

通过上例第 2 行代码可以看到，当形参是*args 的时候，表示聚合，即把位置参数都收集到元组内（列表算一个位置参数），而在第 3 行，又变回分散的了（元组的括号没了），什么原因呢？当 print 函数执行打印这个聚合（元组形式）的数据的时候，被加了“*”，数据被解包了，也就是说被打散了，变成了一个个对象，而不再是元组的形式了。

```
1. def foo(*args, **kwargs):
2.     print('args: ', args)             # args:  ([1, 2, 3, 4],)
3.     print('*args: ', *args)           # *args:  [1, 2, 3, 4]
4.     print('kwargs: ', kwargs)         # kwargs:  {'a': 5, 'b': 6}
5.     print('*kwargs: ', *kwargs)       # *kwargs:  a b
6.     print('**kwargs: ', **kwargs)  # TypeError: 'a' is an invalid keyword argument
for this function
7. foo([1, 2, 3, 4], a=5, b=6)
```

通过上例第 6 行可以看到，我们在传参的时候为列表加个“*”，然后形参聚合成元组，而在第 2 行打印的时候，由于这个“*”还在，所以打散了，然后第 3 行的时候，由于传进来一个“*”再加上这一行我们原有的一个“*”，执行两边打散操作。需要注意的是，在第 5 行打印*kwargs 的时候，我们只是收集了 key，所以打印**kwargs 报错了。

注意，*args 和**kwargs 允许不传参，也就是说，这个位置有参数就接收，没有参数传进来，也不报错。

```
def test1(*args, **kwargs):
    print(666)  # 666
    print('没有参数,不报错', *args, **kwargs)  # 没有参数,不报错
test1()
def test2(*args, **kwargs):
    print(666)  # 666
    print('有参数就接收', *args, **kwargs)  # 传参就接收 oldboy {'age': 23}
test2('oldboy', {'age': 23})
```

通过上面的例子可以看到，test1 函数没有传递参数，但函数依然运行，没有报错，而 test2 函数则将传来的参数接收并整理。

除了无参函数和有参函数，还有空函数，那就是我们已经见过的形式，如下例所示。

```
def foo():
    pass
```

再通过一个例子了解一下函数的另一个特性。

```
1. def foo(x, y):
2.     return x + y
3. print(foo(1, 2))                    # 3
4. print(foo('a', 'b'))                # ab
```

上面例子向我们传递了一个重要的信息，那就是多态。例子中，foo 函数内的 x + y 的返回结果，完全取决于传递参数的数据类型。正如第 3 行的 print 执行的是加法运算，而第 4 行的 print 执行的是赋值运算。Python 在这里根据传进来的数据类型对“+”号做了随机应变的处理。这种根据数据类型随机应变的行为称为多态。虽然这个 foo 函数功能简陋，但是只要我们传递的参数类型是“+”这个运算符所能处理的，那么它就可以被调用。只要我们了解这个函数的规则，那么它对我们来说就像接口一样，有着很强大的兼容性，这无疑增加了函数的灵活性。这也是像 len 之类的函数这么好用的原因之一。但我们不能“肆无忌惮”地传参，因为函数处理不了的话，就会报错。

4.1.4　函数对象

在 Python 中，函数可以被当作数据传递，也就是说，函数可以被引用、被传递，可以当作返回值，也可以当作容器类型（元组，列表）的元素。

1. 函数被引用

如下例所示，定义一个 foo 函数，这个函数可以被变量 f1 和 f2 引用。这是在之前的例子中常用到的。

```
1. def foo():
2.     return 'ok'
3. f1 = foo()
4. print('f1: ',f1)                # f1:  ok
5. f2 = foo
6. print('f2: ',f2)                # f2:  <function foo at 0x00373A98>
7. print('f2(): ',f2())            # f2():  ok
```

而在第 5 行，foo 函数被变量 f2 引用后，此时打印的（第 6 行）为 foo 的内存地址，而 f2 加括号（第 7 行）触发了 foo 函数的执行，返回“ok”。

2. 函数当作函数的参数

```
def bar():
    a = 1
    print('a =',a)
def foo(b):
    pass
foo(bar)
```

上例中，bar 函数被当作 foo 函数的实参传递给形参 b。

3. 函数当作其他函数的返回值

```
def bar():
    print('bar function')
def foo():
```

```
4.     return bar
5. f = foo()
6. print(f)                          # <function bar at 0x00FA3A98>
7. f()                               # bar function
```

上例中，foo 函数返回的是 bar 函数，foo 函数将结果赋值给 f。在第 6 行打印的时候可以看到打印的 bar 函数的内存地址，那么变量 f 加括号相当于 bar 函数加括号，执行 bar 函数的 print。

4. 函数当作容器类型的元素

通过下面这个例子来理解为什么说函数可以当作容器类型的元素。通过与用户交互，模拟文件的增删改查操作，每个函数对应不同的操作，暂时用打印来代替具体的操作。

```
1. def add():
2.     print('add function')
3. def update():
4.     print('update function')
5. def select():
6.     print('select function')
7. def delete():
8.     print('delete function')
9. dict = {'add': add, 'update': update, 'select': select, 'delete': delete}
10.while 1:
11.    cmd = input('Enter command: ').strip()
12.    if cmd in dict:
13.        dict[cmd]()
14.    elif cmd == 'q':
15.        print('goodbye')
16.        break
17.    else:
18.        print('Error command')
19.        continue
```

代码第 1～8 行，定义增删改查 4 个函数，print 就算代替具体的操作了。第 9 行定义一个字典。从第 10 行开始，写了一个循环用来与用户进行交互。第 11 行获取用户输入的内容，第 12 行开始判断用户输入的 cmd 是否在 dict 内，如果在，说明 cmd 是 dict 的 key，那么通过 dict[cmd]取出对应的 value，而 value 是对应的增删改查的函数，找到函数加括号（第 13 行）就能执行这个函数，完成增删改查的操作（执行 print）。而第 14 行当用户输入“q”的时候，退出程序。第 17 行是当用户输入无效命令的时候，提示并从新循环等待输入。运行结果如下所示。

```
Enter command: asss      # 输入错误命令，会提示命令无效，并等待用户重新输入
Error command
Enter command: add       # 输入正确的命令，执行对应的函数，并等待用户重新输入
add function
Enter command: q         # 用户输入"q"，则退出程序
goodbye

Process finished with exit code 0
```

4.1.5　命名空间与作用域

在之前的学习中，我们“随便”地定义函数，“随便”地将数据赋值给变量。但 Python 真的放心我们这么“无所顾忌”？真相是不允许的，接下来通过一个示例来了解一下变量的知识。

```
1. x = 1
2. def foo():
3.     x = 2
4.     print(x)
5. def bar():
6.     print(x)
7. foo()  # 2
8. bar()  # 1
```

上例中，我们执行了 foo 和 bar 函数（第 7~8 行），分别打印了 2 和 1 这两个变量对应的值。那么，为什么 bar 函数打印的是 x=1 的结果，而 foo 函数打印的是 x=2 的结果？为什么 bar 函数不能打印 x=2，而 foo 函数却没有打印 x=1 的值？而且我们在上例中随手写了 2 个函数，但我们却使用了 4 个变量名（2 个函数名和 2 个变量 x）。那么 Python 是如何管理这些变量名的呢？要回答这些问题，我们就要学习关于变量作用域的知识了。

变量的作用域，顾名思义，就是变量起作用的范围。上例中，我们定义了 2 个同名的变量 x，为什么 Python 在执行的时候，没有造成混乱？这就要归功于作用域了。

当定义一个变量之后，Python 创建、查找、使用、修改这个变量名都是在一个“地方”进行的，我们称这个“地方”为命名空间（或称为名称空间），当程序执行变量所对应的代码时，作用域指的就是命名空间。所有变量名包括作用域在内，都是 Python 赋值时生成的，而且必须在赋值后才能被调用。Python 在给变量赋值时，就将变量赋值的地址绑定给一个特定的命名空间，这个命名空间决定了变量的作用范围。这就解释通上面的那些疑惑了。通过作用域可以总结出以下 3 点。

- 变量在函数内部定义的话，只能作用于函数内部，而外部无法调用这个变量。
- 因为有了作用域，在函数内部和外部定义两个相同的变量名，却不会引起冲突。
- 在任何情况下，变量的作用域只是与被赋值的地方有关，而与函数调用没有关系。

在 Python 中，作用域的范围如图 4.2 所示。

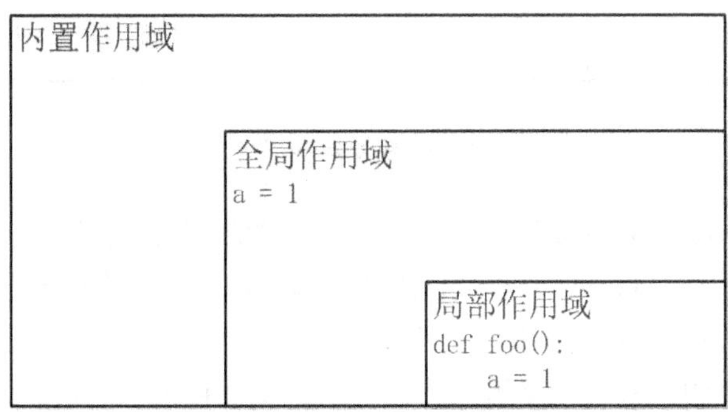

图 4.2　作用域的范围示例

一般我们将函数内部定义的变量称为本地变量，作用域称为本地作用域（或称局部作用域），顾名思义，就在本地起作用，作用于当前函数内部。

而全局作用域则是指在当前文件的顶层定义的变量，作用于当前文件。

内置作用域则是 Python 解释器内置模块定义好的。这才是实际意义上的全局作用域，因为在何处都可以被直接调用，如内置的那些关键字，可作用于所有需要使用的地方。

其实每个文件都可以称为一个模块，而只有在 Python 解释器层面才能通过一些手段调用全部的模块（文件），这样的话，我们才可以操作这些模块内的“全局变量”。我们要区分开内置（解释器层的）作用域和全局作用域（模块层级的）。如果我们在 Python 中看到全局作用域，那么第一反应应该是模块层级的全局作用域。

```
a = 2          # 模块中，顶层变量 a，也称全局变量
def foo():
    # a = 1  # 模块中，局部变量 a
    print(a)
foo()
```

结合图 4.2 中的伪代码写出了上面的代码示例。我们在 foo 函数内部（本地作用域）定义了变量 a=1，在函数外部（模块层）定义了 a=1。如果在 foo 函数内部打印这个变量 a，Python 解释器首先找本地作用域下的 a=1，找到后打印。但我们在示例代码内将 a=1 注释了，这时，本地作用域下没有，Python 解释器就会去全局作用域下找，找到 a=1，然后打印。但如果全局作用域下的 a=1 也被注释，那么 Python 解释器就会去内置作用域中找变量 a，如果能找到，执行打印。如果内置作用域下也没有变量 a， Python 解释器就会抛出一个 NameError: name 'a' is not defined 的错误。

Python 在查找变量时遵守的顺序如图 4.3 所示。

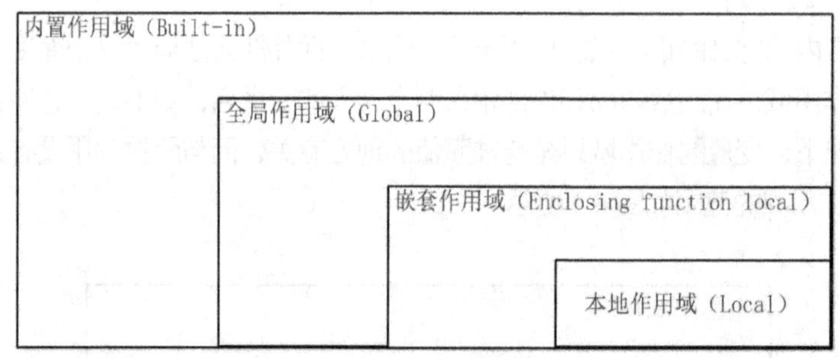

图 4.3　变量查找顺序

嵌套作用域（Enclosing function local）是 Python 后来新增的，我们暂时先忽略，现在可以记住 Python 查找变量的顺序是本地作用域（Local）→全局作用域（Global）→内置作用域（Built-in），如果本地可以查到就算成功，不再往下一级查找。全都查找不到则报错。

我们一般简称 Python 变量查找遵循的顺序为 LEGB 原则，LEGB 由各层英文单词的首字母组成。

现在让我们总结一下作用域。

- Python 解释器层才是真正的全局作用域。
- 一般意义上的全局作用域是指当前文件中定义的顶层变量。

◆ Python 查找变量的顺序遵循 LEGB 原则。

◆ 每次函数的调用都创建一个新的本地作用域，也就是说每一个 def 表达式都会定义一个新的本地作用域，这是为了后续可能做的其他操作提供便利。

虽然我们已经知道了内置作用域，但内置作用域并没有想象的那么复杂和神秘。内置作用域由一个名为__builtin__ 的模块提供。可以通过导入 builtins 模块查看 Python 为我们提供了哪些内置的变量名。

```
>>> import builtins      # 由于版本差异，Python 2 需要这么导入：import __builtin__ 查看：dir(__builtin__)
>>> dir(builtins)
['ArithmeticError', 'AssertionError', 'AttributeError', 'BaseException',
'BlockingIOError', 'BrokenPipeError', 'BufferError', 'BytesWarning', 'ChildProcessError',
'ConnectionAbortedError', 'ConnectionError', 'ConnectionRefusedError', 'ConnectionResetErr
or', 'DeprecationWarning', 'EOFError', 'Ellipsis', 'EnvironmentError', 'Exception', 'False
', 'FileExistsError', 'FileNotFoundError', 'FloatingPointError', 'FutureWarning', 'Generat-
orExit', 'IOError', 'ImportError', 'ImportWarning', 'IndentationError', 'IndexError', 'Int-
erruptedError', 'IsADirectoryError', 'KeyError', 'KeyboardInterrupt', 'LookupError', 'Memo-
ryError', 'NameError', 'None', 'NotADirectoryError', 'NotImplemented', 'NotImplementedErro-
r', 'OSError', 'OverflowError', 'PendingDeprecationWarning', 'PermissionError', 'ProcessLo-
okupError', 'RecursionError', 'ReferenceError', 'ResourceWarning', 'RuntimeError', 'Runtim-
eWarning', 'StopAsyncIteration', 'StopIteration', 'SyntaxError', 'SyntaxWarning', 'SystemEr-
ror', 'SystemExit', 'TabError', 'TimeoutError', 'True', 'TypeError', 'UnboundLocalError',
'UnicodeDecodeError', 'UnicodeEncodeError', 'UnicodeError', 'UnicodeTranslateError', 'Unico-
deWarning', 'UserWarning', 'ValueError', 'Warning', 'WindowsError', 'ZeroDivisionError', '_'
, '__build_class__', '__debug__', '__doc__', '__import__', '__loader__', '__name__', '__pac-
kage__', '__spec__', 'abs', 'all', 'any', 'ascii', 'bin', 'bool', 'bytearray', 'bytes', 'ca-
llable', 'chr', 'classmethod', 'compile', 'complex', 'copyright', 'credits', 'delattr', 'di-
ct', 'dir', 'divmod', 'enumerate', 'eval', 'exec', 'exit', 'filter', 'float', 'format', 'fr-
ozenset', 'getattr', 'globals', 'hasattr', 'hash', 'help', 'hex', 'id', 'input', 'int', 'is-
instance', 'issubclass', 'iter', 'len', 'license', 'list', 'locals', 'map', 'max', 'memoryv-
iew', 'min', 'next', 'object', 'oct', 'open', 'ord', 'pow', 'print', 'property', 'quit', 'r-
ange', 'repr', 'reversed', 'round', 'set', 'setattr', 'slice', 'sorted', 'staticmethod', 's-
tr', 'sum', 'super', 'tuple', 'type', 'vars', 'zip']
```

现在讲述一件真实的案例。老男孩的官网要改后台管理员的用户名，由 root 改为 oldboy，开发工程师接到任务就开始修改相关代码。

```
1. ADMIN = 'root'
2. def login():
3.     ''' login function '''
4.     # global ADMIN
5.     ADMIN = 'oldboy'
6.     print(ADMIN)             # oldboy
7. login()
8. print(ADMIN)                 # root
```

在 login 函数内将 admin 改为 oldboy，下一行的打印也成功了。但是，可以看到第 8 行的打印结果并没有改过来，怎么回事？因为在本地作用域只能调用全局作用域，但无法修改全局作用域下的值。开发工程师就向“老大”Alex 请教，Alex 一看代码说，把第 4 行代码的注释取消。

```
1. ADMIN = 'root'
2. def login():
3.     ''' login function '''
4.     global ADMIN
```

```
5.     ADMIN = 'oldboy'
6.     print(ADMIN)             # oldboy
7. login()
8. def master():
9.     ''' master fuction '''
10.    print(ADMIN)             # oldboy
11.master()
12.def maintenance():
13.    ''' maintenance function '''
14.    if ADMIN == 'root':
15.        print(ADMIN)
16.    else:
17.        print(ADMIN)         # oldboy
18.maintenance()
```

上例中，打开了第 4 行的注释，问题解决。

翌日，运维工程师要登录老男孩官网，但是怎么都无法登录进去，这又是怎么回事？

我们如果需要从本地作用域修改全局作用域的变量，那么就用 global 语句来声明（global 语句只用来做命名空间的声明）。它告诉 Python 解释器打算生成（全局作用域没有该变量名则生成，有则修改）一个或多个全局变量名。global 语句的语法如下。

```
def foo():
    global val1, val2, ... valn
```

global 可以声明多个变量，变量之间用逗号隔开。

运维人员之所以无法登录，是因为全局的“ADMIN”变量值在 login 函数通过 global 声明后，由原来的“root”修改为“oldboy”，当运维人员在 maintenance 函数内用 if 语句判断“ADMIN”的值，该值不等于原来的“root”值，最终导致登录失败。

我们并不建议使用过多的 global 语句，因为这很难控制。尽管 global 语句在有些情况下很好用（站在 login 函数的角度来说），但也会造成一些别的问题（对 maintenance 函数就不是那么友好了），如运维工程师在不知道情况的时候，就无法登录了，这是不安全的。所以在使用 global 语句的时候，还需要多多注意，避免类似上面案例的情况发生。

4.1.6 嵌套函数与嵌套作用域

在上一小节中，我们“忽略”了一个知识点，那就是 Python 查找变量遵循的 LEGB 原则，我们把 E 略过没说，这里我们就来研究一下这个 E 到底有什么神奇之处。

```
x = 1
def foo():
    x = 2
    def bar1():
        x = 3
        def bar2():
            x = 4
```

如上例所示，嵌套函数指的是一个函数（如 foo），将另一个（也可有多个）函数（如 bar1）嵌套其内。理论上可以嵌套多层，如上例中函数 bar1 又将函数 bar2 嵌套其内，但这无疑降低了代码的可读性，并增加了编写难度，故不推荐这种写法。

而嵌套作用域，顾名思义，即被嵌套起来的作用域，指的是嵌套在函数内部的作用域。上例中，相对于全局作用域来说，foo 函数为局部作用域，对于其内的其他函数，则为嵌套作用域。而对于 bar1 函数来说，上一层 foo 函数为嵌套作用域，而 bar1 函数又为局部作用域。对于 bar2 来说，bar1 和 foo 函数都为其嵌套作用域，bar2 函数内部又为局部作用域。Python 在查找变量 x 时，比如查找 bar2 下的变量 x，首先在自己的局部作用域查找，有的话就不往上再查找了。如果没有，则去上一层嵌套作用域 bar1 函数内查找，如果 bar1 函数内没有变量 x，则再往上一层的 foo 函数查找，如果 foo 函数层也没有，那么嵌套作用域查找完毕，再往上去全局作用域查找，没有则再去内置作用域查找，最后都没有就抛出 NameError 的错误。

嵌套函数一般分为两种：函数的嵌套调用和函数的嵌套定义。

```
def foo(x, y):
    if x > y:                    # 如果x大，则返回x
        return x
    return y                     # 否则将y返回
def bar(a, b, c, d):
    ret = foo(a, b)              # 调用foo函数拿到一个大的值，跟下一个参数进行比较
    ret = foo(ret, c)
    ret = foo(ret, d)            # 通过几次比较，拿到最大的值
    return ret                   # 将最大的值返回
print(bar(2, 3, 1, 4))           # 打印返回的结果：4
```

上面的例子演示了函数的嵌套调用。foo 函数用来比较两个数的大小，并将大值返回，而 bar 函数则通过调用 foo 函数来计算 4 个值的最大值，并将最大值返回。

```
1. def f1():
2.     x = 2
3.     print('from f1', x)
4.     def f2():
5.         print('from f2')
6.         def f3():
7.             print('from f3')
8.         f3()                  # from f3
9.     f2()                      # from f2
10.f1()                         # from f1 2
11.print(f1)                    # <function f1 at 0x00FD4B28>
12.# print(f2)                  # NameError: name 'f2' is not defined
13.# print(x)                   # NameError: name 'x' is not defined
```

上面的例子演示了嵌套函数的定义。我们在 f1 函数中定义了 f2 函数，在 f2 函数内部定义了 f3 函数。通过执行函数，执行各自的 print 语句。而且，通过被注释的第 12 ~ 13 行可以看到，我们在函数外部无法访问其内部的变量名（函数名也是变量名）。

```
1. x = 1
2. def foo(x):
3.     def bar(y):
4.         return x < y
5.     return bar
6. f  = foo(10)                    # 基准值：10
7. print(f)                        # <function foo.<locals>.bar at 0x00C56738>
8. print(f(5))                     # False
9. print(f(20))                    # True
10.print(bar)                      # NameError: name 'bar' is not defined
```

上例中，第 1 行定义全局变量 x，第 2～5 行定义了函数 foo，函数 foo 将函数 bar 嵌套其内，函数 bar 返回两个参数的比较结果，函数 foo 则将函数 bar 的内存地址返回。第 6 行执行函数 foo 并传参，通过第 7 行的打印可以看到变量 f 其实就是函数 bar，那么函数 f 加括号就可以执行（第 8，9 行），并得到比较的返回结果。而第 10 行打印则报 bar 没有定义。通过这个例子可以总结如下。

◆ 嵌套函数（bar）首先在本地作用域（函数 bar 自己的本地作用域）查找变量 x，如果没有的话，则往上一层函数 foo 的作用域（嵌套作用域）查找，没有的话则再向全局和内置作用域查找。

◆ 被嵌套的函数（bar）无法被外部引用。

◆ 上例中，在第 6 行为函数 foo 的形参 x 传递了参数 10，并且只在最开始传递了一次，而在后面函数 bar 两次（第 8，9 行）调用都使用了 10 这个参数，可以理解为在第 6 行传递了参数，嵌套作用域就"记住"了这个变量值，后面的打印都去调用这个变量值，并没有去全局作用域找 x=1。这种行为我们称为闭合（closure）或者工厂函数，指能够记住嵌套函数作用域的值的函数。由此可以发现命名空间是 Python 在运行时动态维护的。但一般情况下，嵌套函数内部的作用域是静态的，称为静态嵌套作用域。这样做是为了保护嵌套函数内部的变量不受外部命名空间的影响，从而保持一致的结果。这种有"记忆"的功能在某些情况下特别有效，比如说嵌套作用域通常用来被 lambda 函数使用（lambda 我们稍后讲）。

◆ 同样有"记忆"功能的是类（第 6 章详细介绍类），而且类更加"高明"，因为类让这些"记忆状态"更清晰、更明确。除了类和嵌套函数之外，全局变量和默认参数（函数的参数）也能起到"记忆"的效果。

```
1. def ta():
2.     num = 1
3.     print(num)                  # 1
4.     def ba():
5.         global num
6.         num = 3
7.         return num
8.     return ba()
9. print(ta())                     # 3
```

在默认情况下，一个变量名 num 在第一次赋值时已经创建。如果嵌套作用域（函数 ta）下的局部作用域（函数 ba）的变量名由 global 声明（第 5 行），此变量会创建或修改变量名 num 为整个模块的作用域（全局作用域）。通过第 9 行的打印可以看到，在全局作用域下找到了变量 num。这不会影响当前嵌套作用域的 num，通过第 3 行的打印可以看到，num 的值并没有改变。

嵌套作用域下的变量放在 global 后，会将当前局部的变量直接声明为全局变量，而嵌套作用域的同名变量不受影响。那么，在有些情况下，我们要只修改嵌套作用域下的变量，而不希望影响全局作用域下的变量怎么办？比如只修改上例中第 2 行的 num 值为 3。这时候就要用到 nonlocal 了。nonlocal 的语法如下。

```
def foo():
    nonlocal val1, val2, ... valn
```

nonlocal 可以声明多个变量，变量之间用逗号隔开。需要注意的是，nonlocal 是在 Python 3.x 版本时引入的，下面的示例代码在 Python 2.x 解释器中运行，会引起报错。

```
1. x = 5
2. def ta():
3.     x = 1
4.     def ba():
5.         x = 100
6.         def ca():
7.             nonlocal x
8.             x = 3
9.         ca()
10.        print('Local ba x, after nonlocal:', x)   # Local x, after nonlocal: 3
11.    ba()
12.    print('Enclosing ta x:', x)                   # Enclosing x: 1
13.ta()
14.print('Global x:', x)                            # Global x: 5
```

上例中，第 1 行，定义全局变量 x=5。第 2 行，定义嵌套函数 ta，ta 内部定义 x=1 第 4 行，定义嵌套函数 ba，在第 5 行定义 x=100，在第 6 行又定义 ca 函数，ca 函数内部通过 nonlocal 声明变量 x，在第 8 行定义 x=3。第 9 行执行 ca 函数，第 10 行打印 ba 函数内的 x 变量的值，第 11 执行 ba 函数，第 12 行打印嵌套作用域下（ta 函数）的变量 x 的值。第 13 执行 ta 函数。第 14 行打印全局变量下的变量 x 的值。

通过打印结果，我们可以得出结论，nonlocal 声明修改嵌套作用域下的变量，而不会影响全局作用域，只从当前作用域往上一层嵌套作用域查找，而不会影响更上一层的变量，比如我们打印 ta 函数下的 x，就没有受影响。

再通过一个例子来总结一下 global 和 nonlocal 的区别。

```
x = 1
def foo():
    x = 2
    def bar1():
        global x, y
        x = 100
        y = 150
    bar1()
    def bar2():
        # nonlocal y   # SyntaxError: no binding for nonlocal 'y' found
        nonlocal x
        x = 3
        y = 30
    bar2()
```

```
15.    print('Enclosing x', x)                         # 3
16.foo()
17.print(x, y)                                          # x = 100, y = 150
```

上例中，第 1 行定义全局变量 x=1，第 2 行定义函数 foo，并在第 3 行定义 x=2，第 4 行定义函数 bar1，global 声明变量 x、y，第 6～7 行分别赋值变量 x、y，第 8 行执行函数 bar1。第 9 行定义函数 bar2，并在第 10 行用 nonlocal 声明 y，但最后注释了，稍后我们再解释为什么注释。第 11 行 nonlocal 声明变量 x。第 12～13 行分别赋值变量 x、y。第 14～15 行分别执行 bar2 函数、foo 函数。第 16 行打印全局变量 x、y。

通过上例，我们可以看到 global 与 nonlocal 的区别。

- global 声明变量为全局变量时，如果全局变量存在则修改，不存在则创建。
- nonlocal 在声明变量时，变量必须存在。如上例第 10 行的报错，我们在嵌套作用域内并没有提前定义变量 y，故报错。而第 11 行声明变量 x 时，当前的嵌套作用域内存在变量 x，从而在第 12 行修改成功并且在第 15 行打印修改后的 x 的值。
- nonlocal 只能作用于嵌套作用域，无法影响到全局作用域。
- global 是将嵌套作用域下（foo 函数）的局部作用域（bar1 函数）的变量直接声明为全局作用域，而不会影响到其嵌套作用域内的变量。

无论是 global 还是 nonlocal，我们都要小心使用，以免造成其给作用域带来的某些异常。

4.1.7 闭包函数

在前文中说过嵌套函数还有一种特殊的表现形式——闭合（closure），我们称这种特殊的嵌套函数为闭包函数。

```
1. def foo():
2.     x = 1
3.     y = 2
4.     def bar():
5.         print(x, y)
6.     return bar
7. f = foo()                        # 变量 f 就是 bar 函数，加括号就能执行
8. print(f)                         # <function foo.<locals>.bar at 0x01136738>
9. print(f.__closure__)             # (<cell at 0x011BD070: int object at 0x604999C0>,
<cell at 0x011BDED0: int object at 0x604999D0>)
10.print(f.__closure__[0].cell_contents)        # 1
11.print(f.__closure__[1].cell_contents)        # 2
```

参考上例来讨论一下闭包函数的特点。

闭包函数是指在函数（foo 函数）内部定义的函数（bar 函数），如果该内部函数包含对嵌套作用域的引用，而不是全局作用域的引用，那么该内部函数称为闭包函数。

闭包函数包含对嵌套作用域的引用，而不是全局作用域的引用。通过第 8 行的打印，我们分析，虽然打印的结果只是 bar 函数的内存地址，但是其不仅仅是明面上的内存地址那么简单，这个 bar 函数还自带其外部的嵌套作用域。闭包函数相关的__closure__ 属性定义的是一个包含 cell 对象的元组，其中元组中的每一个 cell 对象用来保存局部作用域中引用了哪些嵌套作用域变量。第 9 行打印的结果印证了这一点。我们在嵌套作用域内定义了 2 个变量 x 和 y。而第 9 行的打印结果为一个元组，元组内存在两个元素地址。

我们通过第 10～11 行的打印取元组的第 1、第 2 个元素得到了进一步验证——顺利地拿到了存在于嵌套函数内的变量 x、y 的值。

```
1. x = 1
2. def foo():
3.     def bar():
4.         print(x)
5.     return bar
6. f = foo()
7. print(f.__closure__)    # None
```

上例证明了内部函数 bar 只包含对嵌套作用域的引用，而不是全局作用域的引用，因为第 4 行引用的变量是全局的变量 x。而通过第 7 行打印也证明这一点，bar 函数的__closure__属性返回为 None，也就是空值。如果嵌套作用域内有变量 x，那么__closure__属性内就会存在嵌套作用域的变量地址。

```
1. def f1():
2.     x = 1
3.     y = 2
4.     def b1():
5.         print(x)
6.     return b1
7. f = f1()
8. print(f.__closure__)  # (<cell at 0x00B6D070: int object at 0x604999C0>,)
9. def f2():
10.    x = 1
11.    y = 2
12.    def b2():
13.        print(x, y)
14.    return b2
15.f = f2()
16.print(f.__closure__)  # (<cell at 0x0123DED0: int object at 0x604999C0>, <cell at 0x01248430: int object at 0x604999D0>)
```

但有一点需要说明的是，内部函数包含对嵌套作用域的引用这句话，指的是内部函数的__closure__属性内的元组内元素个数，取决于在局部作用域中对嵌套作用域中哪些变量的引用。如上例，在 f1 函数内定义了两个变量，但在 b1 函数只引用了 x 这一个变量。所以 b1 函数的__closure__属性内只存在一个嵌套作用域的变量地址。而第 13 行在局部作用域引用了两个嵌套作用域的变量，故 b2 的__closure__内就有两个值。

上面的几个例子都是闭包函数的一层嵌套形式。下面的例子为闭包函数的两层嵌套形式。跟一层闭包函数一样，最内层的函数，包含对嵌套作用域的引用。

```
def foo():
    name = 'oldboy'
    def bar():
        money = 1000
        def oldboy_info():
            print('%s have money: %s' % (name, money))
        return oldboy_info
```

```
8.     return bar
9. bar = foo()
10.oldboy_info = bar()
11.oldboy_info()                          # oldboy have money: 1000
12.print(oldboy_info.__closure__)       # (<cell at 0x0090D050: int object at 0x009B9570>, <cell at 0x00900FF0: str object at 0x0090D060>)
13.print(oldboy_info.__closure__[0].cell_contents)       # 1000
14.print(oldboy_info.__closure__[1].cell_contents)       # oldboy
```

上例中，第 6 行打印的 name 和 money 变量，是对上级作用域（bar 函数）和顶级嵌套作用域（foo 函数）的引用。通过第 13～14 行的打印可以看出，oldboy_info 函数的__closure__内包含了 2 个变量。

4.2 装饰器

前面说了嵌套函数的闭包函数形式，读者可能会问，闭包函数是用来做什么的呢？这节就来讲解闭包函数的应用——装饰器。我们通过老男孩的故事来说说装饰器。

转眼，老男孩的软件开发工程师（以下简称开发）陆陆续续为老男孩官网写了 10 万多个函数，随着老男孩的飞速发展，老男孩官网也越来越臃肿，越来越慢。一天公司老板就对开发说："现在官网这么慢，你着手优化一下，比如测试一下每个函数的运行时间，看哪些函数拖了后腿，一天后告诉我结果……"

开发一听测试函数的运行时间，这好办，修改函数，测试一下到底运行了多少时间不就完了嘛。

```
import time                       # 导入time模块，执行计算时间的功能
def func():
    start = time.time()           # 获取函数开始运行的时间戳
    print('function running......')
    time.sleep(3)                 # 由于这个函数运行太快，我们手动让函数"睡"3秒
    print('function run time:', time.time() - start)  # 结束时间减去开始运行的时间,得出函数运行的时间
func()                            # function run time: 3.0002944469451904
```

time 模块会在下一章详细说明，这里暂时介绍用到的 time 模块和__name__属性。

```
time.time()                       # 返回当前时间的时间戳
time.sleep(secs)                  # 通过secs参数指定函数"睡"多久
func.__name__                     # 获取函数名
```

然而 10 万多个函数，如果每个函数都改一遍，还不如直接交辞职报告呢！就在开发苦思冥想地准备写个体面点的辞职报告时，忽然灵机一动，如果写个函数，专门用来测试其他函数的执行时间，那么就能按时完成任务了啊！

```
import time
def timer(func):
    ''' prints function time '''
    start = time.time()
    func()                        # 调用函数的执行
```

```
    print('function %s run time %s' % (func.__name__, time.time() - start)) # 打印函数执行的时间
def f1():
    time.sleep(1)                    # 通过睡眠，模拟函数执行的时间
def f2():
    time.sleep(2)
timer(f1)                            # function f1 run time 1.0005981922149658
timer(f2)                            # function f2 run time 2.00011944770813
```

然而，虽然有了改进，但测试 10 万多个函数的工作量依然很大，还能不能进一步优化？比如依然只是调用 f1 函数，但能自动触发 timer 函数的执行，这岂不美哉！然后开发列出了伪代码。

```
def timer():
    ...
def f1():
    ...
f1 = timer
f1()
```

开发想了想，应该能实现。

```
1. import time
2. def timer(func):
3.     ''' prints function time '''
4.     def wrapper():
5.         start = time.time()
6.         func()      # 这里是执行函数，参考的前面例子中的 pirnt(x) 来理解
7.         print('function %s run time %s' % (func.__name__, time.time() - start))
8.     return wrapper
9. def f1():
10.    time.sleep(1)                    # 通过睡眠，模拟函数执行的时间
11.def f2():
12.    time.sleep(2)
13.print('赋值前的 f1', f1)             # 赋值前的 f1 <function f1 at 0x005D6738>
14.f1 = timer(f1)
15.print('重新赋值的 f1', f1)           # 重新赋值的 f1 <function timer.<locals>.wrapper at 0x00E43270>
16.f2 = timer(f2)
17.f1()                              # function f1 run time 1.0000762939453125
18.f2()                              # function f2 run time 2.000044345855713
```

上面的例子，可以参考前面闭包函数的例子去理解。在第 14、16 行执行 timer 函数并传递 func 参数，而这个 func 参数，其实就是传递的 f1、f2 两个函数名。在 wrapper 函数内引用来自嵌套作用域传来的 func 变量。而第 8 行 timer 将 wrapper 函数名和带有对 func 变量引用的嵌套作用域一起返回，并且 timer 将返回值分别赋值给 f1、f2 变量。此时被重新赋值的 f1、f2 变量其实为 wrapper 函数（第 15 行的打印可以证明）。这时第 17～18 行的 f1、f2 加括号就能运行。还记得嵌套函数有“记忆”功能吗？在第 14 行已经将 f1 函数传给 timer 函数并且被 timer“记住”，在第 17 行执行 wrapper 函数的时候，就跳转执行到第 6 行，

“看到” func（实为 f1 函数名）变量就去局部作用域查找，没有，就去上一级嵌套作用域内查找，找到了 func（之前传过的 f1 函数名），加括号 f1 函数就被执行。执行完毕，第 7 行打印了 f1 函数的执行时长。第 18 行 f2 的执行过程和 f1 函数一致。

这就接近完美了，但仍有一点美中不足的是，还有两次赋值操作（第 14、16 行），这看着多碍眼啊！要是能去掉该多好！于是开发又去找 Alex 去寻找解决办法。Alex 一看，就冷冷地说：“这不就是装饰器嘛，Python 已经用语法糖帮我们解决这个问题呀……”

```
1. import time
2. def timer(func):
3.     ''' prints function time '''
4.     def wrapper():
5.         start = time.time()
6.         func()
7.         print('function %s run time %s' % (func.__name__, time.time() - start))
8.     return wrapper
9. @timer
10.def f1():
11.    time.sleep(1)  # 通过“睡”一会儿，模拟函数执行的时间
12.@timer
13.def f2():
14.    time.sleep(2)
15.f1()  # function f1 run time 1.0000762939453125
16.f2()  # function f2 run time 2.000044345855713
```

上例中，我们只是在每个函数上面加上 “@timer”，此外并没有修改 f1 和 f2 函数的代码。

通过这个真实的故事，我们完整地写出了一个装饰器函数。那么接下来我们就来学习一下装饰器的具体用法。

语法糖（Syntactic sugar），也称糖衣语法，即在 Python（其他语言也有类似语法）中为程序添加某种语法，而这种语法对语言的原本功能没有影响，只是更方便开发者使用。语法糖使得程序更加简洁，提高了可读性。

其他衍生词汇有语法盐、语法精糖、语法糖浆。

4.2.1 开放封闭原则

在说装饰器之前，我们还要学习一个原则——开放封闭原则。什么是开放封闭原则呢？

1. 对扩展是开放的

为什么要对扩展开放呢？可以想象一下，任何一个程序在设计之初，都不可能做到面面俱到、实现所有功能，并且后续不做任何更改。所以，我们要支持代码扩展，添加新的功能。

2. 对修改是封闭的

既然说要允许代码扩展，那么为什么又要对修改封闭？举个例子，比如要给银行的交易功能添加或测试新的功能，如果直接修改源代码，那么有可能会造成有些交易发生异常，甚至无法交易。所以，对修改（源码）是封闭的。

装饰器的出现完美地遵循了这个开放封闭原则。

通过上面的统计函数运行时间的例子，可以看到，只需在测试的函数上加上统计时间功能的装饰器，而对于原函数没有做任何修改。

4.2.2　无参装饰器

装饰器的本质：装饰器是任意可调用对象，被装饰的对象也可以是任意可调用的对象。

装饰器的功能：在不修改被装饰对象源代码，以及调用方式的前提下，为其添加新的功能。

上面说得有点绕，现在只需记住以下 2 点。

- 不修改被装饰对象的源代码。
- 不修改被调用对象的调用方式，就是说，被装饰对象“不知不觉”中添加了一些功能。

装饰器需要达到的目标:：添加新功能。

再来看装饰器的一般写法。

```
1. def timer(func):                    # 装饰器
2.     def wrapper():
3.         res = func()                # 执行被装饰函数代码
4.         print(res)                  # 其他逻辑代码
5.         # returen res               # 将结果返回
6.     return wrapper                  # 返回功能函数名
7. @timer                              # 采用 @ + 装饰器名，写在被装饰函数上面，完成装饰
8. def index():                        # 被装饰器函数
9.     print('index function')         # 逻辑代码
10.index()                             # 执行 index 函数，自动触发装饰器函数的执行
```

关键点就是“@”符号，其实第 7 行代码的意思是获取位于下方函数的函数名作为 timer 函数的参数，并执行 timer 函数，重新赋值给变量 index，而变量 index 则为 timer 函数的返回值（timer 函数将内部的 wrapper 函数的函数名返回），代码理解就是 index = timer(index)。那么将上述伪代码用代码实现如下。

```
1. import time
2. def timer(func):
3.     ''' prints function time '''
4.     def wrapper():
5.         start = time.time()
6.         func()
7.         print('function %s run time %s' % (func.__name__, time.time() - start))
8.     return wrapper
9. @timer                              # foo = timer(foo)
10.def foo():
11.    time.sleep(1)
12.foo()                               # function foo run time 1.0007328987121582
```

一个最简单的计算时间的装饰器函数完成了。上面的代码的执行流程如下。

第 1 步，首先在第 1 行导入 time 模块，然后程序往下走。

第 2 步，在第 2 行定义 timer 函数。

第 3 步，接着执行到第 9 行，发现装饰器的语法糖。这一步可以想象语法糖默默地帮我们做了定义 foo 函数，并且执行 foo = timer（foo）这一赋值操作。

第 4 步，触发 timer 函数执行，执行 timer 内部代码，程序执行第 4 行，定义 wrapper 函数。只是定义，所以程序往下走。

第 5 步，在第 8 行将 wrapper 函数名返回。

第 6 步，timer 函数暂时执行完毕，期间做了包括执行 timer 函数并为 func 形参传递实参 foo 函数名，在嵌套作用域内“记住”foo（函数）变量，经过这一系列操作。程序重新回到语法糖的第 9 行并继续往下走。

第 7 步，因为在第 3 步时，语法糖帮我们定义了 foo 函数，此时就直接执行到第 12 行，执行 foo 加括号。关键点：此时的 foo 变量已经不是最初的 foo 函数那个函数名了，而是在第 3 步中拿到的 foo 变量，而这个 foo 变量实为 timer 函数的返回值——wrapper 函数名，加括号执行的是 wrapper 函数。所以，此时程序执行第 4 行的 wrapper 函数，接着执行内部代码。

第 8 步，程序执行到第 5 行，通过 time 模块获取到当前的时间戳，程序往下走。

第 9 步，执行到了第 6 行，在局部作用域去找变量 func，没找到，往上去嵌套作用域里找，这次找到了，在第 3 步中，语法糖给 func 传递了 foo 函数名，此时 func 加括号等价于 foo 函数加括号执行。

第 10 步，程序再次通过第 9 行的语法糖开始执行到第 11 行的 foo 函数的内部代码，“睡”1 秒。至此，被装饰函数的内部代码执行完毕，程序往下走。

第 11 步，第 6 行的 func 加括号执行完毕，接着执行到了第 7 行的打印，通过__name__拿到了 func 的函数名 foo，再一次获取当前的时间戳并减去第 5 行获得的时间戳，算出程序运行了多少时间，通过占位符格式化，打印出结果。wrapper 函数执行完毕，回到第 12 行。foo 加括号执行完毕，继续往下走，没有代码，程序结束。

4.2.3 有参装饰器

老男孩的开发正在为测试运行时间时碰到的问题而头疼。问题是这样的，老男孩官网的公共主页不需要登录，而后台页面必须指定用户登录才能访问。

```
import time
def timer(func):
    def wrapper():
        start = time.time()
        func()
        print('function %s run time %s' % (func.__name__, time.time() - start))
    return wrapper
@timer
def public():
    time.sleep(0.1)
    print('oldboy public index page')
@timer
def admin(name):
    print('oldboy public admin page')           # 老男孩后台页面
    if name == 'root':                          # 只有用户名是 root 的用户才能访问
```

```
16.         return 'welcome vip page'
17.     return 'name error'                          # 否则提示请用户名错误
18.public()
19.admin('oldboy')
```

但上面的代码，admin 函数执行时会报错，因为虽然在第 19 行给 admin 参数传参了，但是实际运行的是在装饰器内的第 5 行执行的，而很明显第 5 行我们并没有传递参数，这时就会报缺少参数的错误。读者看到这里时可能会说，我们在需要传参的地方，传上参数不就可以了吗？如下例所示。

```
1. import time
2. def timer(func):
3.     def wrapper(name):
4.         start = time.time()
5.         func(name)
6.         print('function %s run time %s' % (func.__name__, time.time() - start))
7.     return wrapper
8. @timer
9. def public():
10.    time.sleep(0.1)
11.    print('oldboy public index page')
12.@timer
13.def admin(name):
14.    print('oldboy public admin page')      # 老男孩后台页面
15.    if name == 'root':                     # 只有用户名是 root 的用户才能访问
16.        return 'welcome vip page'
17.    return 'name error'                    # 否则提示请用户名错误
18.public()
19.admin('oldboy')
```

问题虽然解决了。但是因为传递参数带来了另一个问题，那就是主页的 public 函数会报错，因为它不需要参数，而我们却传参了，一样会报参数的错误。这可难为了开发，只好再去问 Alex，Alex 看了代码就冷冷地说："忘了*args 和**kwargs 了吗？" 并且写了示例代码。

```
1. def test1(*args, **kwargs):
2.     print(666)                              # 666
3.     print('不传参也不报错', *args, **kwargs)  # 不传参也不报错
4. test1()
5. def test2(*args, **kwargs):
6.     print(666)                              # 666
7.     print('传参就接收', *args, **kwargs)      # 传参就接收 oldboy {'age': 22}
8. test2('oldboy', {'age': 22})
```

开发忽然回想起了学过的*args 和**kwargs，恍然大悟，并且立马更改了代码。

```
1. import time
2. def timer(func):
3.     def wrapper(*args, **kwargs):
4.         start = time.time()
5.         func(*args, **kwargs)
```

```
6.          print('function %s run time %s' % (func.__name__, time.time() - start))
7.      return wrapper
8. @timer
9. def public():
10.     time.sleep(0.1)
11.     print('oldboy public index page')
12.@timer
13.def admin(name):
14.     time.sleep(0.1)
15.     print('oldboy public admin page')          # 老男孩后台页面
16.     if name == 'root':                         # 只有用户名是 root 的用户才能访问
17.         return 'welcome vip page'
18.     return 'name error'                        # 否则提示请用户名错误
19.public()
20.admin('oldboy')
21.
22.# 上面两个函数执行结果
23.oldboy public index page                       # public 函数执行的结果
24.function public run time 0.10057306289672852
25.oldboy public admin page                       # 成功进入了 admin 页面
26.function admin run time 0.10007095336914062
```

虽然上面的代码顺利执行，但是细心的开发却发现，打印结果中，并没有看到 admin 函数的返回值。也就是说第 16～18 行到底有没有执行？不知道！经过仔细查看代码，发现第 16～18 行的代码执行了，只是我们没有接收。那么怎么接收呢？如下例所示。

```
import time
def timer(func):
    def wrapper(*args, **kwargs):
        start = time.time()
        ret = func(*args, **kwargs)
        print('function %s run time %s' % (func.__name__, time.time() - start))
        return ret
    return wrapper
@timer
def public():
    time.sleep(0.1)
    print('oldboy public index page')
@timer
def admin(name):
    time.sleep(0.1)
    print('oldboy public admin page')  # 老男孩后台页面
    if name == 'root':                 # 只有用户名是 root 的用户才能访问
        return 'welcome vip page'
    return 'name error'                # 否则提示请用户名错误
public_ret = public()
admin_ret = admin('root')
print('public return:', public_ret)    # public return: None
```

```
23.print('admin return:', admin_ret)  # admin return: welcome vip page
```

上例代码的执行流程（以 admin 函数为例）如下。

第 1 步，程序执行第 1 行，导入 time 模块。

第 2 步，在第 2 行定义 timer 函数。

第 3 步，程序运行到第 13 行，碰见语法糖，语法糖执行了 admin = timer(admin)这个步骤，触发 timer 函数的执行，并接收 admin 变量（admin 函数的内存地址），执行 timer 内的代码，定义 wrapper 函数，并在第 8 行被 timer 返回函数名 wrapper。此时的 admin 变量就是 wrapper 函数。

第 4 步，程序再次通过第 13 行的语法糖往下继续执行到第 21 行，admin 变量加括号执行，此时我们知道 admin 就是 wrapper 函数。程序回到第 3 行执行 wrapper 函数，接收并"记住"root 变量。继续往下执行内部的代码，第 4 行获取时间戳。

第 5 步，此时程序执行到了第 5 行，func 加括号，我们知道这个 func 其实就是语法糖帮我们做的那一步操作——admin = timer(admin)，所以此时是 admin 函数执行，程序来到了第 15 行，"睡"0.5 秒后往下执行了一行打印任务。在第 17 行去找 name 变量，因为 name 值在执行第 4 步时已经被"记住"了，此时我们将其从"记忆"中拿出来，name 成了 root，之后进行 if 判断，root==root，判断成功，执行 if 内部的代码，也就是第 18 行将字符串 return。我们知道，函数碰到 return 就结束执行。故 admin 函数结束了，程序回到第 5 行，继续执行。

第 6 步，通过前面的学习，我们知道将函数赋值给一个变量，而这个变量就能接收到该函数的返回值。所以，我们在第 5 行通过变量 ret 接收到了 admin 函数的返回值。程序往下执行，打印 admin 函数的执行时间。程序继续往下走。在第 7 行时，通过 return 语句，我们拿到 admin 函数的返回值 ret。

第 7 步，这时读者可能会问，为什么在第 7 行时要返回 admin 函数的返回值 ret？admin 函数不是已经 return 了吗，为什么又要返回一次？其实，我们要明白，admin 函数的生命周期（从开始执行到执行结束）都是在 wrapper 函数内完成的，我们最后拿到的只是 wrapper 的返回值。所以，我们要把 admin 函数的返回结果，通过 wrapper 函数返回出去。此时，装饰器也执行完毕，程序继续往下走。

第 8 步，程序执行到了第 21 行，admin（实为 wrapper 函数）执行完毕（并在第 7 行返回了结果），被重新赋值给变量 admin_ret，程序往下走。

第 9 步，最终，在第 23 行打印出来了 admin 函数的返回值，程序执行完毕。读者可能又有疑惑，最后执行的是 admin_ret，这是改了源代码了啊！需要说明的是，这么用是为了更清晰地展示 admin_ret 变量是 admin 函数的返回值。

public 函数的执行流程参考 admin 函数的执行流程。不同之处只是 public 函数没有返回值罢了，正如第 22 行打印的 public 函数的返回值是 None。

至此，开发成功地解决了装饰器传参的问题。但他并不知道，还有下一个"坑"在等着他。

4.2.4 多装饰器

果然，开发又碰到问题了，因为他在给一个函数要加计时装饰器的时候发现，那个函数本身已经有了一个装饰器，而他又给这个函数加了自己的装饰器。开发不知道会发生什么，就又去求助老大 Alex，Alex 看了代码，给他讲解起来。

```
1. import time
```

```
def timer(func):
    def wrapper():
        start = time.time()
        func()
        print('function %s run time %s' % (func.__name__, time.time() - start))
    return wrapper
def auth(func):
    def inner():
        ''' 登录验证 '''
        count = 1
        while count <= 3:
            name = input('enter name:')
            pwd = input('enter pwd:')
            if name == 'oldboy' and pwd == '666':
                print('login successful')
                func()
                return
            elif count == 3:
                print('登录次数过多，明天再来吧')
                return
            else:
                print('login error，剩余登录次数%s' % (3 - count))
                count += 1
    return inner
@auth  # foo = inner = auth(wrapper) = auth(time(foo))
@timer  # foo = wrapper = timer(foo)
def foo():
    time.sleep(1)
    print('function foo')
foo()  # function foo run time 1.000114917755127
# foo 函数执行结果
# enter name:oldboy
# enter pwd:666
# login successful
# function foo
# function foo run time 1.0003564357757568
@timer  # bar = wrapper = timer(auth(bar))
@auth   # bar = inner  = auth(bar)
def bar():
    time.sleep(1)
    print('function bar')
bar()
# bar 函数执行结果
# enter name:oldboy
# enter pwd:666
# login successful
# function bar
```

```
52.# function inner run time 5.279560804367065
```

我们先看 foo 函数的执行流程。

第 1 步，第 1 行，导入 time 模块，定义 timer 和 auth 两个函数。

第 2 步，程序来到了第 26 行，@auth 做了什么？拿到下面函数（装饰器也是函数）名，执行 auth 函数并将函数名传进去。而下面的函数是 timer 装饰器，所以，timer 装饰器又做了同样的事情，拿到下面 foo 函数的函数名，执行 timer 函数并将 foo 传进去，再重新赋值给 foo，此时的 foo 为 wrapper 函数。而第 27 行的 timer 函数整体就注释了代码的内容（从右到左看）。

第 3 步，第 27 行 timer 函数返回了内部的 wrapper，被第 26 行的 auth 函数当作参数传递自己的函数中。此时 foo 为 inner 函数。因为 auth 函数的返回值就是 inner。而 timer(foo)则返回的是 wrapper。但 wrapper 被 auth 函数当成参数传进去了。

第 4 步，此时，程序通过第 26 行的@auth 往下执行第 30 行的 foo 加括号。而 foo 就是 inner 函数，也就是执行 auth 内部的 inner 函数。

第 5 步，程序进行登录判断，此时输入 oldoby（第 34 行）和 666（第 35 行）之后，进入判断验证，第 16 行打印登录成功（第 39 行）。接下来，第 17 行执行 func 函数。关键点：此时的 func 指的是哪个函数？还记得在 26 行我们执行 auth 函数时，传的参数是什么吗？是第 27 行 timer 函数的返回值——wrapper 函数的函数名 wrapper。所以，foo 加括号触发 wrapper 函数运行。

第 6 步，程序执行到了 timer 函数内部的 wrapper 函数（第 3 行）。程序继续执行 wrapper 内部代码，获取时间戳。

第 7 步，关键点又来了，此时第 5 行的 func 指的哪个函数？还记得第 2 步里面的 timer 是怎么执行的吗？timer 加括号，拿到下面（第 28 行）的 foo 函数的函数名，传递进去，并将返回值（wrppaer）赋值给 foo。此时 timer 函数的 func 形参接收了 foo 这个变量并在作用域内“记住”了它。所以，此时找 func 就回到了最初的步骤，局部作用域找 func，没有，就去上一层的嵌套作用域内找，找到了，加括号执行，执行的是第 28 行真正的源代码 foo 函数。执行内部代码，“睡”1 秒，然后执行下一行的打印（第 37 行出现打印结果），foo 函数执行完毕。程序回到第 5 行，继续往下走，算出 foo 函数执行的时间，并打印。此时，整个 foo 函数和两个装饰器程序都执行完毕。我们再来看 bar 函数的执行流程。

第 8 步，bar 函数装饰器的执行流程正好和 foo 函数的装饰器执行流程相反。上面 foo 函数（第 31 行）执行完毕，程序继续往下走，因为上面已经定义好了两个装饰器函数。在执行到第 40 行碰到装饰器的语法糖语法，做了跟 foo 函数执行流程的第 2 步一样的事情，不过是反过来的。@timer 会拿到下面函数的函数名当参数传给自己的 func 形参，将自己（tiemr 函数）的返回值赋值给 bar。此时的变量 bar 实为 wrapper 函数。而当 timer 装饰器在拿下面函数名的时候，下面的@auth 装饰器也做了同样的事情，去拿下面（第 42 行）的函数名当参数传递给自己的 func 参数，并将返回值 inner 返回（此时的 inner 函数内部包含着真正的 bar 函数的函数名）。所以在第 40 行 timer 函数传给自己 func 参数的实参为 inner 函数。此时第 40 行的 timer 在给自己传参并得到返回值再赋值给 bar 变量后，程序再次通过第 40 行的语法糖往下执行到第 45 行。

第 9 步，第 45 行的 bar 加括号就执行。关键点：这个 bar 加括号触发了哪个函数的执行？想想第 40 行@timer 做了什么？传参、返回值、赋值。bar 函数其实是触发了 wrapper 函数的执行。

第 10 步，程序回到了第 3 行并往下继续执行，获取当前的时间戳，执行下一行代码 func()。关键点：这个 func 触发了哪个函数的执行？还记得 timer 函数在传参的时候，传的是哪个参数吗？传递的是 auth

函数的返回值——inner 函数的函数名。所以第 5 行的 func 加括号触发了 inner 函数的执行，程序继续往下执行。

第 11 步，程序走到第 11 行，开始接下来的用户登录认证，在第 48 行、第 49 行所示的输入结束，第 50 打印提示登录成功。程序走到了第 17 行。

第 12 步，关键点：这个 func 又是哪个函数？还记得我们在第 41 行的@auth 做了什么吗？拿到了 bar 函数的函数名传递给 func 形参。所以，此时第 17 行的 func 实为 bar 函数，加括号 bar 函数执行。

第 13 步，程序走到了第 42 行开始执行 bar 函数的内部函数的代码，"睡" 1 秒后执行下一行的打印（打印结果在第 51 行）。bar 函数执行完毕，程序继续往下走。

第 14 步，程序回到了第 18 行，碰到 return，auth 函数结束执行。关键点来了，此时需要思考一下程序接下来往哪走。让我们回想是谁出发了 inner 函数的执行？是第 3 步骤中的第 5 行 func()触发的。那么此时程序就回到了这里。然后程序继续往下走。

第 15 步，关键点：第 6 行的 print 中，func.__name__拿的是谁的函数名？这就又要往前看了。我们在执行第 40 行@timer 时，为 timer 函数传的参数是哪个？答案在更前面，timer 函数的参数是第 41 行的 auth 函数的返回值——inner 函数的函数名。所以，此时 func.__name__拿到的是 inner 就对了。而在第 52 行的打印中，也印证了这一点，打印的是 inner。此时，程序往下执行，time.time()获取当前的时间戳再减去在第 4 行时获取的时间戳，得出结果后，经过整理，打印出结果。程序自此执行完毕。

通过上面的例子可以看出，两个函数的装饰器的上下顺序不同，得到的函数的运行时间是有很大的差异的。很明显，bar 函数的装饰器用法，并不是老男孩开发期望的结果，因为开发只想测试一个函数的运行时间，而 bar 函数的装饰器则统计了 bar 函数和 auth 装饰器共同运行的时间。由此，参考图 4.4 得出以下 3 点结论。

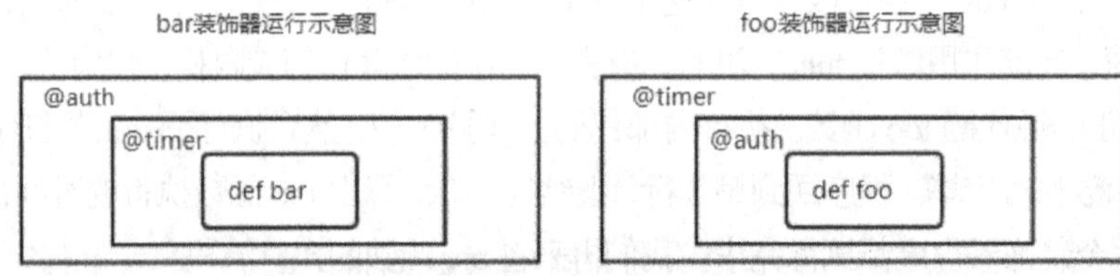

图 4.4　多装饰器运行示意图

◆ 一个函数可以被多个装饰器装饰。

◆ 从代码执行角度来说，如果有多个装饰器，最上面的装饰器会把下面的函数名当成参数传给自己的形参，再重新赋值。而下面的装饰器会做同样的事情，直到最下面一层装饰器拿到真正被装饰的函数。如图 4.4 所示，被装饰函数此时在最里面一层。真正执行的时候，最外层如图 4.4 的左侧示意图，auth 装饰器执行到内部的 func()时，程序执行内部的 timer 函数，而程序执行到 timer 内部的 func()时，则开始执行真正的源代码，待源代码执行完毕，程序回到 timer 函数。timer 函数的剩余逻辑代码执行完毕后，程序再次回到 auth 函数，执行 auth 函数剩余的代码逻辑，整个程序才算执行完毕。所以，真正执行时是从里面往外部执行的。

◆ 为了便于理解多装饰器，可以想象，最上面的装饰器开始执行，然后碰到下面的函数就将其嵌套在内，下面的装饰器函数再将自己下面的装饰器嵌套入自己的内部，一层一层嵌套，直到将被装饰函数嵌套到最内层。再通过在外层的装饰器的返回值，由最外层向内层一层一层地执行，而结束则是从最内层往外层一层一层结束。一句话，执行——由外到内，结束——由内到外。上面的总结，我们再通过另一种写法来理解。

```
1. import time
2. def timer(func):
3.     def wrapper():
4.         start = time.time()
5.         func()
6.         print('function %s run time %s' % (func.__name__, time.time() - start))
7.     return wrapper
8. def foo():
9.     time.sleep(1)
10.    print('function foo')
11.timer(foo)()     #  foo()= timer(foo) = timer(foo)()
12.
13.'''
14.    function foo
15.    function foo run time 1.000493049621582
16.'''
```

上面的代码重点是第 11 行的写法。这种写法等于 timer 装饰器将 foo 函数的函数名传给 func 变量，然后拿到返回值 wrapper，这个返回值 wrapper 加括号就执行。其他跟@timer 语法糖一样。这种写法也证明了装饰器函数其实把被装饰器函数“包”在自己的内部执行。

通过一番讲解，开发瞬间明了。Alex 说了那么一堆，其实不就是：想让哪个装饰器最先作用到被装饰的函数上，就把这个装饰器放到这个函数的正上方，其他的依次往上排。最上面的装饰器是最先开始执行，但也是最后才结束执行的装饰器。虽然有点绕，但最上方的装饰器确实最后执行完毕。而离被装饰函数最近的装饰器，则随着被装饰函数的执行，最先执行完毕。

4.3 迭代器

4.3.1 一个 Shift 键引发的“血案”

开发在测试 3000 多个函数之后，觉得效率极其低下，无法在规定时间内完成任务。他有了一个新的想法，就是拿到当前文件内的函数名，存在列表内，然后循环这个列表，列表内的每个元素都是函数名，把这个函数名放到装饰器内执行，这样就一劳永逸了。于是他单独写出了测试代码。

```
import time
def timer(func):
    def wrapper(*args, **kwargs):
        start = time.time()
        eval(func+'()')
        print('function %s run time %s' % (func, time.time() - start))
    return wrapper
def foo():
```

```
9.     time.sleep(0.2)
10.    print('function foo')
11.def bar():
12.    time.sleep(0.1)
13.    print('function bar')
14.def f1():
15.    time.sleep(0.1)
16.    print('function f1')
17.l = ['foo', 'bar', 'f1']
18. l = {'foo', 'bar', 'f1'}
19.count = 0
20.while count < len(l):
21.    timer(l[count])()  # l[count]为一个个函数名
22.    count += 1
23.'''
24.while 循环列表的结果：
25.    function foo
26.    function foo run time 0.2001662254333496
27.    function bar
28.    function bar run time 0.10074114799499512
29.    function f1
30.    function f1 run time 0.10059309005737305
31.while 循环集合的结果：
32.    TypeError: 'set' object does not support indexing
33.'''
34.# l = ['foo', 'bar', 'f1']
35.l = {'foo', 'bar', 'f1'}
36.for i in l:
37.    timer(i)()
38.'''
39.for 循环列表和集合的结果一致(忽略时间戳的小数位的细微不同)：
40.    function foo
41.    function foo run time 0.20093750953674316
42.    function bar
43.    function bar run time 0.10007715225219727
44.    function f1
45.    function f1 run time 0.10010862350463867
46.
47.'''
```

当开发在测试上面这段代码的时候，用 while 循环元素作为函数名的列表，运行无误，于是就把代码合并到线上的代码中去真正地执行测试任务。而不巧的是在上线的过程中，因为键盘的【Shift】键为不好使，开发失手把列表的中括号，写成了花括号，导致报错（第 32 行所示），报错原因是集合不支持索引。在分析原因的时候，用 for 循环分别执行了原来的列表和失手写成的集合，都能正常运行，那么为什么 for 循环集合不报错，而 while 循环集合就报错？开发再次请教 Alex。Alex 一看代码，就冷冷地对开发说道："回去复习一下可迭代对象和迭代器再来找我"，开发掩面走之。

原来，Python 为了使类似集合这种不支持索引的数据类型能够像有索引一样方便取值，就为一些对象内置__iter__方法来摆脱对象对索引的依赖。即如果这个对象具有__iter__方法，则成为可迭代对象。那么我们如何判断这个对象是否是可迭代对象呢？Python 为此提供了两种方法来判断。

首先来学习两个将要用到的函数。

```
1. dir(obj)                          # dir(obj) dir 方法返回对象 obj 的所有方法
2. isinstance(obj,classinfo)   #isinstance(obj, classinfo)函数判断一个对象 obj 是否是一个已知的类型 classinfo
3. print(dir('123'))
4. '''
5. ['__add__', '__class__', '__contains__', '__delattr__', '__dir__', '__doc__', '__eq__', '__format__', '__ge__', '__getattribute__', '__getitem__', '__getnewargs__', '__gt__', '__hash__', '__init__', '__iter__', '__le__', '__len__', '__lt__', '__mod__', '__mul__', '__ne__', '__new__', '__reduce__', '__reduce_ex__', '__repr__', '__rmod__', '__rmul__', '__setattr__', '__sizeof__', '__str__', '__subclasshook__', 'capitalize', 'casefold', 'center', 'count', 'encode', 'endswith', 'expandtabs', 'find', 'format', 'format_map', 'index', 'isalnum', 'isalpha', 'isdecimal', 'isdigit', 'isidentifier', 'islower', 'isnumeric', 'isprintable', 'isspace', 'istitle', 'isupper', 'join', 'ljust', 'lower', 'lstrip', 'maketrans', 'partition', 'replace', 'rfind', 'rindex', 'rjust', 'rpartition', 'rsplit', 'rstrip', 'split', 'splitlines', 'startswith', 'strip', 'swapcase', 'title', 'translate', 'upper', 'zfill']
6. '''
7. print(isinstance('123', str)) # True
8. print(isinstance('123', list)) # False
```

通过 dir 函数的打印结果，我们找到了返回的列表中的__iter__方法。这说明字符串为可迭代对象。而 isinstance 函数判断这个对象是否是指定类型，如第 7 行，字符串 123 为 str 类型，则返回 True。而第 8 行，字符串不是 list 类型，则返回 False。我们稍后会用到这个函数。接下来学习第一种判断对象是否为可迭代对象的方法。

```
# 方法 1：采用 dir 函数判断
print('str is iterable:', '__iter__' in dir('123'))
print('int is iterable:', '__iter__' in dir(123))
print('list is iterable:', '__iter__' in dir([1, 2]))
print('set is iterable:', '__iter__' in dir({1, 2}))
print('dict is iterable:', '__iter__' in dir({'a': 1}))
print('tuple is iterable:', '__iter__' in dir((1, 2)))
print('range is iterable:', '__iter__' in dir(range(10)))

# 方法 2：通过 isinstance 函数判断
from collections import Iterable
print('str is iterable:', isinstance('123', Iterable))
print('int is iterable:', isinstance(123, Iterable))
print('list is iterable:', isinstance([1, 2], Iterable))
print('set is iterable:', isinstance({1, 2}, Iterable))
print('dict is iterable:', isinstance({'a': 1}, Iterable))
print('tuple is iterable:', isinstance((1, 2), Iterable))
print('range is iterable:', isinstance(range(10), Iterable))
'''
    str is iterable: True
```

```
    int is iterable: False
    list is iterable: True
    set is iterable: True
    dict is iterable: True
    tuple is iterable: True
    range is iterable: True
'''
```

上例中，dir 函数返回一个对象所有的方法，而我们通过成员测试符 in 来判断__iter__在不在 dir(obj) 中，从而来判断这个对象是否为可迭代对象。通过各自的打印结果，只有 int 返回了 False，也就是说 int 为不可迭代对象。而 isinstance 函数则借助 collections 模块的 Iterable 类型来判断，如果一个对象是 Iterable，则返回 True，否则返回 False。而执行结果与 dir 函数执行结果一致。

通过上例我们可以得出常见的可迭代对象有 str、list、set、dict、tuple、range。

既然知道了可迭代对象，那么什么是迭代器呢？

```
1. it = {1, 2, 3}
2. it = it.__iter__()
3. print(it)                          # <str_iterator object at 0x00913210>
4. print(it.__next__())               # 1
5. print(it.__next__())               # 2
6. print(it.__next__())               # 3
7. # print(it.__next__())             # StopIteration
```

可迭代对象执行__iter__方法返回的结果称为迭代器（第 3 行），而迭代器又具有__next__方法。我们通过执行迭代器的__next__方法获取到了 set 中的每个元素。而当取值完毕，迭代器内值为空，就会抛出 StopIteration 错误提示（第 7 行），提示迭代取值完毕。

那么迭代器和可迭代对象有什么区别呢？

```
1. print('iterable have __iter__:', '__iter__' in dir('12'))
2. print('iterable have __next__:', '__next__' in dir('12'))
3. print('iterator have __iter__:', '__iter__' in dir('12'.__iter__()))
4. print('iterator have __next__:', '__next__' in dir('12'.__iter__()))
5. '''
6.     iterable have __iter__: True
7.     iterable have __next__: False
8.     iterator have __iter__: True
9.     iterator have __next__: True
10.     '''
```

通过第 6～9 行的打印结果可以看到，可迭代对象只有__iter__方法，而迭代器则有__iter__、__next__两个方法。

```
print('str: %s' % '123'.__iter__())
print('list: %s' % [1, 2].__iter__())
print('set: %s' % {1, 2}.__iter__())
print('dic: %s' % {'a': 1}.__iter__())
print('tuple: %s' % (1, 2).__iter__())
print('range: %s' % range(10).__iter__())
```

```
'''
    str: <str_iterator object at 0x013DD050>
    list: <list_iterator object at 0x013DD050>
    set: <set_iterator object at 0x01684468>
    dic: <dict_keyiterator object at 0x013C5AB0>
    tuple: <tuple_iterator object at 0x013DD050>
    range: <range_iterator object at 0x014C9188>
'''
```

通过上面的例子，我们也可以发现，不同的可迭代对象返回不同类型的迭代器。

迭代器的特点是重复，下一次的重复基于上一次结果。

使用迭代器的优点如下。

- 提供一种不依赖于索引的取值方式，迭代器通过__next__方法取值。
- 惰性计算，节省内存空间。迭代器每执行__next__方法一次，则“动作”一次，返回一个元素。

而迭代器的缺点也很明显。

- 取值不如索引方便。要每次执行__next__方法取值。
- 迭代过程不可逆。也就是说迭代器的迭代过程走的是一条通往“悬崖”的路，每次执行__next__方法返回结果的同时都会向“悬崖”靠近一步，直到跳下“悬崖”（迭代完毕，抛出 StopIteration 异常）。所以说，迭代过程是无法回头的，只能一条路走到黑。
- 无法获取迭代器的长度。因为可迭代对象通过__iter__方法返回的是迭代器（内存地址）。所以无法获取这个迭代器内的元素有多少。

4.3.2 迭代器协议版本差异

目前我们都是在 Python 3.x 解释器环境下学习的。但众所周知，Python 2.x 和 Python 3.x 是有些许区别的，现在通过 Python 2.x 解释器来了解下版本的不同之处。

```
1. Python 2.7.14 (v2.7.14:84471935ed, Sep 16 2017, 20:19:30) [MSC v.1500 32 bit (Intel)] on win32
2. Type "help", "copyright", "credits" or "license" for more information.
3. >>> s = 'abc'
4. >>> s.__iter__()
5. Traceback (most recent call last):
6.   File "<stdin>", line 1, in <module>
7. AttributeError: 'str' object has no attribute '__iter__'
8. >>> s2 = iter('abc')
9. >>> s2
10.<iterator object at 0x03729FF0>
11.>>> s2.next()
12.'a'
```

从上例中第 4 行可以发现，Python 2.x 中字符串并没有__iter__方法，但我们可以通过使用 iter 函数返回迭代器，

iter 函数将可迭代对象返回为迭代器，此迭代器内的每一个元素都有一个 next 方法，我们在循环的时候调用 next 方法（第 11 行），直到没有更多元素时，next 方法会抛出 StopIteration 终止循环。

但需要注意上面的情况只是 Python 2.x 下字符串转为迭代器的独特情况。其他可迭代对象都有__iter__方法可以返回迭代器。只是迭代器没有__next__方法，只能通过调用 next 方法来取值。

我们来做一下总结。

◆ 在 Python 3.x 中，按照我们之前的学习，通过__iter__方法返回迭代器，迭代器再执行__next__方法取值。

◆ 在 Python 2.x 中，对于特殊的字符串，字符串没有__iter__方法，只能通过 iter 函数返回迭代器，再调用 next 方法取值。

◆ 在 Python 2.x 中，除了字符串，其他可迭代对象都有__iter__方法，并通过此方法返回迭代器。关键点：Python 2.x 中所有的迭代器都没有__next__方法，只有__iter__方法。所以，Python 2.x 中的迭代器都要通过 next 方法取值。

◆ 为了避免记混出错，我们使用一个折中的方法，这个方法在 Python2.x 和 Python3.x 中兼容，那就是使用 iter 函数和 next 函数。

```
Python 2.7.14 (v2.7.14:84471935ed, Sep 16 2017, 20:19:30) [MSC v.1500 32 bit (Intel)] on win32
Type "help", "copyright", "credits" or "license" for more information.
>>> s1 = iter('ab')
>>> s1
<iterator object at 0x03735150>
>>> next(s1)
'a'
>>> next(s1)
'b'
>>> next(s1)
Traceback (most recent call last):
  File "<stdin>", line 1, in <module>
StopIteration
>>> l1 = iter(['a', 'b'])
>>> l1
<listiterator object at 0x03735110>
>>> next(l1)
'a'
>>> next(l1)
'b'
>>> next(l1)
Traceback (most recent call last):
  File "<stdin>", line 1, in <module>
StopIteration

Python 3.5.4 (v3.5.4:3f56838, Aug  8 2017, 02:07:06) [MSC v.1900 32 bit (Intel)] on win32
Type "help", "copyright", "credits" or "license" for more information.
>>> s1 = iter('ab')
>>> s1
<str_iterator object at 0x00C9BE70>
>>> next(s1)
'a'
>>> next(s1)
```

```
'b'
>>> next(s1)
Traceback (most recent call last):
  File "<stdin>", line 1, in <module>
StopIteration
>>> l1 = iter(['a', 'b'])
>>> l1
<list_iterator object at 0x00C9BB50>
>>> next(l1)
'a'
>>> next(l1)
'b'
>>> next(l1)
Traceback (most recent call last):
  File "<stdin>", line 1, in <module>
StopIteration
```

上例中，通过 iter 函数返回迭代器，next 函数获取迭代器内的元素，通过 StopIteration 异常结束循环。

我们可以发现，Python 2.x 和 Python 3.x 对于迭代器的实现是有些细微差异的，因为两个解释器版本遵守的迭代器协议不同。但也有共同的方法去解决这些差异，比如我们可以通过 Python 2.x 来了解一下迭代器的内部实现机制。

迭代器协议指对象需要提供 next 方法，它返回迭代中的下一项，直至元素为空引起一个 StopIteration 异常，终止循环。而可迭代对象则是实现了迭代器协议的对象。

```
class Reverse:
    """Iterator for looping over a sequence backwards."""
    def __init__(self, data):
        self.data = data
        self.index = len(data)

    def __iter__(self):
        return self

    def next(self):
        if self.index == 0:
            raise StopIteration
        self.index = self.index - 1
        return self.data[self.index]
```

可以从 Python 2.x 解释器的源码中发现，可迭代对象通过__iter__方法（我们暂时忽略类，只要知道在类中定义的函数称为方法）返回迭代器，而迭代器内的每个元素都有 next 方法，在循环时调用 next 方法取值，next 方法也负责当迭代器内为空时，抛出异常终止循环。

简单来说，迭代的过程相当于有一坛子（容器）咸鸭蛋（元素），next 一次，坛子抛出一个鸭蛋，而坛子内就少一个鸭蛋，当坛子里没了鸭蛋，next 就抛出了 StopIteration 异常，提示循环该结束了——没鸭蛋了！

4.3.3 for 循环的本质

我们通过集合出错的例子来了解一下 for 循环的内部实现原理。

```
1. s = {1, 2, 3}
2. for item in s:
3.     print(item, end=' ')      # 1 2 3
4.
5. count = 0
6. while count < len(s):
7.     print(s[count])      # TypeError: 'set' object does not support indexing
8.     count += 1
```

第 3 行的 end=' '，意为用空格代替默认的换行。

for 循环顺利地打印了 set 内的每个元素，而 while 循环却提示 set 对象不支持索引。既然如此，那么 for 循环是如何做到的呢？

其实在 for 循环的背后，for 语句在可迭代对象上调用 iter 函数，iter 函数返回一个迭代器，for 语句循环调用迭代器内的每个元素的 next 方法，当迭代器为空时，next 方法会引发一个 StopIteration 异常。这个异常告诉 for 语句终止循环。

for 循环的对象必须是可迭代对象，如果这个对象不是可迭代对象，那么 for 循环的时候会报错。

```
x = 111
for i in x:
    print(i)    # TypeError: 'int' object is not iterable
```

既然知道了 for 循环的内部原理，我们试着用 while 循环模拟 for 循环的过程。

```
1. def while_iterator(iterable_obj):
2.     iterator_obj = iter(iterable_obj)               # iter 函数返回迭代器 iterator_obj
3.     while 1:
4.         try:
5.             print(next(iterator_obj), end=' ')      # next 方法返回每个元素
6.         except StopIteration:
7.             return
8. while_iterator('123')                               # 1 2 3
9. while_iterator({'a', 'b', 'c'})                     # b c a
```

第 4~7 行，我们用异常处理中的 try 和 except 语句来捕获异常，并对异常做出我们想要实现的逻辑——退出循环并终止函数的执行。

我们通过上面的函数，用 while 循环实现了 for 循环的内部实现原理，而且是 Python 2.x 和 Python 3.x 兼容。

4.4　生成器

老男孩的开发在学习迭代器的过程中，也接触到了迭代器的另一个知识点——生成器。

4.4.1　生成器函数

我们通过一个例子来学习生成器。

```
1. from collections import Iterator
2. def generator_func():
3.     print('first')
4.     yield 1
5.     print('second')
6.     yield 2
7.     print('third')
8.     yield 3
9. generator_obj = generator_func()
10.print(isinstance(generator_obj, Iterator))  # True
11.print(generator_obj)                         # <generator object generator_func at0x00D25AB0>
12.print(generator_obj.__next__())              # first     1
13.print(generator_obj.__next__())              # second    2
14.print(generator_obj.__next__())              # third     3
15.print(generator_obj.__next__())              # StopIteration    None
```

在上例中，第 2 行，定义 generator_func 函数，在第 3～8 行我们做了打印和 yield 操作，第 9 行执行函数，拿到返回值并赋值给变量 generator_obj。通过第 10 行可以看到 generator_obj 是迭代器，也就是说 generator_func 函数返回的是迭代器。第 11 行打印这个返回值，可以看到是个生成器（generator）对象，既然 generator_obj 是迭代器，我们通过第 12～15 行的打印印证了这一点——迭代器有__next__方法，并且第 15 行也报了 StopIteration 错误。那么函数内的 yield 是什么呢？迭代器在执行第 12 行__next__方法的时候，分别打印了 first（第 3 行的 print）和 1，这个 1 就是 yield 返回的，而通过下面的打印和 yield 可以看到，每当我们执行一次__next__方法，就执行了一次打印和 yield，直到第 15 行再次执行__next__方法时，提示了 StopIteration，并且返回了 None 值。通过上例，我们可以总结如下。

函数体内包含有 yield 关键字，该函数执行的结果（返回值 generator_obj）为生成器，而该函数称为生成器函数。

来看看 yield 的功能。

- ◆ yield 与 return 一样可以终止函数执行、可以返回值（不指定返回值默认返回 None），但不同之处是，yield 可以在函数内多次使用，而 return 只能返回一次。
- ◆ 为函数封装好了__iter__和__next__方法，把函数执行结果转换为迭代器，也就是说 yield 自动实现了迭代协议并遵循迭代器协议。
- ◆ 触发函数执行、暂停、再继续，状态都由 yield 保存。
- ◆ 生成器本质就是迭代器。
- ◆ 延迟计算，每调用一次，yield 返回一次，并保存此次调用的相关信息，等待下一次调用。

生成器函数和普通函数的最大不同之处在于，生成器每 yield 一次，在返回值的时候，将函数挂起，保存相关信息，在下一次函数执行的时候，从当前挂起的位置继续执行。

```
1. def generator_func():
2.     print('first')
3.     yield 1
4.     print('second')
5.     yield 2
6.     print('third')
7.     yield 3
8. generator_obj = generator_func()
9. print(generator_obj.__next__())
10.print(''.center(20, '*'))
11.for i in generator_obj:
12.    print(i)
13.'''
14.    first
15.    1
16.    ********************
17.    second
18.    2
19.    third
20.    3
21.'''
```

由上例看到，在执行第 9 行触发了第 3 行的 yield 之后，在第 11 行的循环中，是从第 4 行开始执行的。由此证明，yield“记住”了在第 9 行时的信息，当第 11 行再次触发函数的执行时，yield 在保存的信息中，找到上一次执行的状态并恢复，所以函数从第 4 行继续执行。

yield 也可以返回任意对象。

```
def gen():
    def foo():
        print('foo function')
    yield 1, 3, foo
g = gen()
g1 = g.__next__()
g1[2]()                                    # foo function
```

yield 在返回值方面与 return 一致。返回多个值时以元组的方式返回。

```
def generator_func():
    for i in range(1, 5):
        x = yield 'yield: %s ' % i
        print('x =', x)
generator_obj = generator_func()
print(generator_obj.__next__())
print(generator_obj.send('test'))
print(generator_obj.__next__())
print(generator_obj.close())
```

```
'''
    yield: 1
    x = test
    yield: 2
    x = None
    yield: 3
    None
'''
```

上例中，我们通过 send 方法为 yield 下次调用传递值，而通过 close 方法关闭生成器。

需要注意的是，x = yield 是调用者为生成器传值，而 yield i 是生成器为调用者返回值。

4.4.2 生成器表达式 VS 列表解析式

说了那么多，这生成器有什么用呢？还记得开发把 10 万多个函数名放在一个列表内的故事吗？现在需求是这样的，这 10 万多个值的列表，每次只需要前 5 个函数名去执行测试任务，而且取出来的同时从列表内删除。怎么做呢？我们可以用列表解析式快速创建这个列表，然后在取值的同时执行删除操作，但这么做是不是很麻烦？而且 10 万多个值的列表放在内存中是不是很占内存空间？那么此时，用生成器就可以很好地解决这个问题。

首先学习一个知识点，生成器表达式。

```
l = [i for i in range(10)]
g = (i for i in range(10))
print('l: ', l)    # l:  [0, 1, 2, 3, 4, 5, 6, 7, 8, 9]
print('g: ', g)    # g:  <generator object <genexpr> at 0x00DE5AB0>
```

由上例可以看到，生成器表达式和列表解析式类似，只是由中括号换成了小括号。但生成器表达式返回的是生成器对象，而列表解析式返回的是列表。

```
import time
def timer(func):
    def wrapper(*args, **kwargs):
        start = time.time()
        func(*args, **kwargs)
        print('%s running time: %s' % (func.__name__, time.time() - start))
    return wrapper
@timer
def gen():
    i = (i for i in range(10000000))
    print(i)
@timer
def li():
    [i for i in range(10000000)]
gen()
li()
'''
    <generator object gen.<locals>.<genexpr> at 0x00A88CF0>
    gen running time: 0.0
```

```
    li running time: 0.7966420650482178
'''
```

上例展示了分别用生成器表达式和列表解析创建一个 1000 万个元素的列表，从创建时间来说，生成器表达式完成的时间太快了（其实就返回了一个生成器）! 我们的 timer 时间装饰器都没有测出时间，而列表解析则非常耗时。而这只是千万级，如果是亿级的列表，一般的计算机则会报 MemoryError 的错误。

这就体现出了生成器表达式的优势。

- 节省内存。
- 惰性计算。举个例子，老男孩向列表解析式制衣厂和生成器表达式制衣厂分别订做两万件校服，但没说什么时候取。列表解析式制衣厂拿到订单就把两万件校服做出来了，但由于老男孩没有及时取，就积压在仓库里了。而生成器表达式制衣厂表面上答应了做两万件，但其实一件也没做，而老男孩因为种种原因，只需要每家生产 20 件校服，列表解析式制衣厂就尴尬了，一万多件校服白做了，而生成器表达式制衣厂则高效率地只做了 20 件校服。生成器表达式的优势就体现出来了，需要多少我（生成器）就给多少，多一件都不做。

4.5 递归与面向过程编程

4.5.1 递归

我们来聊点函数部分的高级话题，递归调用。

程序在调用一个函数的过程中，直接或者间接调用了该函数本身，称为递归调用。

```
def recursion():
    print('recursion function')
    recursion()
recursion()     # RecursionError: maximum recursion depth exceeded while calling a Python object
def foo():
    print('foo function')
    bar()
def bar():
    print('bar function')
    foo()
foo()          # RecursionError: maximum recursion depth exceeded while calling a Python object
```

上例中，recursion 函数在执行打印任务后又再次直接调用自己，再次执行打印任务，然后再次调用自己，这样无休止地打印、调用自己。而对于 foo 和 bar 函数，在 foo 函数中调用 bar 函数，在 bar 函数中调用 foo 函数，这称为间接调用自己。无论哪种调用，函数执行最后都报了同样的错误 RecursionError。Python 解释器自动终止了函数的无休止调用。这种递归也称为无限递归（死递归）。Python 解释器为了阻止这种死递归，设置了递归深度，也就是限制了递归的次数。

```
import sys
print(sys.getrecursionlimit())  # 1000
sys.setrecursionlimit(1100)     # 手动设置递归深度
```

```
4. print(sys.getrecursionlimit())  # 1100
```

上述代码通过 sys 模块在第 2 行获取 Python 解释器默认的递归深度（根据平台不同数值可能有所出入，比如 997），通过第 3 行手动设置递归深度并立即生效（第 4 行）。再通过一个例子来学习一下递归函数的应用。

计算 1+2+3+…+x 的和。

```
1. def mySum(x):
2.     if x == 1:                                # 递归结束条件
3.         return 1
4.     return mySum(x - 1) + x
5.
6. print(mySum(5))                               # 15
7. '''
8. mySum(5)
9.     mySum(4) + 5    15
10.        mySum(3) + 4    10
11.            mySum(2) + 3    6
12.                mySum(1) + 2    3
13.                                1
14.'''
```

上例中，第 6 行执行 mySum 递归函数并传递参数 x，第 2 行为递归设立结束条件，第 4 行开始进行递归循环。而循环过程正如第 8 行开始执行递归到最深层第 12 行，当变量 x 为 1 的时候，结束递归，开始执行第 4 行的 return 计算，而计算过程就是从第 12 行往上执行到了第 8 行。计算过程是，在递归结束时返回了 1，而 1 就是第 12 行的 mySum 函数这一层递归时返回的结果，加上这一层的变量 x，结果为 3。而 3 则是第 11 行 mySum 的执行结果，再加上当前层变量值为 6，就这样，当前层的执行结果为上一层的函数执行结果，加上当前层的变量值，直到第 9 行，得到最终的结果 15。

上面的例子还可以有另一种更加优美的写法——三元表达式。

```
def mySum(x):
    return 1 if x == 1 else mySum(x - 1) + x
print(mySum(5))                                  # 15
```

但有时，递归更偏技巧一些，不如循环语句自然。

```
def whileSum(x):
    sum = 0
    i = 1
    while i <= x:
        sum += i
        i = i + 1
    return sum
print(whileSum(5))                               # 15
def forSum(x):
    sum = 0
    for i in range(1, x + 1):
        sum += i
    return sum
```

```
print(forSum(5))                                    # 15
```

最后对递归做个总结。

◆ 递归必须有明确的结束条件，避免陷入死递归。

◆ 递归使代码更加整洁、优美。

◆ 递归非常的占用内存空间，因为每层递归都保留当前层的状态信息，同时也会造成递归的时间成本更高，效率低下。

4.5.2 面向过程编程

我们通过一个简单的计算器例子来了解面向过程编程。

```
import re
def cal_mini_exp(mini):
    '''
    乘除计算
    '''
    if '*' in mini:
        val1, val2 = mini.split('*')
        return str(float(val1) * float(val2))  # 为了后面的替换，在这里把 int 转为 str
    elif '/' in mini:
        val1, val2 = mini.split('/')
        return str(float(val1) / float(val2))
def dealwith(exp):
    '''
    整理表达式内的符号
    '''
    return exp.replace('--', '+').replace('+-', '-').replace('-+', '-').replace('++', '+')
def calculate(son_exp):
    '''
        计算没有括号的表达式
    '''
    son_exp = son_exp.strip('()')
    while 1:  # 完成了表达式中乘除法的计算
        ret = re.search('\d+\.?\d*[*/]-?\d+\.?\d*', son_exp)
        if ret:
            mini_exp = ret.group()
            res = cal_mini_exp(mini_exp)  # 乘除计算结果并返回结果
            son_exp = son_exp.replace(mini_exp, res, 1)
        else:
            break
    son_exp = dealwith(son_exp)  # 整理那些加加减减去重 3-+1--2 之类的
    # 最后的加减法计算
    res = re.findall('[+-]?\d+\.?\d*', son_exp)
    sum = 0
    for i in res:
        sum += float(i)
    return str(sum)
```

```
def remove_bracket(express):
    '''
    去括号
    把内部不再有小括号的表达式匹配出来    :\([^()]+\)
    '''
    while 1:
        ret = re.search('\([^()]+\)', express)  # 是否匹配上的对象
        if ret:
            son_exp = ret.group()  # 子表达式
            # 计算，先乘除后加减
            ret = calculate(son_exp)
            express = express.replace(son_exp, ret, 1)
        else:
            break
    return express
def main(express):
    express = express.replace(' ', '')  # 首先是去空格
    express = remove_bracket(express)
    ret = calculate(express)
    return ret
def core():
    print('输入计算的内容或输入Q退出'.center(30, '*'))
    while 1:
        express = '-1 + 2 * ( (60-30 +(-40/5) * (9-2*5/3 + 7 /3*99/4*2998 +10 * 568/14 )) - (-4*3)/ (16-3*2) )'
        # express = input('please enter: ')
        # express = '1 + 1'
        if express == 'Q' or express == 'q':
            break
        elif '/0' in express:
            print('0不能为被除数')
        elif express.count('(') != express.count(')') or '=' in express:
            print('表达式错误，请重新输入')
        else:
            ret = main(express)
            print('计算结果：', ret)
            break
    print('eval计算结果：', eval(express))
core()
```

该计算器的逻辑就是 core 函数首先判断字符串（可以是用户输入的）是否合法，然后交给另一个函数 main 执行去空格，接下来交给 remove_bracket 函数去括号，然后取出其中最小括号内的算式，再将这个算式交给 calculate 函数执行计算，calculate 函数调用 cal_mini_exp 来计算乘除，然后调用 dealwith 函数来整理符号，经过一系列的处理后，calculate 函数将计算结果替换到原来的字符串中。经过下一次循环，正则再匹配出一个最小括号内的算式，再去计算，然后将计算结果替换到原来的字符串中，最后算出结果。

由上面的例子可以看到，各函数相互依赖，每个函数都负责简单的任务，一起完成大的功能。这种编程方式为函数式编程，函数式编程的思想为面向过程的程序思想（Procedure Oriented Programming，POP），即将一组函数按照规定顺序执行。为了简化程序设计难度，面向过程的编程思想是把大的功能拆分为小的功能函数来实现。那么，面向过程思想编程有什么特点呢?

面向过程编程的优点如下。

◆ 思路清晰。

◆ 代码可读性高。

面向过程编程的缺点如下。

◆ 由于各功能环环相套，程序扩展性差。

◆ 程序的耦合性较高，导致可维护性差。

◆ 在整个大的功能中，其中一个小的环节出问题，可能导致整个程序的崩溃。

我们使用函数时，应该遵循以下规则。

◆ 不到万不得已，不要使用全局变量。由于全局变量的特点，多个函数同时使用一个全局变量时，如果处理不当，会增加程序的调试难度和降低可维护性，通常 return 语句就是解决依赖全局变量的有效手段。

◆ 解耦合性，不要轻易地改变别的模块中的变量，以免导致别的模块工作异常。

◆ 通常建议函数的功能应该足够精简，功能单一，一个函数完成一件事。如果一个函数有很深的嵌套，或者占了很多的代码行，这是在暗示可能函数设计得有缺陷，那么就要考虑将其拆分成若干个函数了。

◆ 函数要保持简洁，尽量简单。

◆ 在函数中，注释是必要的。

4.6 内置函数

之前的学习中，读者或多或少接触了一些 Python 的内置函数，并感受到这些函数带来的方便之处。本节就来学习 Python 为我们提供的这些实用的“高阶工具”，其中包括内置函数，或者经过版本更新而移动到了某个模块下的函数。

4.6.1 让人又爱又恨的 lambda

之前讲嵌套作用域的时候曾说到 lambda 函数，现在就来具体说说这个 lambda。

Python 除了使用 def 语句创建函数，还提供另一种创建函数的形式，那就是 lambda 表达式。lambda 表达式是一个用 lambda 关键字创建的功能简单的小型函数对象，一般只是把函数结果赋值给一个变量，通过这个变量来调用 lambda，而不是如 def 语句将函数赋值给变量，所以称 lambda 函数为匿名函数。匿名是说在内存空间中不为该函数创建内存地址。

lambda 表达式的一般语法如下。

```
lambda arg1, arg2 ... argn : expression
```

如果需要用函数实现简单的功能，lambda 表达式就可以替代 def 语句形式。

```
1. def foo(x):
2.     return x ** 2
3. print(foo(2))                          # 4
4. l = lambda x: x ** 2
5. print(l(3))                            # 9
6. print((lambda x: x ** 2)(3))           # 9
```

上例第 4 行 lambda 表达式执行结果赋值给变量 l，通过 l 来调用这个匿名函数，第 6 行和第 4 行是等价的。从代码简洁程度来看，lambda 表达式更优雅。

lambda 表达式也支持多个参数，支持简单的 if/else 语句。

```
l= lambda x, y, z: x if x < y < z else 'error'
print(l(2, 3, 4))                         # 2
print(l(5, 4, 3))                         # error
```

嵌套作用域的最大受益者是 lambda 表达式。还记得之前讲嵌套作用域的例子吗？

```
x = 1
def foo(x):
    def bar(y):
        return x < y
    return bar
f  = foo(10)                    # 基准值: 10
print(f)                        # <function foo.<locals>.bar at 0x00C56738>
print(f(5))                     # False
print(f(20))                    # True
print(bar)                      # NameError: name 'bar' is not defined
```

上例如果用 lambda 表达如下。

```
1. def foo(x):
2.     return (lambda y:x ** y)
3. f = foo(3)
4. print(f)          # <function foo.<locals>.<lambda> at 0x02A86738>
5. print(f(4))       # 81
6. print(f(8))       # 6561
```

上例中，第 3 行为 foo 函数的 x 参数传递形参 3，第 2 行的 lambda 表达式需要 x、y 两个参数，我们在第 4、5 行调用这个 lambda 表达式时，分别传递了参数 y。那么 x 就去自己的作用域找，没找到，就去嵌套作用域找，找到了就在第 3 行时传的参数 3，然后计算并返回结果。把上例的 def 用 lambda 表达式替换如下。

```
l = (lambda x: (lambda y: x ** y))
print(l) # <function <lambda> at 0x00FA4B28>
l1 = l(3)
print(l1)     # <function <lambda>.<locals>.<lambda> at 0x00C26738>
print(l1(4))  # 81
print(l1(8))  # 6561
```

第 1 行第 1 个 lambda 将第 2 个 lambda 包含其内，在第 3 行为外部 lambda 的形参 x 传值 3，在第 5～6 行为内部 lambda 的参数 y 传递参数并完成计算。上例的等价表达式也可以这样写。

```
1. Python 3.5.4 (v3.5.4:3f56838, Aug  8 2017, 02:07:06) [MSC v.1900 32 bit (Intel)] on win32
2. Type "help", "copyright", "credits" or "license" for more information.
3. >>> (lambda x: (lambda y: x ** y))(3)(4)
4. 81
```

上例中，为第 1 个 lambda 的 x 传递参数 3，为第 2 个 lambda 的 y 传递参数 4，计算 x**y 得到结果。

不要让原本简洁、优雅的 lambda 表达式，变得不讨人喜欢。诚然，初学者对于 lambda 表达式可能会是拒绝的，因为会感觉特别难用。lambda 能实现的功能基本都能由 def 语句完成，那么为何不用 def 来完成呢？这会导致初学者谈 lambda 色变，渐渐地忘记使用 Python 为我们提供的这些技巧性的小工具。

最后，我们总结一下 lambda 表达式的特点。

- lambda 是表达式，而 def 是语句。
- lambda 执行的功能有限，是为了编写更简单的函数而设计的，def 通常来执行更大的任务。
- 保持 lambda 的简单优雅，一个易懂的表达式要比看似神秘且复杂的语句更显友好。
- lambda 表达式在简单功能上跟 def 语句一样，包括对作用域的查找，同样遵循 LEGB 原则。

4.6.2 映射函数：map

上一节中，我们用 lambda 来返回一个数的平方，现在还有另一种方法。在给出例子之前，先来介绍一下 map 函数。map 函数需要两个参数。

```
1. map(func, *iterables)
2. func：可执行的函数
3. iterables：迭代器，可迭代的序列
```

map 函数用来将迭代器内的每个元素都执行 func 函数，并将结果返回。

```
1. Python 2.7.14 (v2.7.14:84471935ed, Sep 16 2017, 20:19:30) [MSC v.1500 32 bit (Intel)] on win32
2. Type "help", "copyright", "credits" or "license" for more information.
3. >>>  map(lambda x: x ** 2, [1, 2, 3, 4])
4.[1, 4, 9, 16]
5. >>> def foo(x):
6. ...     return x ** 2
7. ...
8. >>> map(foo, [1, 2, 3, 4])
9. [1, 4, 9, 16]
```

上例中，第 3 行是 map 搭配匿名函数来计算 x 的平方，可以看到，列表内的每个元素都当成匿名函数的参数传递进去并且算出平方后再返回，第 4～6 行验证了 map 返回的是结果列表，如果你觉得 lambda 表达式有点晦涩难懂，那么可以参考第 8 行的 def 函数来理解，foo 函数与 lambda 表达式是等价的。

细心的读者可以看到，上面的示例是用 Python 2.x 版本解释器执行的。那么为什么要用 Python 2.x 呢？这是因为 Python 2.x 和 Python 3.x 关于 map 的返回结果有区别。知道了 Python 2.x 中 map 返回的是列表，我们再来看 Python 3.x 中 map 如何使用。

```
1. Python 3.5.4 (v3.5.4:3f56838, Aug  8 2017, 02:07:06) [MSC v.1900 32 bit (Intel)] on win32
2. Type "help", "copyright", "credits" or "license" for more information.
3. >>> m = map(lambda x: x ** 2, [1, 2, 3, 4])
4. >>> m
5. <map object at 0x00C4B9D0>
6. >>> from collections import Iterator
7. >>> isinstance(m, Iterator)
8. True
9. >>> next(m)
10.1
11.>>> next(m)
12.4
13.>>> for i in map(lambda x: x ** 2, [1, 2, 3, 4]):
14....     print(i, end=' ')
15....
16.1 4 9 16
17.>>> list(map(lambda x: x ** 2, [1, 2, 3, 4]))
18.[1, 4, 9, 16]
```

上例中，第 4 行 map 返回了一个内存地址，这个地址会是什么呢？我们在第 7～11 行进行验证，由返回结果可以看到是迭代器。既然是迭代器，我们就可以用 for 循环（第 13 行），但这么做有点麻烦，于是就在第 17 行用 list 将结果展示出来。

map 也支持多个序列同时执行函数。

```
1. >>> list(map(lambda x, y: x ** y,[2, 3, 4], [3, 2, 2]))
2. [8, 9, 16]
3. >>> list(map(lambda x, y: x ** y,[2, 3, 4], [3]))
4. [8]
```

上例中，由第 2 行的执行结果来看，第一个列内的元素与第二个列表内的元素被当成函数的 x 和 y 参数执行平方后返回。由第 4 行的结果证明了，map 函数是将两个列表的元素一一映射为 key：value 的形式传给函数执行的。第一个列表的索引 0 位置的元素 2，对应第二个列表内的索引 0 位置的元素 3，再由 lambda 计算平方后返回。

我们对 map 函数做个总结。

- ◆ 在 Python 2.x 中，map 函数返回的是列表。
- ◆ 在 Python 3.x 中，map 函数返回的是迭代器。
- ◆ map 函数将多个序列内的元素以映射的方式交给函数执行。

4.6.3　拉链函数：zip

老男孩的开发还在执行老板交代的任务，目前已经测试了 1 万多个函数了，现在需要对测试结果进行筛选过滤，需要拿到运行时间最长的函数名，数据如下。

```
dic = {
    'f1': 0.213,
    'f2': 0.322,
    'f3': 0.653,
    'f4': 0.495,
    'f5': 0.523,
}
```

以前，读者可能会想到 for 循环，在循环中作处理。

```
print(max(dic.values()))                              # 0.653
for i in dic.keys():
    if max(dic.values()) == dic[i]:
        print(i, dic[i])                              # f3 0.653
```

要想理解上面的例子，首先我们来学习一下 zip 函数。zip 函数需要一个或多个参数，其语法形式如下。

```
zip(iterables,iterables2,...iterablesn)
iterables: 迭代器
```

zip 函数将每个迭代器内的元素打包成一个个元素，再将元组打包成列表返回。

```
1. >> from collections import Iterator
2. >>> z = zip([1, 2, 3],[4, 5, 6])
3. >>> z
4. <zip object at 0x00914BC0>
5. >>> isinstance(z,Iterator)
6. True
7. >>> list(z)
8. [(1, 4), (2, 5), (3, 6)]
9. >>> list(zip([1, 2, 3],[4, 5]))
10.    [(1, 4), (2, 5)]
```

由上例可以看到，zip 函数返回的也是迭代器。由第 10 行的结果看，zip 函数对于两个序列元素不一致时，会以元素少的序列为主返回。

```
1. l = [(1, 2, 3), [4, 5, 6], [7, 8, 9]]
2. print(list(zip(l)))    # [((1, 2, 3),), ([4, 5, 6],), ([7, 8, 9],)]
3. print(list(zip(*l)))   # [(1, 4, 7), (2, 5, 8), (3, 6, 9)]
```

上例中，第 3 行与第 2 行相反，序列前如果加“*”号，则可以理解为“解压”，将各序列的索引相同的元素整理在一个元组中返回。

利用 zip 手动做个字典，如下所示。

```
>>> k = ('name', 'url')
>>> v = ('oldboy', 'http://www.oldboyedu.com/')
>>> d = dict(list(zip(k, v)))
>>> d
{'name': 'oldboy', 'url': 'http://www.oldboyedu.com/'}
>>> list(zip(d.values(),d.keys()))
```

```
7. [('oldboy', 'name'), ('http://www.oldboyedu.com/', 'url')]
```

由上例的第 6 行可以看到，zip 函数的另一个特性，是可以将字典的 key 和 value 反转。

现在使用 zip 函数可以更轻松地完成本节开头的测试任务。

```
1. >>> dic = {
2. ...       'f1': 0.213,
3. ...       'f2': 0.322,
4. ...       'f3': 0.653,
5. ...       'f4': 0.495,
6. ...       'f5': 0.523,
7. ... }
8. >>> max(zip(dic.values(), dic.keys()))[1]
9. 'f3'
10.>>> l = list(zip(dic.values(), dic.keys()))
11.>>> l
12.[(0.653, 'f3'), (0.495, 'f4'), (0.322, 'f2'), (0.213, 'f1'), (0.523, 'f5')]
13.>>> m = max(l)
14.>>> m
15.(0.653, 'f3')
16.>>> m[1]
17.'f3'
```

上例中，第 8 行直接就能拿到运行时间最大的函数名。我们从第 10 行开始分解整体步骤，因为 zip 函数返回的是迭代器，就通过 list 转为列表。在第 13 行用 max 函数求出最大的元素，再通过第 16 行的索引将结果取出来。

我们来总结一下 zip 函数的特点。

- Python 2.x 中，zip 函数返回为列表。
- Python 3.x 中，zip 函数返回为迭代器。
- zip 函数将一个或多个序列按照索引打包为元组，最后将所有的元组打包为列表返回。
- 如果各个序列长度不一致，zip 函数将以元素少的为准。
- zip 函数在对多个序列打包时，如果在序列前加"*"号，将会以各个序列的索引值为准将元素"解压"在一个元组内，最后返回所有元组组成的列表。
- zip 函数可以将字典的 key 和 value 调换位置。

4.6.4　过滤函数：filter

filter 函数根据条件过滤序列，将符合条件的元素返回。filter 函数需要两个参数，其语法格式如下。

```
filter(func, *iterables)
func: 可执行的函数
iterables: 迭代器，可迭代的序列
```

通过下面的例子来学习 filter 函数。

```
>>> from collections import Iterator
>>> f = filter(lambda x: x % 2 == 0, [1, 2, 3, 4, 5, 6])
```

```
3. >>> f
4. <filter object at 0x001750D0>
5. >>> isinstance(f, Iterator)
6. True
7. >>> list(f)
8. [2, 4, 6]
9. >>> def foo(x):
10....     return x % 2 == 0
11....
12.>>> list(filter(foo, [1, 2, 3, 4, 5, 6]))
13.[2, 4, 6]
```

上例中，第 2 行通过 filter 函数调用匿名函数将 x 为偶数的元素返回为迭代器，并在第 5 行的打印结果得到证明，第 7 行通过 list 将结果打印出来。而下面的 foo 函数示例则等价于上面的匿名函数。

```
>>> list(filter(None, [0, 1, 2, 3, 4]))
[1, 2, 3, 4]
```

由上例可以看到，如果 filter 函数的第一个参数为 None 的话，则将为真的元素返回。

我们对 filter 函数做个总结。

- 在 Python 2.x 中，filter 函数返回的是列表。
- 在 Python 3.x 中，filter 函数返回的是迭代器。
- filter 函数中的 func 参数为 None 的话，则将为真的元素返回。

4.6.5 累积函数：reduce

如果要对序列内的所有元素做加减乘除操作，那么利用 reduce 函数是个好办法。

reduce 函数语法如下。

```
reduce(func, sequence, initial)
func: function
sequence: 序列
initial: 初始值，可选参数
```

通过示例来学习 reduce 函数。

```
>>> from functools import reduce
>>> reduce(lambda x, y: x + y, [1, 2, 3, 4])
10
>>> reduce(lambda x, y: x + y, [1, 2, 3, 4], 2)
12
>>> reduce(lambda x, y: x + y, [1, 2, 3, 4], 4)
14
>>> reduce(lambda x, y: x * y, [1, 2, 3, 4], 4)
96
>>> reduce(lambda x, y: x * y, [1, 2, 3, 4])
24
>>> reduce(lambda x, y: x / y, [1, 2, 3, 4])
```

```
13.0.041666666666666664
```

由上例可以看到，reduce 函数对序列做运算的时候，是将前两个的元素根据匿名函数的条件做运算。如果 reduce 有 initial 参数，则这个参数将参与到序列运算中。

但从上例中的第 1 行来看，reduce 函数在使用之前需要从 functools 模块导入，由此可以发现 reduce 函数在 P ython 3.x 中不是默认函数。

我们由此对 reduce 函数做个总结。

- 在 Python 2.x 中，reduce 函数为内置函数。
- 在 Python 3.x 中，reduce 函数被移动到了 functools 模块下，使用之前需导入。
- reduce 函数的 initial 参数为可选参数，如果填写此参数则会参与到序列的计算中。
- reduce 函数做什么运算，取决于 func 函数的条件。

4.6.6 偏函数：partial

老男孩的开发在做测试任务的时候，接到一个突发任务，就是发觉网站用户的密码强度不够，需要升级加密算法。

```
1. import hashlib
2. from functools import partial
3. def request(host, port, mac, user, pwd, soil):
4.     sha = hashlib.sha1(bytes(host + port + mac + user + pwd + soil, encoding='UTF-8'))
5.     return sha.hexdigest()
6. oldboy = request('192.168.16.1', '8888', '1a123', 'oldboy', '1234', 'soil')
7. print(oldboy)     # a4a66b9e407b88423f6e8f3a6e8cb8315427d37a
```

上面例子中，开发利用算法模块（暂时知道此模块可以帮助我们做加密），并拿到服务器内的所有的用户名和密码，再加上服务器的 IP、端口、MAC 地址，再加上一段不为人知的字符串，这样就为用户算出一份无人能够破解的密码。虽然通过第 7 行的打印，也得到了想要的结果，但是可以看到，服务器的 IP、端口、MAC 和那一段不为人知的字符串都是不变的，但每个用户调用这个函数的时候，都要重新传一遍，那岂不是相当没效率？于是就需要做一次代码更新。

```
import hashlib
from functools import partial
def request(host, port, mac, user, pwd, soil):
    sha = hashlib.sha1(bytes(host + port + mac + user + pwd + soil, encoding='UTF-8'))
    return sha.hexdigest()
def foo(user, pwd):
    host = '192.168.16.1'
    port = '8888'
    mac = '1a123'
    soil = 'soil'
    return request(host, port, mac, user, pwd, soil)
print(foo('egon', '123')) # e6b16e1c54f457c5a757e56d0d1eae5ad11fe9ca
print(foo('alex', '3714'))# e20ed62d8a49d632ec9ace710af363ddbb0e5d95
```

上例中，通过将不常用的参数“固定”在 foo 函数的内部，再通过 foo 函数调用加密函数 request，这样就免去了重复传参困扰，我们只需传递用户名和密码就行了，但是这依然有缺陷！参数固定得太死板了，万一有上百台服务器怎么办，每次都改源码吗？这时就要用到 Python 提供的偏函数——partial。先来学习 partial 的语法。

```
1. functools.partial(func, *args, **keywords)
2. func: 需要实现功能的函数
3. args: 普通参数
4. keywords: 关键字参数
5. def bar(x, y):
6.     return x * y
7. foo = partial(bar, 2)
8. print(foo(2))   # 4
```

partial 函数并不是 Python 的内置函数，而是隶属于 functoos 模块，使用时需要导入（第 2 行）。partial 函数的 func 参数为主功能函数，后面两个参数接收需要“固定”的部分参数，而剩余不能“固定”的参数需要在 partial 函数返回新的函数中传递。使用 partial 返回新的函数时只需传递剩余的参数即可。这样就节省了那些不常用的传参步骤。可以想象 partial 函数如装饰器一样“包装”了原函数，“固定”一些不易改动的参数，并将包装后的函数对象返回。而“固定”参数则有点像嵌套作用域“记住”参数的动作，但千万别这么认为，因为当再次用 partial 函数包装原函数的时候，又产生了另一个新的函数对象，两个新的函数对象之间没有关系。而嵌套作用域如果传递新的参数，将“记住”新的参数。

此时，回过头来用 partial 函数解决遇到的问题。

```
1. import hashlib
2. from functools import partial
3. def request(host, port, mac, user, pwd, soil):
4.     sha = hashlib.sha1(bytes(host + port + mac + user + pwd + soil, encoding='UTF-8'))
5.     return sha.hexdigest()
6. server1 = partial(request, '192.168.16.1', '8888', '1a123', soil='soil' )
7. print(server1('alex', '3714'))
8. print(server1('smallfive', '666'))
9. server2 = partial(request, '192.168.17.2', '8111', '1b234', soil='soil' )
10.print(server2('smallegon', '999'))
11.print(server2('oldboy', '888'))
12.'''
13.    e20ed62d8a49d632ec9ace710af363ddbb0e5d95
14.    d81edcb6d8325d7f66080ae5fcee46c649dceb2f
15.    e707272d0ba4de339be704a98a8e7bf97fd29245
16.    099f8f1a8132e31969fdc5bc3c9a7e3dd8ece05d
17.'''
```

上例中，第 6 行 partial 函数将不常用的参数“固定”住，并返回一个新的函数对象 server1，通过 server1 仅传递用户名和密码就能完成密码加密。而关键点在第 9 行，再次通过 partial 函数将新的不常用参数重新

"固定"住，并且返回新的函数对象 server2，再通过 server2 完成加密任务，可以看到仅需在调用 partial 函数返回新对象的时候，重新传参数，其他地方就无须改动了。

我们对偏函数 partial 做个总结。

- ◆ 在 Python 2.x 和 Python 3.x 中，partial 函数都隶属于 functools 模块，使用前需导入。
- ◆ 每调用 partial 函数一次，都会返回一个新的函数对象。
- ◆ 使用 partial 函数可以使原本的函数调用更简单。

4.6.7 其他内置函数

除了之前介绍的几个高阶函数，Python 还提供了其他内置函数。

表 4.3 展示了常用的内置函数（不完全）。

表 4.3　　常用的内置函数

函数	描述	重要程度
print(*objects, sep=' ', end='\n', file=sys.stdout, flush=False)	将对象输出到文本流中，以 sep 开始，以 end 结尾，file 则指定输出位置，默认为控制台，flush 为强制刷新	*****
input(*args, **kwargs)	从标准输入中获取结果并以字符串形式返回	*****
len(object)	返回容器内的元素个数	*****
max(iterable,[arg1, arg2, *args]，key=func)	返回 iterable 中的最大项，或者有两个参数或更多参数中的最大项，key 则为定制的排序函数	*****
min(iterable,[arg1, arg2, *args], key=func)	返回 iterable 中的最小项，或者有两个参数或更多参数中的最小项,key 则为定制的排序函数	*****
range(start, stop, [step])	返回指定范围的可迭代对象	*****
sum(iterable,[start])	返回 iterable 内元素（int 类型）之和，start 参数则为额外参与计算的数值	*****
id(object)	返回对象的内存地址	*****
help([object])	返回解释器的帮助信息，如指定对象，则返回该对象的帮助信息	*****
abs(*args, **kwargs)	返回参数的绝对值	***
all(*args, **kwargs)	判断可迭代对象内的元素布尔值，为 True 则返回 True，否则返回 False	*
any(*args, **kwargs)	如果可迭代对象内的元素布尔值，只要有一个为 True 则返回 True，否则返回 False	*
dir([object])	如果无参，则返回当前作用域下的变量名、属性，如果指定参数，则返回执行名称下的变量列表，包括参数的属性	*****
ascii(*args, **kwargs)	返回参数的字符串，如果参数非 ASCII 字符则用 repr 函数编码的字符	*
bin(*args, **kwargs)	返回整数的二进制表示形式	***
chr(*args, **kwargs)	返回整数对应的字符	**
int(x, integer)	将二、八、十六进制数转为十进制表示	***
ord(*args, **kwargs)	返回字符对应的整数	**
hex(*args, **kwargs)	返回整数的十六进制表示	***
oct(*args, **kwargs)	返回整数的八进制表示	***
bin(*args, **kwargs)	返回整数的二进制表示	***
format(*args, **kwargs)	格式化字符串	*****
locals()	一般用在局部作用域内，以字典的形式返回局部变量	***
globals()	一般用在全局作用域内，以字典的形式返回全局变量	***
repr(object)	返回对象的字符串形式	*****

续表

函数	描述	重要程度
sorted(iterable, /, *, key=None, reverse=False)	默认接升序的方式将新列表返回，reverse 参数为 True 的话，则以降序的方式返回，key 参数则可以定制排序方式	*****
round(number, ndigits=None)	以整数形式返回浮点数的四舍五入值，如果执行 ndigits 参数，则保留小数点的位数	****
pow(x, y,[z])	如果只有 x、y 两个参数，则返回 x**y 的结果。如果指定 z 参数，则是对 x**y 的结果模运算，相当于 x**y%z	***
enumerate(iterable, start=0)	遍历可迭代对象的序列，并列出数据和数据的下标	****

```
>>> max(['b', 'c', 'e'],['a', 'b', 'c'])
['b', 'c', 'e']
>>> max(['b', 'c', 'e'])
'e'
>>> min(['b', 'c', 'e'],['a', 'b', 'c'])
['a', 'b', 'c']
>>> min(['b', 'c', 'e'])
'b'
>>> max([1, 2, 3],['a', 'b', 'c'])
Traceback (most recent call last):
  File "<stdin>", line 1, in <module>
TypeError: unorderable types: str() > int()
```

如上例所示，max 函数如果指定多个参数，那么将最大项返回，如果只指定一个参数，那么这个参数必须是可迭代的。而 min 则是与 max 除了功能相反，其他别无二致。

```
1. >>> r1 = range(10)
2. >>> r1
3. range(0, 10)
4. >>> type(r1)
5. <class 'range'>
6. >>> tuple(r1)
7. (0, 1, 2, 3, 4, 5, 6, 7, 8, 9)
8. >>> list(r1)
9. [0, 1, 2, 3, 4, 5, 6, 7, 8, 9]
10.>>> set(r1)
11.{0, 1, 2, 3, 4, 5, 6, 7, 8, 9}
12.>>> for i in r1:
13....     print(i, end=' ')
14....
15.0 1 2 3 4 5 6 7 8 9
16.>>> list(range(1, 10, 3))
17.[1, 4, 7]
```

如上例所示，在 Python 3.x 中，range 并不是函数，而是不可变的数字序列，返回的是可迭代对象（第 2 行的 r1），常用于 for 循环或者以显式的方式转换，如第 6 ~ 16 行所示。而 Python 2.x 中则默认以列表的形式返回，如果想变成元组就要通过 tuple(range(10))这种方式转换。

```
>>> chr(23)
'\x17'
```

```
3. >>> chr(97)
4. 'a'
5. >>> c1 = chr(97)
6. >>> c1
7. 'a'
8. >>> ord(c1)
9. 97
10.>>> c2 = chr(8888)
11.>>> c2
12.'\u22b8'
13.>>> ord(c2)
14.8888
15.>>> c3 = chr(1114111)
16.>>> c3
17.'\U0010ffff'
18.>>> ord(c3)
19.1114111
20.>>> c4 = chr(1114112)
21.Traceback (most recent call last):
22.  File "<stdin>", line 1, in <module>
23.ValueError: chr() arg not in range(0x110000)
```

如上例所示，chr 函数返回整数的字符串。通过第 20 行的报错，可以看到 chr 的作用范围是 0～1114111（0x10FFFF in base 16，这里只需记得是编码范围，表示基于 Unicode 的 16 位编码方式），超过此范围就会报 ValueError 的错误。而从第 8、13、16 行的 ord 函数的结果可以看到，ord 是 chr 函数的搭配函数，返回此 Unicode 字符串对应的整数，如果超过范围的话，会报 TypeError 的错误。一般地，我们用 chr 和 ord 函数查看 0～255 范围内的整数对应的字符。

```
print('2-->8: ', oct(int('0b1010', 2)))      # 2-10-8
print('2-->10:', int('0b1010', 2))           # 2-10
print('2-->16:', hex(int('0b1010', 2)))      # 2-10-16
print('8-->2:', bin(int('0o12', 8)))         # 8-10-2
print('8-->10:', int('0o12', 8))             # 8-10
print('8-->16:', hex(int('0o12', 8)))        # 8-10-16
print('10-->2', bin(10))                     # 10-2
print('10-->8', oct(10))                     # 10-2
print('10-->16', hex(10))                    # 10-16
print('16-->2:', bin(int('0xa', 16)))        # 16-10-2
print('16-->8:', oct(int('0xa', 16)))        # 16-10-8
print('16-->10:', int('0xa', 16))            # 16-10
'''
    2-->8:  0o12
    2-->10: 10
    2-->16: 0xa
    8-->2: 0b1010
    8-->10: 10
    8-->16: 0xa
    10-->2 0b1010
    10-->8 0o12
    10-->16 0xa
```

```
    16-->2: 0b1010
    16-->8: 0o12
    16-->10: 10
'''
```

如上例所示，十进制转别的进制直接使用对应的函数。而其他的进制转换都要先将该进制转为十进制，再通过各自进制的方法转换这个十进制数字就可以了。需要注意的是 int 函数在将别的进制转换为十进制时，第一个参数要以字符串的形式传参。

```
1. >>> def foo(): ...
2. ...
3. >>> dir()
4. ['__builtins__', '__doc__', '__loader__', '__name__', '__package__', '__spec__', 'foo']
5. >>> dir(foo)
6. ['__annotations__', '__call__', '__class__', '__closure__', '__code__', '__defaults__', '__delattr__', '__dict__', '__dir__', '__doc__', '__eq__', '__format__', '__ge__', '__get__', '__getattribute__', '__globals__', '__gt__', '__hash__', '__init__', '__kwdefaults__', '__le__', '__lt__', '__module__', '__name__', '__ne__', '__new__', '__qualname__', '__reduce__', '__reduce_ex__', '__repr__', '__setattr__', '__sizeof__', '__str__', '__subclasshook__']
```

如上例所示，当 dir 函数不指定参数（第 3 行）的时候，则返回当前作用域的变量及属性，而当指定参数（第 5 行）的时候，则返回指定参数的属性。

```
1. >>> def foo():
2. ...     x = 2
3. ...     y = 3
4. ...     print(locals())
5. ...
6. >>> foo()
7. {'y': 3, 'x': 2}
8. >>> locals()
9. {'__builtins__': <module 'builtins' (built-in)>, '__loader__': <class '_frozen_importlib.BuiltinImporter'>, '__package__': None, '__name__': '__main__', 'foo': <function foo at 0x0163E1E0>, '__doc__': None, '__spec__': None}
10.>>> globals()
11.{'__builtins__': <module 'builtins' (built-in)>, '__loader__': <class '_frozen_importlib.BuiltinImporter'>, '__package__': None, '__name__': '__main__', 'foo': <function foo at 0x0163E1E0>, '__doc__': None, '__spec__': None}
```

如上例所示，locals 函数一般用于局部作用域内（第 4 行），以字典的形式返回局部变量。而 globals 则用于全局（第 10 行），以字典的形式返回当前位置的全局变量。如果 locals 用在全局（第 8 行），则跟 globals 返回的内容一致。

```
>>> repr('abc')
"'abc'"
>>> str('abc')
'abc'
>>> x = 10
>>> repr(x)
'10'
>>> str(x)
```

```
9. '10'
10.>>> 'abc'.__repr__()
11."'abc'"
12.>>> 'abc'.__str__()
13.'abc'
```

如上例所示，repr 函数将对象返回字符串的形式，类似 str 函数，但是 repr 返回的对象对解释器更友好（更加规范，返回更多的信息给解释器），而 str 配合 print 返回的结果对用户更友好（提高用户的可读性，更倾向于用户）。repr 函数调用了对象的__repr 方法（第 10 行），而 str 是调用了对象的__str__方法。

```
>>> s1 = sorted([2, 3, 1, 5, 4, 9])
>>> s2 = sorted([2, 3, 1, 5, 4, 9], reverse=True)
>>> id(s1),id(s2)
(23317720, 23346432)
>>> s3 = [2, 3, 1, 5, 4, 9]
>>> s3.sort()
>>> s3
[1, 2, 3, 4, 5, 9]
>>> s3.sort(reverse=True)
>>> s3
[9, 5, 4, 3, 2, 1]
>>> sorted({1:'a', 2:'b',3:'c'})
[1, 2, 3]
>>> sorted({1:'a', 2:'b',3:'c'}.values())
['a', 'b', 'c']
```

如上例所示，sorted 为内置函数，将迭代器内的元素以默认升序的方式返回一个新列表，而 sort 则仅为列表的方法，并且 sort 是原地排序。无论是 sorted 还是 list.sort 都有 reverse 参数，如果指定该参数，则以降序的方式返回结果。sorted 比 sort 更为强大，适用范围更广泛。在实际应用中，如果需要保留原列表，则采用 sored 函数排序，否则可以选择 sort 方法，因为 sort 无须复制原列表，在效率和内存占用上更有优势。

```
>>> round(12.3456)
12
>>> round(12.3456, 2)
12.35
>>> round(12.3456, 3)
12.346
>>> round(12.5456)
13
```

如上例所示，round 函数默认返回浮点数四舍五入后的整数值，而 ndigits 参数则返回四舍五入后的浮点类型的数值，小数位的位数取决于 ndigits 的参数值。

```
>>> pow(2, 3)
8
>>> pow(2, 3, 2)
0
>>> pow(2, 3, 3)
2
```

```
>>> pow(2, -3)
0.125
>>> pow(2,-3, 3)
Traceback (most recent call last):
  File "<stdin>", line 1, in <module>
ValueError: pow() 2nd argument cannot be negative when 3rd argument specified
>>> pow(2,3,3)
```

如上例所示，如果第 2 个参数为负数，那么必须省略第 3 个参数。如果指定第 3 个参数，则第 1 和第 2 个参数必须是整数，且第 2 个参数必须是非负数。

```
>>> l = ['a', 'b', 'c']
>>> for item, index in enumerate(l):  # 传递一个可迭代对象 l，start 参数默认为 0
...     print(item, index)
...
0 a
1 b
2 c
>>> s1 = {'a', 'b', 'c'}
>>> for item, index in enumerate(s1):# 传递一个可迭代对象 s1，start 参数默认为 0
...     print(item, index)
...
0 c
1 a
2 b
>>> d = {'a': 2, 'b': 3}
>>> for item, index in enumerate(d, 5): # 传递一个可迭代对象 s1，序号从 5 开始
...     print(item, index)
...
5 a
6 b
>>> t = ('a', 'b', 'c')
>>> for item, index in enumerate(d, 2): # 传递一个可迭代对象 s1，序号从 2 开始
...     print(item, index)
...
2 a
3 b
>>> s = 'abcd'
>>> for item, index in enumerate(s, 10): # 传递一个可迭代对象 s1，序号从 10 开始
...     print(item, index)
...
10 a
11 b
12 c
13 d
```

如上例所示，enumerate(iterable, start=0)函数接收两个参数，iterable 参数接收一个可迭代对象，而 start 参数则是指定在循环中，为每个元素设置序号的起始位置。start 参数（默认为 0）可以指定。一般较多的用在 for 循环中。

4.7 文件操作

本节介绍一个特殊的函数——open 函数，因为到目前为止，我们写的程序都非常简陋，应用范围狭窄，而通过 open 函数，我们就可以将程序扩展到文件和流的领域。

4.7.1 打开文件

通过 open 函数打开文件，其语法如下。

```
open(file, [mode='r', buffering=None, encoding=None, errors=None, newline=None,
closefd=True])
```

open 函数打开文件或文件描述符并返回文件对象，如果无法打开则抛出 OSError 错误。

file 参数为字符串或者是字节对象的路径或相对路径（当前工作目录）。

buffering 参数控制着文件的缓冲，如果参数是 0 或者 False，那么就是说无缓冲，所有的读写操作都是直接针对硬盘的操作。如果参数是 1 或者 True，那么意为 Python 会使用内存代替硬盘，从而让程序变得更快，只有使用 flush 或者 close 函数时，缓冲区的文件才会更新到硬盘。

encoding 参数指以什么方式操作文件，该参数只适用于文本模式。

errors 参数指定如何处理编码和解码错误，仅适用于文本模式。

newline 参数为换行符控制换行符模式的工作方式，仅适用于文本模式，如果该参数为 None，那么它的工作方式是，从文件流中读取输入时，启用通用换行符模式，将所有的换行符("\r\n or \n")转换为“\n”，再返回给调用者。

closefd 参数为 True 时，则传入 file 参数为文件的文件名。为 False 时传入的 file 参数只能是文件描述符。什么是文件描述符？在 UNIX 平台的系统中，文件描述符就是一个非负数，比如说，打开一个文件，就会得到一个文件描述符。

mode 为可选参数，用于指定打开文件的模式，默认为‘r’，以读的方式打开文件，常用的 mode 模式如表 4.4 所示。

表 4.4　文件打开的模式

mode	描述
'r'	打开文件，以读的方式，该方式为默认方式
'w'	打开文件，写入文件，如果原文件存在则会被覆盖，如果没有此文件就会创建，前提是该模式下必须保证文件目录的存在
'x'	创建一个新文件并打开以写入，如果文件已存在则抛出 FileExistsError 错误
'a'	以追加的方式打开文件，如果文件存在则从原文件的末尾写入，否则会创建文件

表 4.5 中几种模式主要用来与表 4.4 中模式组合使用。

表 4.5　用于组合模式的几种模式

mode	描述
'b'	二进制模式，可以搭配其他模式使用，如'rb'
't'	文本模式，默认
'+'	读/写模式，用于更新
'U'	通用的换行模式，现已弃用

表 4.6 展示了常见的 mode 组合。

表 4.6　　常见的 mode 组合

mode	描述
'rt'	文本读模式，默认模式
'wt'	以文本写模式打开，打开前原文件会被清空
'rb'	打开文件，以二进制的形式读文件
'ab'	以二进制追加模式打开文件
'wb'	以二进制写模式打开，打开前原文件会被清空
'r+'	以文本读写模式打开文件，可以控制写入到文件任何位置，默认写的指针开始指在文件开头，所以会复写文件
'w+'	以文本读写模式打开文件
'a+'	以文本读写模式打开文件，如果写那么指针将从文件末尾开始
'rb+'	以二进制读写模式打开文件
'wb+'	以二进制读写模式打开文件，原文件会被清空
'ab+'	以二进制读写模式打开文件

一般地，如果 Python 处理的是文本文件，这么做没有任何问题。但有时会处理一些其他类型文件（二进制文件），如音、视频文件，那么就应该在模式参数中增加“b”模式，如“rb”模式读取二进制文件。那么为什么使用“rb”模式?

使用“rb”模式，通常跟“r”模式不会有太大区别，仍然是读取一定的字节，并且能执行文本文件的相关操作。Python 使用二进制模式关键点是给出原样的文件，而在文本模式下则不一定。

因为 Python 对于文本文件的操作方式有些不同，其中就有标准化换行符。一般地，Python 的标准换行符是“\n”，表示结束一行并另起一行，这也是 UNIX 系统的规范。而 Windows 系统中则是“\r\n”，但无须担心，Python 会自动在平台间（包括 Mac 平台）帮我们转换。但这并不足以解决问题，因为二进制文件中（音、视频）很可能包含这些换行符。如果 Python 以文本模式处理这些文件，那么很可能就破坏了文件。为了避免此类问题，就要以二进制的方式操作这些文件，这样在操作中就不会发生转换从而避免文件损坏。如果在读的时候以通用的模式读取文件，则所有的文件都统一转换为“\n”，从而不用考虑平台问题。

open 函数常用的参数为 file、encoding、mode。

4.7.2　文件常用方法

既然打开了文件，就要对文件做些什么了。接下来介绍文件对象的一些方法。

对文件的操作最重要的就是读和写了。拿到一个文件对象 f 时，可以通过 f.read 和 f.write 两个方法（以字符串的形式）完成读写操作。

```
1. >>> f1 = open('t1.txt', 'w')
2. >>> f1.write('hello')
3. 5
4. >>> f1.write('oldboy')
5. 6
6. >>> f1.close()
```

上例中，第 1 行拿到写模式的文件对象 f1，通过 f1.write 方法（第 2、4 行）向 t1.txt 文件写入两个字符串。对文件完成操作的最后，通过 f1.close 方法关闭文件（稍后讲 close）。

```
>>> f2 = open('t1.txt', 'r')
```

```
>>> f2.read(5)
'hello'
>>> f2.read()
'oldboy'
>>> f2.close()
```

如上例，通过调用 f2.read 方法读出文件，read 方法可以指定一次读取多少个字节，如果不指定参数，那么默认全部读出。很显然，如果文件很大的话，一次全部读出对内存会造成很大的负担。Python 为此提供了别的读方法——读写行。

```
1. >>> f1 = open('t1.txt','w')
2. >>> f1.writelines('fg\nwh\n')
3. >>> f1.close()
4. >>> f2 = open('t1.txt', 'r')
5. >>> f2.readlines()
6. ['fg\n', 'wh\n']
7. >>> f2.close()
8. >>> f3 = open('t1.txt', 'r')
9. >>> f3.readline()
10.'fg\n'
11.>>> f3.close()
```

上例中，第 1 至第 3 行，通过 f1.writelines 方法（没有 writeline 方法）写入内容（“\n” 为换行）。而我们在第 5 行通过 f2.readlines 方法以列表（在列表中，每个元素都是一行）的形式读出所有的内容，包括换行符。而在第 9 行，f3.readline 方法同样以列表的形式读取内容，只是每次仅读取了一行内容。

除了上面 read 的顺序读取文件，Python 还提供了随机读取文件方法。

```
1. >>> f4 = open('t1.txt', 'r')
2. >>> f4.read()
3. 'hello oldboy\n\n'
4. >>> f4.close()
5. >>> f5 = open('t1.txt', 'r')
6. >>> f5.seek(3)
7. 3
8. >>> f5.tell()
9. 3
10.>>> f5.read()
11.'lo oldboy\n\n'
12.>>> f5.close()
```

如上例，seek(offset, [whence])方法意为把当前读（或写）的位置移动到由 offset 和 whence 定义的位置，offset 表示偏移的字节量，而 whence 为可选参数，搭配 offset 使用，表示从哪个位置开始偏移，0 表示从文件开头开始，1 代表从当前位置开始开始，2 表示从文件末尾开始偏移。tell 方法则返回当前指针所在的位置（第 8 行）。

表 4.7 列举了文件对象 f 的常用方法。

表 4.7　文件对象常用方法

方法	描述	重要程度
f.read(size)	默认一次读取所有文件，以字符串的形式返回，size 参数规定读取多少字节	*****
f.readline(size)	读取文件的整行，包括换行符，如果指定 size 则返回指定大小的字节数	*****

续表

方法	描述	重要程度
f.readlines()	读取文件的所有行，以列表的形式返回	*****
f.write(str)	向文件中写入指定字符串	*****
f.writelines(str)	向文件写入序列的字符串	****
f.tell()	返回文件指针的当前位置	****

4.7.3 手动挡关闭文件

我们为什么在对文件对象 f 操作完毕之后，要去关闭它？

```
1. >>> f1 = open('t1.txt','w')
2. >>> f1.write('abcdefg')
3. 7
4. >>> f2 = open('t1.txt', 'r')
5. >>> f2.read()
6. ''
7. >>> f1.close()
8. >>> f2.read()
9. 'abcdefg'
10.>>> f1.write('11111')
11.Traceback (most recent call last):
12.  File "<stdin>", line 1, in <module>
13.ValueError: I/O operation on closed file.
14.>>> f1
15.<_io.TextIOWrapper name='t1.txt' mode='w' encoding='cp936'>
16.>>> f2
17.<_io.TextIOWrapper name='t1.txt' mode='r' encoding='cp936'>
```

上例中，第 2 行向文件写入一串字符串后，又通过 f2 读取刚才写入的内容，但发现读取内容为空，而当 f1 文件对象关闭后（第 7 行），f2 才能读取文件内容（第 8 行），而当向 f1 写入内容时，却抛出了 ValueError。这是因为在第 7 行已通过 close 关闭了。

通过上例可以总结如下。

- ◆ 当对文件对象操作完成后，要关闭文件。
- ◆ 虽然文件被关闭，但文件对象还存在（第 15 行），只是无法再对它进行操作。
- ◆ 如果文件（t1.txt）被一个文件对象（f1）占用（没有关闭），那么此文件生成的别的对象（f2）则无法操作此文件。

有时候，Python 解释器因为某些原因（如提高程序运行速度），会将文件缓存在内存中某个地方。但碰到意外如程序突然崩溃，就会造成这些缓存数据没有及时写入硬盘。也为了降低系统对打开文件的资源占用，在 Linux 系统中，对打开文件数会有限制，超过限制则无法打开文件。为了避免这些可能出现的问题，在对文件处理完毕之后要及时关闭文件。

4.7.4 自动挡关闭文件

每次都手动关闭文件，比较麻烦，于是 Python 又提供了 with 语句。

```
with open(...) as f:
    f.read()
```

open 函数的参数不变，关键字 as 后面的文件对象 f 可以自定义。with 语句允许使用上下文管理器，上下文管理器则是支持__enter__与__exit__方法的对象。__enter__方法没有参数，当程序执行到 with 语句的时候被调用，返回值绑定在文件对象 f 上。而__exit__方法则有三个参数，包括异常类型、异常对象、异常回溯。现在无须深入了解这三个参数，只需知道当 with 语句执行完毕，也就是对文件的操作执行完毕，with 会自动执行__exit__方法来关闭文件。with 语句无疑帮我们做了很大的工作，让我们专心于文件操作本身。

```
>>> with open('t1.txt', 'w') as f:
...     f.write('with 语句真省事')
...
10
>>> with open('t1.txt', 'r') as f:
...     f.read()
...
'with 语句真省事'
```

4.7.5　f 是什么

我们对一个文件操作，总是要拿到这个文件对象来做操作，那么这个文件对象是什么呢？

```
>>> f = open('t1.txt')
>>> f
<_io.TextIOWrapper name='t1.txt' mode='r' encoding='cp936'>
```

上例显然不能很好地回答我们的问题，继续验证。

```
>>> from collections import Iterable
>>> isinstance(f, Iterable)
True
```

通过上例可以看到这个文件对象 f 是可迭代对象。既然是可迭代对象，那么就可以很方便对它进行循环取值。

```
1. with open('t1.txt') as f:
2.     while 1:
3.         f1 = f.read(1)
4.         if not f1:
5.             break
6.         print(f1, end=' ')                    # a b c d
```

可以用 while 循环获取文件内容。每次都取一个字节（第 3 行）。当读取到文件末尾时，read 会返回一个空字符串。我们依此判断，当字符串为空时，表示读取文件完毕，break 退出循环（第 4 行）。如果不为空则表明文件还没有读取完毕，就继续读取打印。

可迭代对象用 for 循环通常会达到更好的效果。

```
with open('t1.txt') as f:
    for i in f.read():
        print(i, end=' ')                          # a b c d
```

除了 read，readline 和 readlins 方法都支持循环取值。

```
1. l = ['a', 'b', 'c', 'd', 'e']
2. with open('t1.txt', 'a') as f:
3.     for i in l:
4.         f.write(i)
5. with open('t1.txt', 'r') as f:
6.     print(f.read())                              # abcde
```

上例 1～4 行演示了循环写入，第 5、6 行则打印出来写入的内容。而第 2 行的 mode 模式需要注意，这里用了追加模式，可以更直观地演示写入过程。牢记“w”模式，每次都会覆写 t1 文件。

至此，函数部分结束，下面我们通过练习对函数进行复习。

4.8 习题

1. 写函数，检查获取传入列表或元组对象的所有奇数位索引对应的元素，并将其作为新列表返回给调用者。
2. 写函数，判断用户传入的对象（字符串、列表、元组）长度是否大于 5。
3. 写函数，检查传入列表的长度，如果大于 2，那么仅保留前两个长度的内容，并将新内容返回给调用者。
4. 写函数，计算传入字符串中【数字】、【字母】、【空格】以及【其他】的个数，并返回结果。
5. 写函数，接收 n 个数字，求这些参数数字的和（动态传参）。
6. 读代码，回答：代码中，打印出来的 a，b，c 值分别是什么？为什么？

```
a=10
b=20
def test5(a,b):
    print(a,b)
c = test(b,a)
print(c)
```

7. 读代码，回答：代码中，打印出来的 a，b，c 值分别是什么？为什么？

```
a=10
b=20
def test5(a,b):
    a=3
    b=5
    print(a,b)
c = test5(b,a)
print(c)
```

8. 写函数，计算图形的面积。其中嵌套函数，计算圆的面积、正方形的面积和长方形的面积。

调用函数 area('圆形',圆半径)，返回圆的面积。

调用函数 area('正方形',边长)，返回正方形的面积。

调用函数 area('长方形',长，宽)，返回长方形的面积。

```
def area():
    def 计算长方形面积():
        pass

    def 计算正方形面积():
        pass

    def 计算圆形面积():
        pass

```

9. 写函数，传入一个参数 n，返回 n 的阶乘。例如：cal(7)，计算 7*6*5*4*3*2*1。

10. 编写装饰器，为多个函数加上认证的功能（用户的账号密码来源于文件。要求登录成功一次，后续的函数都无须再输入用户名和密码）。

11. reversed、sorted 和 list 列表类型内置的 sort、reverse 有什么区别?

12. 求结果：v = [lambda :x for x in range(10)]。

```
(1)print(v[0])
(2)print(v[0]())
```

13. 下面程序的输出结果是什么?

```
d = lambda p:p*2
t = lambda p:p*3
x = 2
x = d(x)
x = t(x)
x = d(x)
print(x)
```

14. 现有两元组(('a'),('b')),(('c'),('d'))，请使用 Python 中匿名函数生成列表[{'a':'c'},{'b':'d'}]。

05

第5章 模块

学习目标

- 重点掌握常用的模块使用方法。
- 重点掌握序列化模块中的 json 和 pickle 模块。
- 重点掌握 import 和 from 语句。
- 理解导入背后的原理。
- 理解包的工作流程。

如果要做一份关于“你为什么选择 Python”的问卷调查，那么“Python 有丰富的模块（库）资源”应该会榜上有名。

这一章，我们就来一场关于模块（库）的探秘之旅吧！

5.1　初识模块

在 Python 中，模块分为 3 种。

- 内置模块：打开 Python 解释器目录，内置模块在 Lib 文件夹内。
- 第三方（扩展）模块：第三方模块被统一地存放在本地 Python 解释器的 Lib/site-packages 文件夹内。
- 自定义模块：即我们自己写的模块。

首先来了解一下什么是内置模块。

Python 将常用的实现某类功能的代码组织在一起称之为模块。随着 Python 解释器安装到本地的模块，称为内置模块。为了有别于其他的模块，内置模块又称为标准库模块。标准库模块被统一放在一个文件夹内，这个文件夹又称为 Python 标准库。

再来介绍一下第三方模块。

Python 能干的事情实在是太多了，不可能把所有的模块都预先安装在本地的解释器内。使用 Python 的人们根据特定的应用场景开发出了特定用途的模块，这些模块经过 Python 官方审核通过，就可以被广大 Python 开发者使用了，这种现成的并未随着解释器内置的模块被统称为第三方模块。

所有发布的模块（包括第三方模块）均维护在 PyPI（the Python Package Index）网站上。注意，第三方模块在首次使用前必须下载 PyPI，下载方式有 pip 或其他方式。图 5.1 所示为 PyPI 主页。

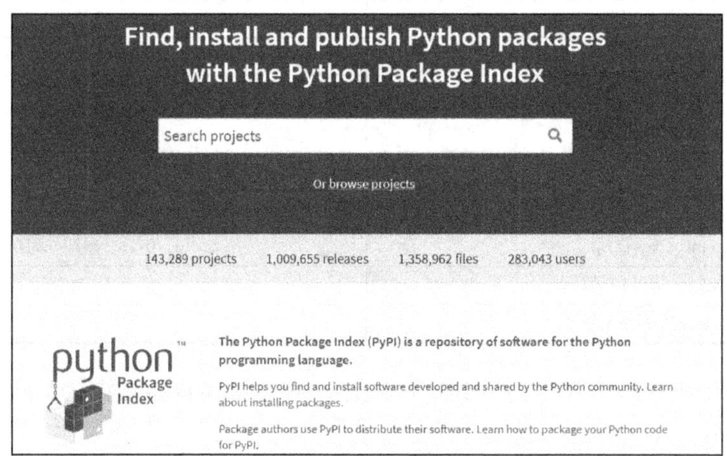

图 5.1　PyPI 主页

介绍自定义模块之前，我们先通过学习部分常用内置模块来熟悉模块相关的知识。

5.2　常用模块

5.2.1　time

在 Python 中，time 模块提供了各种功能来供我们操作时间值。在时间表示方面，有两种标准的时间表示方式：时间戳时间和结构化时间。

时间戳时间通常指从 1970 年 1 月 1 日的 00:00:00 开始按秒计算时间的偏移量。这个时间以 UTC（Coordinated Universal Time，协调世界时，由于英文和法文的缩写不同，作为妥协，简称 UTC）时间为准。在本机上可以调用 time 模块来查看。

```
1. >>> import time
2. >>> time.gmtime(0)[0]
3. 1970
4. >>> time.time()
5. 1530016240.9836502
```

上例第 2 行返回当前解释器环境所在平台的计时开始年份。第 5 行返回的 float 类型的数字表示当前时间，即时间戳时间。

结构化时间通常表示为一个由 9 个整数组成的元组。

```
import time
print(time.localtime()) # time.struct_time(tm_year=2018, tm_mon=6, tm_mday=25, tm_hour=19, tm_min=7, tm_sec=25, tm_wday=0, tm_yday=176, tm_isdst=0)
```

表 5.1 为各参数表达的含义。

表 5.1　元组内各参数的含义

参数	描述
tm_year(年)	如 2018
tm_mon(月)	1～12
tm_moday(日)	1～31
tm_hour(时)	0～23
tm_min(分)	0～59
tm_sec(秒)	0～61
tm_wday(星期)	0～6，星期一为 0
tm_yday(一年中的第几天)	1～366
tm_isdst(是否是夏令时)	0，1 或 -1

tm_sec 只有在与 strptime 函数一起使用时，范围是 0～61，而 60 则在闰秒的时间戳中有效，但是由于历史原因支持值到 61。

关于夏令时，需要注意的是，在调用 mktime 时，如果是夏令时，则 tm_isdst 设置为 1，如果不是则为 0，如果 tm_isdst 是-1 则表示未知。

上面两种时间表示形式中，时间戳时间对计算机友好（时间戳更具唯一性，计算机只识别时间戳时间），而结构化时间更方便操作，但这两种形式都对用户不够友好。所以我们经常把这两种时间表示形式经过处理转换为我们更容易识别的时间表示格式——格式化时间字符串。

格式化时间字符串（format string）即经过格式化，将时间输出为对用户友好的时间表现形式。

```
import time
print(time.strftime('%Y-%m-%d %H:%M:%S'))    # 2018-06-25 17:36:33
```

我们可以通过不同的格式化字符（如“%M”“%m”）和连接符号（如“-”“/”），来组成更加灵活的时间表示形式。表 5.2 列举常用的格式化字符。

表 5.2 常用格式化时间字符

字符	描述	重要程度
%Y	四位数的年份表示（0000～9999）	*****
%y	两位数的年份表示（00～99）	**
%m	月份（01～12）	*****
%d	月内的一天（01～31）	*****
%H	24 小时制小时数（00～23）	*****
%I	12 小时制小时数（01～12）	****
%M	分钟数（00～59）	*****
%S	秒数（00～59）	*****
%a	本地简化星期名称	**
%A	本地完整星期名称	**
%b	本地简化月份名称	**
%B	本地完整月份名称	***
%c	本地相应的日期表示和时间表示	****
%j	年内的一天（001～366）	****
%p	本地 a.m 或 p.m 的等价符	***
%U	一年中的星期数（00～53），星期天为星期的开始	***
%w	星期（0～6），星期一为星期的开始	****
%W	一年中的星期数（00～53），星期一为星期的开始	***
%x	本地相应的日期表示	**
%X	本地相应的时间表示	***
%Z	当前时区的名称	***
%%	%本身	*

表 5.3 列举了 time 模块的常用的方法和变量（不完全）。

表 5.3 time 模块常用的方法和变量

常用方法/变量	描述	重要程度
time.time()	返回当前时间的时间戳时间	*****
time.strptime(string,format)	根据格式将字符串解析为时间元组	*****
time.gmtime(seconds=None)	将时间转换为时间元组表示 UTC	*****
time.mktime(p_tuple)	将 local 时间元组转换为时间戳时间	*****
time.clock()	将进程启动后的 CPU 时间作为浮点数返回	****
time.tzset()	更改本地时区	*
time.asctime(p_tuple=None)	将时间元组转换为字符串	***
time.altzone	UTC 和 local DST 的秒差	**
time.timezone	UTC 和本地标准时间之间的秒差	***
time.tzname	标准时区名称与夏令时时区名称组成的元组	**

下面我们通过时间格式之间的转换来演示 time 模块相关方法的使用方法。图 5.2 展示了几种时间表示形式间的转换关系。

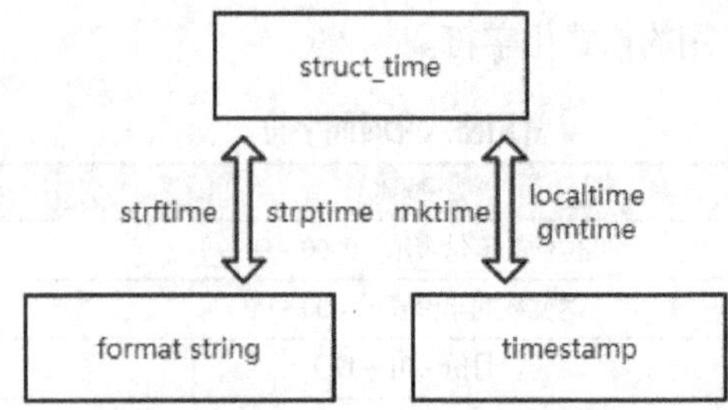

图 5.2　几种时间表示形式的转换关系

1. timestamp — struct_time

```
1. import time
2. print(time.gmtime(0))          # UTC
3. print(time.localtime(0))       # 本地时区标准时间
4. print(time.gmtime(365 * 24 * 60 * 60))
5. print(time.gmtime())
6. '''
7. time.struct_time(tm_year=1970, tm_mon=1, tm_mday=1, tm_hour=0, tm_min=0, tm_sec=0, tm_wday=3, tm_yday=1, tm_isdst=0)
8. time.struct_time(tm_year=1970, tm_mon=1, tm_mday=1, tm_hour=8, tm_min=0, tm_sec=0, tm_wday=3, tm_yday=1, tm_isdst=0)
9. time.struct_time(tm_year=1971, tm_mon=1, tm_mday=1, tm_hour=0, tm_min=0, tm_sec=0, tm_wday=4, tm_yday=1, tm_isdst=0)
10.time.struct_time(tm_year=2018, tm_mon=6, tm_mday=27, tm_hour=6, tm_min=31, tm_sec=51, tm_wday=2, tm_yday=178, tm_isdst=0)
11.'''
```

上例将时间戳时间转换为结构化时间。time.gmtime 接收一个时间戳时间，并将之转化为 UTC 的结构化时间。第 2 行我们传一个时间戳时间为 0，返回了 1970 年的详细结构化时间信息（第 7 行）。而在第 3 行的 localtime 则返回本地时区的标准时间。可以看到我们中国所在的东八区的时间和 UTC 相差 8 个小时（第 7、8 行的 tm_hour 参数）。在第 4 行传的参数为一年的秒数的时间戳时间，gmtime 返回了 1971 年的详细结构化时间信息（第 9 行）。如果 gmtime 不传参（第 5 行），默认返回 UTC 时间的当前的结构化时间（第 10 行）。

2. struct_time — timestamp

```
1. import time
2. t_tup = time.localtime(365 * 24 * 60 * 60)
3. print('local struct_time:', t_tup)
4. print('local timestamp:', time.mktime(t_tup))
5. '''
6. local struct_time: time.struct_time(tm_year=1971, tm_mon=1, tm_mday=1, tm_hour=8, tm_min=0, tm_sec=0, tm_wday=4, tm_yday=1, tm_isdst=0)
7. local timestamp: 31536000.0
8. '''
```

上例将本地时区的结构化时间转换为时间戳时间，第 2 行获取 1971 年的结构化时间，第 4 行通过使用 time.mktime 将结构化时间转换为时间戳时间。

3. struct_time — format string

```
1. import time
2. print(time.strftime('%Y-%m-%d %X'))
3. print(time.strftime('%Y-%m-%d %X', time.gmtime(0)))
4. print(time.strftime('%Y-%m-%d %X', time.localtime(0)))
5. '''
6. 2018-06-27 15:46:10
7. 1970-01-01 00:00:00
8. 1970-01-01 08:00:00
9. '''
```

上例将结构化时间的转换为格式化的字符串时间。time.strftime 如果默认不传递结构化时间（第 2 行），则默认将本地时区的当前结构化时间转换为格式化的字符串时间（第 6 行）。第 3 ~ 4 行则分别传递结构化时间，返回了各自的格式化后的字符串时间。

4. format string — struct_time

```
1. import time
2. # time.strptime(时间字符串,字符串对应格式)
3. print(time.strptime('2018-06-27', '%Y-%m-%d'))
4. print(time.strptime('27,06,2018', '%d,%m,%Y'))
5. '''
6. time.struct_time(tm_year=2018, tm_mon=6, tm_mday=27, tm_hour=0, tm_min=0, tm_sec=0, tm_wday=2, tm_yday=178, tm_isdst=-1)
7. time.struct_time(tm_year=2018, tm_mon=6, tm_mday=27, tm_hour=0, tm_min=0, tm_sec=0, tm_wday=2, tm_yday=178, tm_isdst=-1)
8. '''
```

上例将格式化的字符串时间转换为结构化时间。time.strptime 接收两个参数，第一个参数为时间字符串，第二个参数则是字符串的对应的格式（第 2 行）。

下面再介绍一种特殊的如“Wed Jun 27 16:10:07 2018”这种形式的表示时间的字符串，图 5.3 所示是几种时间格式相互转换示意图。

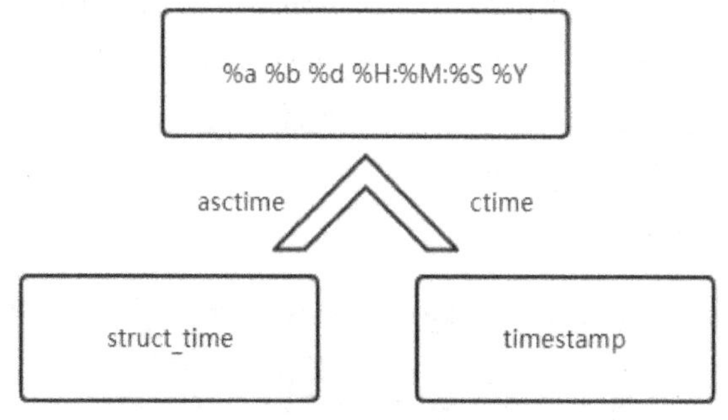

图 5.3 时间格式相互转换示意图

5. struct_time — “%a %b %d %H:%M:%S %Y”

```
import time
print(time.asctime())                       # Wed Jun 27 16:36:30 2018
print(time.asctime(time.gmtime(0)))         # Thu Jan  1 00:00:00 1970
```

上例将结构化时间转换为 24 个字符组成的特殊格式的字符串。第 2 行的 time.asctime 如果不传递参数，则默认返回本地时区当前时间字符串。第 3 行则接收一个指定的结构化时间，返回特殊格式的字符串。

6. timestamp — “%a %b %d %H:%M:%S %Y”

```
1. import time
2. print(time.ctime())                        # Wed Jun 27 16:52:46 2018
3. print(time.ctime(365 * 24 * 60 * 60))      # Fri Jan  1 08:00:00 1971
```

上例将时间戳时间转换为 24 个字符组成的特殊格式的字符串。第 2 行的 time.ctime 如果不传递参数，则默认返回本地时区当前时间字符串。第 3 行则接收一个指定的时间戳时间，返回特殊格式的字符串。

接下来我们通过示例来学习 time 模块在实际工作中的应用。

在浏览某个网站时，会看到一篇文章发布于某个时间点，这个功能用 time 模块就能实现。

```
1. import time
2. FLAG_TIME = 1530090529.0  # time.mktime(time.localtime())
3. now_time = time.mktime(time.localtime()) - FLAG_TIME
4. after_time = time.gmtime(now_time)
5. utc_time = time.gmtime(0)
6. print('此文章于%d 年%d 月%d 天%d 小时%d 分钟%d 秒之前发布' %
7.       (after_time.tm_year - utc_time.tm_year,
8.        after_time.tm_mon - utc_time.tm_mon,
9.        after_time.tm_mday - utc_time.tm_mday,
10.       after_time.tm_hour - utc_time.tm_hour,
11.       after_time.tm_min - utc_time.tm_min,
12.       after_time.tm_sec - utc_time.tm_sec,
13.       ))
14.'''
15.此文章于 0 年 0 月 0 天 0 小时 33 分钟 36 秒之前发布
16.'''
```

上例中，当一篇文章发布时，获取当时的时间戳时间（第 2 行）FLAG_TIME。当需要展示发布了多久时，就用现在的时间戳时间 now_time 减去 FLAG_TIME（第 3 行），得到一个新的时间戳——也就是距离发布到现在过了多久（第 4 行），我们可以通过 time.gmtime 求出这个时间戳时间，after_time 相当于从时间戳时间起点开始经过了多少时间（第 4 行），after_time 是结构化时间。然后在第 5 行获取时间戳时间的起点再将之转换为结构化时间 utc_time（第 5 行）。然后用 after_time 减去 utc_time，经过整理就得出了发布了多久（第 6 行），结果如第 15 行所示。

下面的示例展示了另一种写法。

```
def time_difference(time_before, time_now=None, fmt='%Y-%m-%d %H:%M:%S'):
    import time
    if not time_now: time_now = time.strftime(fmt)
    true_time = time.mktime(time.strptime(time_before, fmt))
    now_time = time.mktime(time.strptime(time_now, fmt))
    dif_time = now_time - true_time
    struct_time = time.gmtime(dif_time)
    return struct_time.tm_year - 1970, struct_time.tm_mon - 1, \
           struct_time.tm_mday - 1, struct_time.tm_hour, \
           struct_time.tm_min, struct_time.tm_sec
```

```
ret = time_difference('2016-09-11 08:30:00', '2018-06-12 11:00:00')
print('过去了%d 年%d 月%d 天%d 小时%d 分钟%d 秒' % ret)
ret1 = time_difference('2016-09-11 08:30:00')
print('过去了%d 年%d 月%d 天%d 小时%d 分钟%d 秒' % ret1)
'''
过去了 1 年 9 月 1 天 2 小时 30 分钟 0 秒
过去了 1 年 9 月 17 天 10 小时 49 分钟 27 秒
'''
```

上例中同样利用格式间的相互转换达到目的。

5.2.2 collections

除了内置的数据类型（如 dict、list）之外，Python 又通过 collections 模块额外地提供了几种数据类型：OrderedDict、defaultdict、namedtuple、deque、Counter 等，应用于某些特殊的场景。下面就通过 collections 模块提供的“工具”来帮我们解决实际应用中的问题。

1. OrderedDict

在之前讲字典的时候，我们说过默认的字典是无序的，我们可以通过 OrderedDict 来实现有序字典。有些时候，有序字典确实能帮我们很大的忙。

```
1. for k, v in enumerate({'computer': 200, 'phone': 100}):
2.     print(k, v)
3. '''
4. # 第一次打印
5. 0 computer
6. 1 phone
7. # 第二次打印
8. 0 phone
9. 1 computer
10.'''
```

上例是我们在写购物车的作业时的代码片段，用来通过序号选择对应的商品。但通过第 4～9 行的两次打印结果可以看到，序号对应的商品是会变的，因为无法确定 key 的顺序。这时，我们就可以使用有序字典来解决此类问题。

```
from collections import OrderedDict
od = OrderedDict([('computer', 200), ('phone', 100)])
for k, v in enumerate(od):
    print(k, v)
'''
0 computer
1 phone
'''
```

上例中，OrderedDict 将列表内的元组（索引 0 为 key，索引 1 为 value）转化为字典的 key 和 value，得到一个有序字典对象，使得这个字典内的 key 顺序固定，这样在展示结果的时候，就不用担心发生上面普通字典那样的问题了。

```
1. from collections import OrderedDict
2. od = OrderedDict(a=1, b=2, c=3)
3. for k, v in od.items():
4.     print(k, v)
5. od.update(b=4)
6. print(od)
7. '''
8. c 3
9. a 1
10.b 2
11.OrderedDict([('c', 3), ('a', 1), ('b', 4)])
12.'''
```

上例展示了生成有序字典的另一种方式（第 2 行）。有序字典支持普通字典的方法，比如 update 方法（第 5 行）。

2. defaultdict

defaultdict 即带默认值的字典。可以看一个例子，现有列表 li=[11, 22, 33, 44, 55, 66, 77, 88, 99, 90]和字典 d={}，需求是将列表内大于等于 66 的元素保存到字典 k1 中，否则保存到 k2 中。

按照我们学过的知识，采用普通的办法是如下这样的。

```
1. li = [11, 22, 33, 44, 55, 66, 77, 88, 99, 90]
2. d = {}
3. for i in li:
4.     if i >= 66:
5.         if 'k1' in d:
6.             d['k1'].append(i)
7.         else:
8.             d['k1'] = [i]
9.     else:
10.        if 'k2' in d:
11.            d['k2'].append(i)
12.        else:
13.            d['k2'] = [i]
14.print(d)    # {'k1': [66, 77, 88, 99, 90], 'k2': [11, 22, 33, 44, 55]}
```

上例中，循环列表（第 3 行）内，判断其中的元素是否大于等于 66（第 4 行）。如果是的话，还要判断一次是不是有这个 key 存在（第 5 行），有则添加到对应的列表内（第 6 行），否则建立这个列表然后将值放到其中（第 8 行）。如果列表中的元素小于 66（第 9 行），则之前的操作又重复一遍。这么做是因为在使用 dict 时，引用的 key 不存在就会抛出 KeyError 的错误。那么当 key 不存在的时候，如果希望返回一个默认值，就可以用 defaultdict。

接下来学习 defaultdict 的用法。

```
from collections import defaultdict
default_dic = defaultdict(list)
print(default_dic)                  # defaultdict(<class 'tuple'>, {})
default_dic = defaultdict(set)
print(default_dic)                  # defaultdict(<class 'set'>, {})
```

```
default_dic = defaultdict(tuple)
print(default_dic)              # defaultdict(<class 'tuple'>, {})
default_dic = defaultdict(None)
print(default_dic)              # defaultdict(None, {})
```

defaultdict 的默认值必须是 callable（指必须是可调用的）或者 None 这两种类型。因为上例中的字典都为可调用的，所以可以成为带有默认值的字典的默认值。那么怎么判断一个对象是 callable 的呢？我们来复习一个内置函数 callable。

```
print(callable('a'))            # False
print(callable(list))           # True
print(callable(tuple))          # True
def foo(): ...
print(callable(foo))            # True
```

上例中，使用内置函数 callable 来判断一个对象是否为可调用的。是则返回 True，否则返回 False。

这里我们用 defaultdict 来解决上述遇到的问题，并优化代码。

```
1. from collections import defaultdict
2. li = [11, 22, 33, 44, 55, 66, 77, 88, 99, 90]
3. default_dic = defaultdict(list)
4. for i in li:
5.     if i >= 66:
6.         default_dic['k1'].append(i)
7.     else:
8.         default_dic['k2'].append(i)
9. print(default_dic)
10.print(default_dic['k2'])
11.'''
12.defaultdict(<class 'list'>, {'k1': [66, 77, 88, 99, 90], 'k2': [11, 22, 33, 44, 55]})
13.[11, 22, 33, 44, 55]
14.'''
```

上例的代码逻辑和使用普通字典是一致的，但代码更为简洁，提高了可读性，取值也并无差异（第 10 行）。

3. namedtuple

Namedtuple（命名元组）主要用来生成可以使用名来访问元素的数据对象，通过点的方式来取值，可提高代码的可读性。例如，我们可以用 namedtuple 来表示一个图 5.4 所示坐标轴中的 point。

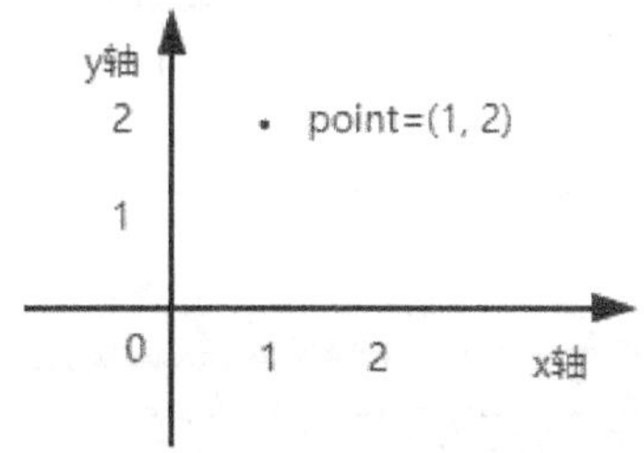

图 5.4　命名元组表示坐标轴的 point

如果用普通的元组，则可以用索引来表示。

```
point2 = (1, 2)
x = point2[0]
y = point2[1]
print(x, y)                                    # 1 2
```

但上例用索引的话，显然代码可读性不强。那么采用 namedtuple 呢？

```
1. from collections import namedtuple
2. point = namedtuple('Point', ['x', 'y'])
3. p1 = point(1, 2)
4. print(p1)                                    # Point(x=1, y=2)
5. print(p1.x, p1.y)                            # 1 2
```

上例中，第 2 行的 namedtuple 第一个参数把元组命名为 Point，列表内的两个元素代表 x 轴和 y 轴，再将这个命名元组赋值给 point。第 3 行为 x 轴和 y 轴对应传递两个参数，p1 则是坐标轴的一个点。第 4 行的打印可以看到我们传进去的两个参数与 x、y 绑定。再通过 p1.x 的方式点出 p1 的 x 轴坐标（第 5 行）。

再举一个例子。

```
from collections import namedtuple
ip_port = namedtuple('ip_port', ['ip', 'port'])
p = ip_port('127.0.0.1', 8833)
print(p)                               # ip_port(ip='127.0.0.1', port=8833)
print(p.ip, p.port)                    # 127.0.0.1 8833
```

上例通过点对应的 IP 和端口就能取到值，这种方式使代码更加人性化，可读性也提高了。

通过上面两个例子，我们可以看到，采用 namedtuple 提高了代码可读性，明确了要表示的数据是什么，取值方便且准确。因此在某些时候，我们应该用命名元组去代替普通的元组。

4. deque

介绍 deque（双端队列）之前我们要首先了解什么是队列。队列，是先进先出（First-In-First-Out，FIFO）的线性排列。队列只允许在后端（rear）执行插入操作，在前端（front）执行删除操作。通俗地说，队列就是单向通道，只能从一端进，从另一端出，过程不可逆。

图 5.5 是 queue 存储的示意图。

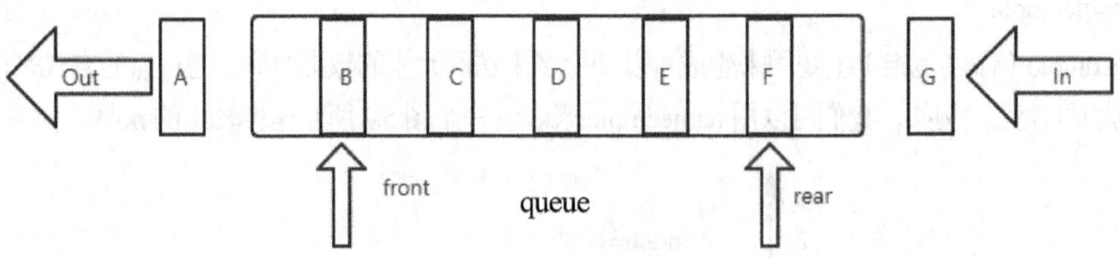

图 5.5　queue 存储示意图

```
import queue
qu = queue.Queue()
print(qu)    # <queue.Queue object at 0x00C18550>
qu.put(1)
qu.put(2)
```

```
6. qu.put(3)
7. qu.put('a')
8. print(qu.qsize())    # 4
9. print(qu.get())      # 1
10.print(qu.get())      # 2
```

上例中，第 1 行导入 queue 模块。通过第 3 行的打印，我们可以看到第 2 行获取到的是队列对象，通过 put 方法为队列添加元素，通过 qsize 来获取队列的大小（第 8 行），通过 get 方法获取元素。第 9、10 行的打印证明了先进先出的规则。

队列无法用 len 来获取大小，只能用其提供的 qsize。

简单地了解了 queue，再来看 deque。图 5.6 所示是 deque 的存储示意图。

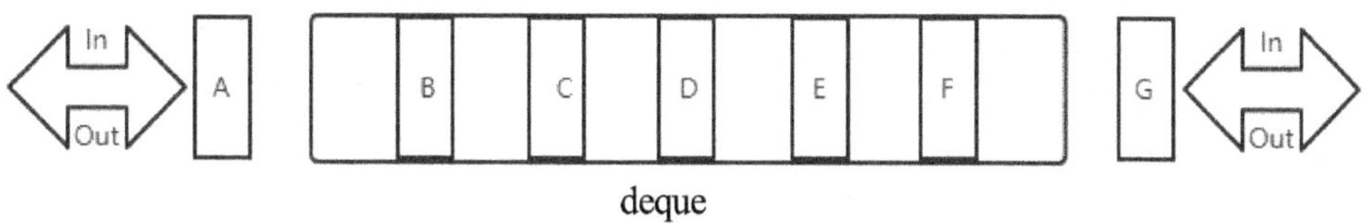

图 5.6　deque 存储示意图

```
1. from collections import deque
2. de = deque()
3. print(de)    # deque([])
4. print(type(de)) # <class 'collections.deque'>
5. print(isinstance(de, list)) # False
6. de.append(1)
7. de.insert(0, 'a')
8. de.append(['b', 'd'])
9. print(de)    # deque(['a', 1, ['b', 'd']])
10.print(de.index('a'))     # 0
11.de.appendleft('x')
12.print(de.popleft())  # x
```

上例中，第 1 行导入 deque。通过第 3 行的打印，可以看到第 2 行返回的队列对象是一个“列表”，但是通过第 4 行的打印可以看到它并不是想象中的列表，而是一个双端队列，这在第 5 行得到进一步证明。我们可以把双端队列理解为类似列表一样的容器，两端都能快速实现 append 和 pop 操作。第 6 行通过 append 方法向队列追加一个元素，第 7 行通过 insert 向队列中插入一个元素（不仅限于队首，也可以向队列中间插值），第 8 行演示了队列可以保存其他数据类型的数据，第 10 行用 index 方法获取元素的索引位置。我们之所以说 deque 是双端队列，因为 deque 在实现了 append 和 pop 之外还提供了 appendleft 方法和 popleft 方法（第 11、12 行），从而实现高效的插入和删除双向操作。

我们通过 deque 的实际应用进一步了解 deque。假如一家网站要记录最近 10 次的访问记录，并且记录不能重复，那么我们可以用 list 实现该功能，但这里用 deque 实现则更加方便。

```
from collections import deque
dq = deque(maxlen=3)
while 1:
```

```
4.     cmd = input('>>>')
5.     if cmd not in dq:
6.         dq.appendleft(cmd)
7.     print(dq)
```

上例中，我们通过在第 2 行设置 maxlen 值来限制双端队列的大小，通过第 3 行的 while 循环交互获取用户的输入（第 4 行）。如果这个请求（用户输入）不在队列内（第 5 行），就从队列的左侧插入（第 6 行）。当队列内元素达到 maxlen 值，就会将最先进入列队的元素从右侧 pop 出去。这个过程是自动的，这就是双端队列的特性。当其内的元素个数达到设置的 maxlen 值后，如果从左侧再往队列插入一个值，那么处于队列最右侧的元素将会自动地 pop 出去。

deque 对象支持以下方法，如表 5.4 所示。

表 5.4　　deque 的常用方法

方法	描述	重要程度
append(x)	将 x 添加到双端队列的右侧	*****
appendleft(x)	将 x 添加到双端队列的左侧	*****
clear()	清空双端队列内的所有元素	*****
copy()	浅拷贝，Python 3.5 版本新增的功能	****
count(x)	统计双端队列元素为 x 的个数	****
extend(iterable)	将 iterable 添加到双端队列的右侧	****
exttendleft(iterable)	将 iterable 中的元素执行反转后，添加到双端队列的左侧	****
index(x, [start,stop])	Python 3.5 版本新功能，返回双端队列中 x 的索引位置，可选参数 start 和 stop 设置查找范围，返回第一个匹配成功的索引，查找不到则抛出 ValueError	*****
insert(i, x)	Python 3.5 版本新功能，将 x 插入到位置 i 的 deque 中，如果插入位置大于 maxlen 值，则抛出 IndexError	*****
pop()	从 deque 的右侧移除一个元素并返回该元素，如果没有元素，则抛出 IndexError	*****
popleft()	从 deque 的左侧移除一个元素并返回该元素，如果没有元素，则抛出 IndexError	*****
remove(value)	从 deque 的左侧开始删除第一次出现的 value，value 不存在则抛出 ValueError	*****
reverse()	Python 3.2 版本新功能，原地反转 deque，返回值为 None	*****
rotate(n)	向右反转 deque n 步。如果 n 为负数，则向左反转	***
maxlen	Python 3.1 版本新功能，deque 的只读属性，设置 deque 的大小，默认为 None，即不限制 deque 的大小	*****

```
1. from collections import deque
2. dq = deque()
3. dq.extend([1, 2, 3, 4, 5])
4. # print(dq)                    # deque([1, 2, 3, 4, 5])
5. # dq.rotate(1)
6. # print(dq)                    # deque([5, 1, 2, 3, 4])
7. # dq.rotate(-1)
8. # print(dq)                    # deque([2, 3, 4, 5, 1])
9. dq.rotate(3)
10.print(dq)                      # deque([3, 4, 5, 1, 2])
```

上例中，rotate 的移动步数可以参考图 5.7 理解为一个环形。当执行第 5 行的 rotate(1)时，首先将右侧的 5 pop 出来，然后将双端队列整体从左向右移动一步（移动步数取决于参数），再执行 appendleft 将 5 插入到空位中，也就是原来 1 所在的位置。而当 rotate 传参为负数时，就从右侧往左侧移动，如图 5.7 中逆时针循环所示。把左侧的 1 popleft 出来，再将其他的元素整体从右向左移动 n 步，然后将 1 插入到循环的空位中。

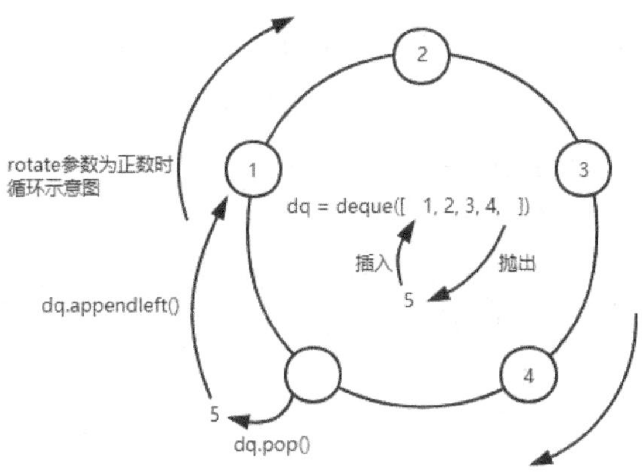

图 5.7 rotate 移动步数示意图

除了表 5.4 列举的方法外，deque 还支持 picking、len、deepcopy，可以使用 in 运算符来进行如上例中的成员资格测试。但是需要强调的是，由于 deque 的底层实现机制，索引访问速度是两端快（O(1)）,中间慢（O(n)），所以如果应用中有较多的随机访问，改用列表比较合适。

O(1)和 O(n)是指算法的时间复杂度，由于篇幅有限，这里不做展开讲解，有兴趣的同学可以自行查找相关资料。

5. Counter

Counter（计数器），顾名思义，通常用来跟踪值出现的次数，其中，将元素作为字典的 key，将元素出现的次数作为 value。

```
from collections import Counter
print(Counter([1, 2, 3, 3, 1, 1, 2, 2]))           # Counter({1: 3, 2: 3, 3: 2})
print(Counter('asdasadsasdadasd'))  # Counter({'a': 6, 'd': 5, 's': 5})
```

上例中，Counter 返回一个由元素为 key，统计元素的次数为 value 组成的字典。

```
1. from collections import Counter
2. d = Counter([1, 2, 3, 3, 1, 1, 2, 2])
3. print(d[2])                                # 3
4. print(d[5])                                # 0
```

上例中，我们访问字典中的 key，当 key 不存在时，返回 0（第 4 行），存在则返回对应的 value 值（第 3 行）。

```
>>> from collections import Counter
>>> d = Counter('abc')
>>> d.update('bcd')
>>> d['c']
2
>>> d1 = Counter('cd')
```

```
7. d.subtract(d1)
8. >>> d['c']
9. 1
```

上例中，我们可以使用一个可迭代对象或者另一个 Counter 对象来更新原字典。在第 3 行，通过 update 方法增加 value 值。在第 7 行使用 subtract 方法来减少 value 值。

```
1. >>> from collections import Counter
2. >>> d = Counter('abc')
3. >>> d['a'] = 0
4. >>> d
5. Counter({'b': 1, 'c': 1, 'a': 0})
6. >>> del d['a']
7. >>> d
8. Counter({'b': 1, 'c': 1})
```

上例中，我们通过修改 value 值为 0，来说明当元素计数为 0 时，并不意味着元素被删除。如要删除一个元素，则使用 del。

```
1. >>> from collections import Counter
2. >>> c = Counter(a=2, b=1, c=0, d= -1)
3. >>> c
4. Counter({'a': 2, 'b': 1, 'c': 0, 'd': -1})
5. >>> c.elements()
6. <itertools.chain object at 0x00B75ED0>
7. >>> sorted(c.elements())
8. ['a', 'a', 'b']
```

上例中，elements 方法返回一个每个元素重复次数的迭代器（第 5 行）。返回的元素是无序的，当元素计数小于 1 时，就会被 elements 忽略（第 8 行）。

表 5.5 展示了 Counter 的其他方法或操作（不完全）。

表 5.5　　Counter 常用操作

方法/操作	描述	重要程度
most_common([n])	返回 n 个最多元素计数的列表，从最多到最少，如果不指定 n，则返回所有元素计数	****
copy()	浅拷贝	*****
+	添加两个计数器	***
-	差集，只保留正数计数的元素	***
&	交集	***
|	并集	***

5.2.3 functools

顾名思义，funtools 模块为函数提供了一些高阶的工具。比如我们在之前章节中已经学习了的 partial、reduce 函数，二者都属于 functools 模块，这里我们再介绍该模块的其他功能。

1. functools.update_wrapper

首先来补充一个之前讲 partial 时“忽略”的知识点。

```
1. from functools import partial
2. def foo(): ...
3. def bar(a=1, b=2, c=3, d=4):
4.     print(a, b, c, d)
5. p = partial(bar, 'a', 'b')
6. print('__name__' in dir(p))           # False
7. print('__get__' in dir(p))            # False
8. print('__name__' in dir(foo))         # True
9. print(set(dir(foo)) - set(dir(p)))    # {'__get__', '__closure__', '__code__', '__globals__', '__qualname__', '__annotations__', '__name__', '__kwdefaults__', '__module__', '__defaults__'}
```

上例中，通过偏函数（第 5 行）p 和普通函数（第 2 行）foo 的对比（第 6~8 行的打印结果），可以发现，偏函数并没有__name__和__get__等属性，而 foo 函数则有这些属性。通过第 9 行则可以看到偏函数相较于普通函数少了很多属性，可以说偏函数是有“缺陷”的函数，那么我们如何使之成为像 foo 函数一样健全呢？这就用到了 functools 模块下的 update_wrapper 函数。

update_wrapper 函数重新更新一个函数对象，使这个函数对象更加完整。下面我们来来看它的语法。

```
def update_wrapper(wrapper,
                   wrapped,
                   assigned = WRAPPER_ASSIGNMENTS,
                   updated = WRAPPER_UPDATES):
```

wrapper 参数为要更新的函数对象，wrapped 为参照函数，可以理解为将 wrapped 函数的属性复制给 wrapper 函数。assigned 是一个元组，指定要直接使用原函数的值进行替换的属性，WRAPPER_ASSIGNMENTSZ 是默认常量，指对原函数的__name__等属性进行直接赋值。updated 也是一个元组，指定要对照原函数进行更新的属性，而对应的 WRAPPER_UPDATES 则指定对原函数的__dict__属性进行更新。

```
import functools
print(functools.WRAPPER_ASSIGNMENTS)
('__module__', '__name__', '__qualname__', '__doc__', '__annotations__')
print(functools.WRAPPER_UPDATES)          # ('__dict__',)
```

通过调用 functools 中的两个常量可以看到被更新函数都更新了哪些属性。

我们可以用 update_wrapper 函数来解决 partial 的问题。

```
1. from functools import partial
2. from functools import update_wrapper
3. def foo(): ...
4. def bar(a=1, b=2, c=3, d=4):
5.     print(a, b, c, d)
6. p = partial(bar, 'a', 'b')
7. p1 = update_wrapper(p, foo)
8. print('__name__' in dir(p1))     # True
```

上例中，第 7 行利用 update_wrapper 函数将有“缺陷”的偏函数 p 更新后，更像 foo 函数了，如第 8 行打印结果。

```
import functools
print(functools.WRAPPER_ASSIGNMENTS) # ('__module__', '__name__', '__qualname__', '__doc__', '__annotations__')
print(functools.WRAPPER_UPDATES)     # ('__dict__',)
```

上例中，通过打印 functools 中的两个常量，可以看到这些属性更新到了被更新的函数中。

如果仔细观察 partial 和 update_wrapper 函数，可以发现它们其实都类似于装饰器的写法，把原函数封装进去，增加一些功能和属性。其实，update_wrapper 一般就应用在装饰器函数中。不过一般装饰器还存在如下的问题：

```
1. def f1(func):
2.     def inner(*args, **kwargs):
3.         return func(*args, **kwargs)
4.     return inner
5. @f1
6. def b1():
7.     print('function bar')
8. print(b1.__name__)  # inner
```

上例中，我们在第 8 行打印 b1 的函数名，却返回了 inner。为什么？还记得装饰器的执行流程吗？当程序执行到第 5 行的@f1 语句时，Python 做了这样的操作，拿到下面一行的函数名传递给第 1 行的 func 参数，然后 f1 函数将 inner 返回，程序继续往下执行，执行到了第 8 行的打印，此时的 b1 实为 inner，所以打印的结果是 inner。那么怎么打印原本的 b1 这个函数名呢？用 update_wrapper。

```
1. from functools import update_wrapper
2. def f2(func):
3.     def inner(*args, **kwargs):
4.         return func(*args, **kwargs)
5.     return update_wrapper(inner, func)
6. @f2
7. def b2(): ...
8. print(b2.__name__)  # b2
```

上例中，第 5 行返回 inner 的时候，通过 update_wrapper 函数重新更新了 inner，在执行第 8 行的打印时，就会显示原本的函数名称。在这个过程中 update_wrapper 做了什么呢？update_wrapper 函数可以将 func 函数属性复制给 inner 函数，这其中就包括 func 的__name__属性。所以，我们在第 8 行的打印中，inner 的__name__属性已经在第 5 行变成了 b2，所以打印结果就是 b2。

虽然 update_wrapper 在解决类似问题时很好用，但是这还不够简洁。所以 Python 又在外部封装一层——wraps。

2. functools.wraps

先来看 wraps 的语法。

```
def wraps(wrapped,
          assigned = WRAPPER_ASSIGNMENTS,
          updated = WRAPPER_UPDATES):
```

```
4.     return partial(update_wrapper, wrapped=wrapped,
5.                    assigned=assigned, updated=updated)
```

可以看到，第 4 行返回的是 partial，并将 update_wrapper 函数当作参数，而 wrapped 的参数则是接收进来的函数，assigned 和 update 参数就是 update_wrapper 的常量。在实际开发中，我们通常使用 wraps 而不是 update_wrapper。

来看一下 wraps 的用法。

```
1. from functools import wraps
2. def f2(func):
3.     @wraps(func)
4.     def inner(*args, **kwargs):
5.         return func(*args, **kwargs)
6.     return inner
7. @f2
8. def b2(): ...
9. print(b2.__name__)  # b2
```

上例中，在第 3 行，通过“@”调用 wraps，这种手法是装饰器的手法。在程序执行到这一行时，把第 4 行的函数名 inner 传进去，在返回的时候内部调用了 update_wrapper 函数，将 inner 当成 wrapper 参数，把原本的 func 参数当成 wrapped 参数，这时候 inner 赋值了 func 的属性，然后返回。程序执行到第 6 行时，将 inner 返回，在第 9 行打印时，打印的其实为 inner 函数的__name__，而__name__参数是被 wraps 装饰器重新更新后的属性，所以打印结果是原来的 b2 函数名。

5.2.4　random

random 模块内包含各种伪随机数生成器。也就是说，random 模块提供各种随机数供我们使用，如生成指定范围内的实数、浮点数，从序列中获取一个随机的元素，将一个序列类型的数据打乱等。

我们先看 random 模块都有哪些方法。表 5.6 列举了 random 模块内常用的方法（不完全）。

表 5.6　　random 模块常用方法

方法	描述	重要程度
random.random()	随机返回大于 0 小于 1 之间的浮点数	***
random.uniform(a, b)	随机返回指定范围内的浮点数	***
random.randint(a, b)	随机返回指定范围内的整数	****
random.randrange(start, stop, [step=1])	随机返回指定范围内的整数，step 默认为 1	*****
random.choice(seq)	随机返回序列内的元素	****
random.sample(seq, k)	随机返回序列内的任意 k 个元素的组合	****
random.shuffle(seq)	打乱序列内元素的次序	*****

```
import random
print(random.random())                     # 0.18537859891970887
print(random.uniform(1, 100))              # 96.33466235537806
print(random.randint(1, 100))              # 41
print(random.randrange(1, 100, 3))         # 67
```

```
print(random.choice([1, 2, 3, 4]))          # 1
print(random.sample([1, 2, 3, 4], 3))       # [4, 1, 3]
seq = [1, 2, 3, 4]
random.shuffle(seq)
print(seq)                                  # [2, 3, 4, 1]
```

我们利用 random 模块来解决一个实际应用中的问题：生成随机验证码。

```
1. import random
2. def verification_code(v):
3.     code = ''
4.     for i in range(v):
5.         num = random.randint(0, 9)                  # 随机整数
6.         alf_big = chr(random.randint(65, 90))       # 随机大写的A-Z
7.         alf_small = chr(random.randint(97, 122))    # 随机小的a-z
8.         add = random.choice([num, alf_big, alf_small])
9.         code = ''.join([code, str(add)])
10.    return code
11.print(verification_code(8))     # 6inN3j0D
```

上例中，verification_code 函数接收一个生成几位验证码的参数，如第 11 行要生成一个 8 位的验证码。在第 4 行的 for 循环中，第 5 行随机生成一个整数，第 6 行随机生成 26 个大写字母中的一个，第 7 行则生成小写的 26 个字母中的一个。在第 8 行利用 choice 返回第 5 至 7 行中的一个，然后在第 9 行中将其 join 到在第 3 行事先定义好的空字符串中。这样经过 8 次循环就得到了一个 8 位的随机验证码。

5.2.5 序列化模块

什么是序列化？为什么要有序列化呢？为了回答这些问题，让我们首先来复习一下文件操作。如何将一个字典保存到文件呢？

```
1. d = {'a': 'b', 'c': 'd'}
2. with open('test', 'w') as f:
3.     f.write(d)  # TypeError: write() argument must be str, not dict
```

上例中，我们要把字典 d 写入文件 test，但是可以看到第 3 行的报错，因为 write 只能写入 str 类型，不能是 dict。这怎么办呢？

这个例子是数据的保存问题。在网络传输中，我们同样会面临这种问题。例如用 Python 去写 Web 项目，后端用 Python 实现，前端用 JavaScript 搭配实现，那么后端用 Python 组织的数据如何被 JavaScript 识别？也就是说，两种不同的语言如何通信呢（不仅限于 Python 和 JavaScript，还包括其他语言）？我们必须想一种办法，两边约定好，后端应该把数据组织成何种形式，前端才能使用；前端如何组织数据，后端才能使用。为此，各语言开发者都约定俗成使用某种能被双方识别的格式来传输、存储数据，这就是序列化。

如图 5.8 所示，将数据结构或者某种状态转换为某种格式，称为序列化，转换过程称为序列化的过程。而将这种具有某种格式的数据还原为原数据称为反序列化，这个过程称为反序列化的过程。

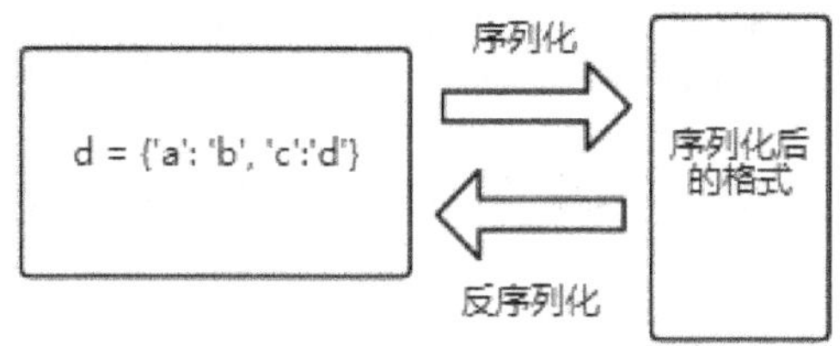

图 5.8 序列化与反序列化

序列化在别的语言中也称为 serialization、marshalling、flattenig 等。为了避免混淆，在 Python 中序列化和反序列化分别称为 pickling 和 unpickling。在日常工作中，我们可以使用以下 3 个模块来完成序列化的工作。

1. pickle 模块

pickle 模块实现了用于序列化和反序列化 Python 对象的二进制协议，pickle 模块的 pickling 是将 Python 对象转换为字节流的过程，而 unpickling 则是反向的操作，将字节流转换为原本对象的过程。

表 5.7 为 pickle 的 4 个常用方法。

表 5.7 pickle 模块常用方法

方法	描述	重要程度
pickle.dumps(obj)	将 obj 序列化	*****
pickle.loads(obj)	反序列化 obj	*****
pickle.dump(obj, file)	将 obj 序列化后写入 file 中	****
pickle.load(file_obj)	将文件中的序列化对象反序列化	****

```
1. import pickle
2. dic = {'a': 'b', 'c': 'd'}
3. p = pickle.dumps(dic)
4. print(p)
     # b'\x80\x03}q\x00(X\x01\x00\x00\x00aq\x01X\x01\x00\x00\x00bq\x02X\x01\x00\x00\x00cq\x03X\x01\x00\x00\x00dq\x04u.'
5. d = pickle.loads(p)
6. print(d)    # {'a': 'b', 'c': 'd'}
7. f = open('test', 'wb')
8. f.write(p)
9. f.close()
```

上例第 3 行中，pickle.dumps 将字典序列化，然后通过 loads 转换回来（第 5 行）。除此之外，还可以在第 7 行中将序列化后的对象写入文件。此时如果打开 test 文件，经过 pickle 序列化后的数据，存储的是我们无法分辨的数据。

```
import pickle
import time
t = time.time()
f = open('test', 'wb')
t1 = pickle.dump(t, f)
f.close()
f1 = open('test', 'rb')
```

```
8. t2 = pickle.load(f1)
9. print(t2)   # 1531207236.2004082
```

上例第 5 行，采用 dump 时，能直接将数据序列化后写入文件，然后通过 load 反序列化。这也是 dump 和 load 的使用场景。

dumps 和 loads 与 dump 和 load 的区别如下。

dumps 和 loads 能直接将一个对象序列化，应用场景比较广泛。而 dump 和 load 则更多的是在文件操作的时候使用，将要序列的对象序列化后写入文件，方便我们操作，并且 dump 和 load 支持连续地将序列化对象写入文件。

```
1. import pickle
2. dic = {'a': 'b', 'c': 'd'}
3. s ='absdasdads'
4. l = [1, 2, 3, 4]
5. with open('test', 'wb') as f:
6.     pickle.dump(dic, f)
7.     pickle.dump(s, f)
8.     pickle.dump(l, f)
9. with open('test', 'rb') as f:
10.    print(pickle.load(f))   # {'a': 'b', 'c': 'd'}
11.    print(pickle.load(f))   # absdasdads
12.    print(pickle.load(f))   # [1, 2, 3, 4]
```

如上例所示，在第 5 行打开文件，第 6～8 行连续将不同的对象序列化并写入文件。在第 9 行打开文件。第 10～12 行能连续用 load 将数据反序列化回来。而 dumps 和 loads 则不支持这么做。

我们在不知不觉间使用 pickle 对数据做了持久化。所谓数据持久化，其实就是把数据从内存保存到磁盘中。

从之前的例子中可以发现，pickle 支持 Python 中任意的数据类序列化。我们在本节开头说过，序列化解决了跨语言传输数据的问题。不过这里很遗憾，pickle 虽然功能强大，但不能与别的语言交互，只能在 Python 内部使用。为了解决这个问题，我们接下来学习一种被大多数语言接受的序列化的模块。

2. json 模块

JSON（JavaScript Object Notation）是一种受 JavaScript 语言启发的轻量级数据交换格式。Python 对于 JSON 格式的实现是通过 json 模块来实现的，使用前如 pickle 一样，需先导入。

json 的使用方法与 pickle 基本一致，我们常用的是 json 的 4 个方法，一般都是成对使用。表 5.8 为 json 的方法描述。

表 5.8　　常用的 json 方法

方法	描述	重要程度
json.dumps(obj)	将 obj 序列化	*****
json.loads(obj)	反序列化 obj	*****
json.dump(obj,file)	将 obj 序列化后写入 file 文件中	****
json.load(file_obj)	将文件中的序列化对象反序列化	****

表5.8中，json.dumps和json.loads的应用范围相对广泛，比如网络传输。而json.dump和json.load则用在文件操作数据类型的序列化与反序列化操作，也就是做数据的持久化。

```
1. import json
2. dic = {'a': 'b', 'c': 'd'}
3. js_obj = json.dumps(dic)
4. print(js_obj, type(js_obj))     # {"a": "b", "c": "d"} <class 'str'>
5. dic_obj = json.loads(js_obj)
6. print(dic_obj, type(dic_obj))  # {'a': 'b', 'c': 'd'} <class 'dict'>
```

上例中，json.dumps将字典序列化（第3行），通过第4行的打印结果，我们可以看到序列化的数据类型为str。我们在之前说过，Python对单双引号不敏感（但是别的语言如JavaScript只识别双引号的str），所以，json在序列化时，会将数据内的Python定义的单引号的字符串转换为双引号，而当在第5行反序列化后，json又将字典还原。

```
1. import json
2. dic = {'a': 1, 'b': [2, 3, 'c']}
3. lis = [1, 2, 3]
4. with open('js_text', 'w', encoding='UTF-8') as f1:
5.     json.dump(dic, f1)            # {"b": [2, 3, "c"], "a": 1}
6.    # json.dump(lis, f1)
7. with open('js_text', 'r', encoding='UTF-8') as f2:
8.     js_obj2 = json.load(f2)
9.     print(js_obj2)                # {'b': [2, 3, 'c'], 'a': 1}
```

上例中，第2~5行通过json.dump将一个字典序列化后写入到文件中，第7~9行通过json.load将文件中被序列化的字典反序列化回来。关键点在第6行，虽然json可以将多个对象（如字典、列表）序列化后写入文件，但是json.load不支持将多个序列化对象反序列化回来，这也是json区别于pickle的地方。那么如何解决这个问题呢？

```
1. import json
2. dic = {'a': 1, 'b': [2, 3, 'c']}
3. lis = [1, 2, 'a']
4. with open('js_text', 'w', encoding='UTF-8') as f1:
5.     json.dump(dic, f1)
6.     f1.write('\n')  # 解决字典和列表在一行的问题，手动添加一个换行符
7.     json.dump(lis, f1)
8. with open('js_text', 'r', encoding='UTF-8') as f2:
9.     for line in f2:
10.        ret = json.loads(line.strip())
11.        print(ret, type(ret))
12.'''
13.{'a': 1, 'b': [2, 3, 'c']} <class 'dict'>
14.[1, 2, 'a'] <class 'list'>
15.'''
```

如上例所示，第4~7行将字典和列表序列化后写入文件，文件内字典和列表各占一行。在第8~11

行，我们首先用 for 循环读取这两个序列化的字典和列表，line.strip()是为了清除在第 6 行手动添加的换行符。第 10 行读取的时候，通过 loads 将序列化对象反序列化回来，并在第 11 行打印出来，结果如第 13～14 行所示。

表 5.9 列举了序列化的常用参数。

表 5.9　　序列化中常用参数

参数	描述	重要程度
ensure_ascii	默认为 True，如果为 True 则将非 ASCII 字符转义，否则将字符按照原样输出	*****
sort_keys	如果为 True（默认为 False），则字典的输出按 key 排序	****
indent	如果该值为非负数或字符串，则按照 indent 的缩进级别打印，如果 indent 是字符串，则每一个缩进都按照该字符串打印	****
separators	分隔符，是一个元组，默认是（“,” “,”），意思是 dict 中的 keys 之间用逗号隔开，而 key 和 value 之间用冒号隔开	***

pickle 与 json 的比较如下。

- json 是一种文本序列化的格式，json 输出为 Unicode 文本，虽然一般都被编码为 UTF-8 的格式。而 pickle 是二进制序列化格式。
- json 是我们可以读懂的，而 pickle 不是。
- json 格式是大多数语言所识别的一种格式，比如 Python 将字典以 json 格式存储在文件中，那么这个文件可以被别的语言直接使用。而 pickle 格式的数据则不被别的语言所识别，只特定于 Python。
- pickle 可以连续地 dump 文件和连续地 load 出来，而 json 不支持这么做。
- 在 Python 中，pickle 比 json 功能更加强大。
- Pickle 可以将任意的 Python 中的数据类型序列化，而 json 只能将字典、列表进行序列化。

3. shelve

除了上面的 json 和 pickle 之外，内置模块 shelve 也是 Python 提供给我们的序列化工具，它的用法相对简单。shelve 模块提供一个 open 方法来执行与字典的类似操作。

```
1. import shelve
2. d = {'a': 1, 'b': 2}
3. l = [1, 2, 3]
4. t = (1, 2, 3)
5. s = 'abc'
6. def foo(x):
7.     return x
8. obj = shelve.open('shelve_file')
9. obj['key'] = foo(3)
10.obj.close()
11.obj = shelve.open('shelve_file')
12.print(obj['key'])  # 3
13.obj.close()
```

上例中，第 1 行导入 shelve 模块，第 2～7 行表示 shelve 模块可以对 Python 中的任意数据类型、函数等做序列化操作。第 8 行利用 shelve 提供的 open 方法打开一个文件。第 9 行将被序列化的对象 foo 当成

“字典”的 value 写入文件中，我们通过“字典”的 key 来操作 obj。第 10 行关闭文件。第 11 行重新打开这个文件。第 12 行通过 key 取出被序列化的对象 foo 函数。第 13 行关闭文件。

shelve 的 key 必须是字符串，而 value 可以是 Python 所支持的数据类型。

shelve 模块有一个限制，它不支持多个应用同时往同一个文件中进行写操作，所以当我们对这个文件只进行读操作的时候，可以让 shelve 以只读的方式打开文件。

```
1. import shelve
2. obj = shelve.open('shelve_file', flag='r')
3. print(obj['key'])  # 3
4. obj.close()
```

上例中，在第 2 行为 shelve 的 open 方法设置参数 flag 为 r。在第 3 行时通过 key 取出被序列化的 foo 函数。

一般地，shelve 模块默认不会保存对已序列化的对象的修改。比如我们为原有的 keys 添加一个 key（如下面示例第 7 行所示），如果我们想要修改已序列化的内容，就要设置 open 方法的另一个参数 writeback。

```
1. import shelve
2. obj = shelve.open('shelve_file')
3. obj['keys'] = {'a': 1, 'b': 2}
4. obj.close()
5. obj = shelve.open('shelve_file', writeback=True)
6. print(obj['keys'])  # {'b': 2, 'a': 1}
7. obj['keys']['c'] = 3
8. obj.close()
9. obj = shelve.open('shelve_file')
10.print(obj['keys']['c'])  # 3
11.obj.close()
```

虽然 writeback 参数帮我们解决了此类问题，但 writeback 有优点也有缺点。它的优点是提高了代码的容错率，并且使整个过程更加透明。但这并不意味着所有情况下都要用 writeback。它的缺点是 shelve 在 open 的时候会增加内存消耗，并且在最后 close 的时候，会将缓存中的每个对象都写入到文件，这带来了额外的等待时间。shelve 不知道缓存中有些对象被修改了，因此所有的对象都被写入。

一般地，我们在使用序列化的模块时，如果涉及传输，采用 json 模块；pickle 模块功能更加强大；shelve 则在简单的应用时使用。

5.2.6　re

re 模块提供了与 Perl 风格类似的正则表达式操作。那么什么是正则表达式呢？

正则表达式（Regular Expresion，又称正则表示式、正则表示法等），简单来说，是用事先定义好的一些特定的符号以及这些特定符号的组合，组成一个“规则字符串”。这个“规则字符串”可以用来在一串字符串中过滤出符合“规则”的子串。比如网站校验用户输入的是否是手机号、邮箱、身份证号，这些都可以用正则表达式来处理。如“^b”是一个正则表达式，它可以匹配一个以“b”开头的字符串。我们首先来学习这些特殊匹配符号。

表 5.10 列举了正则匹配中的常用元字符。

表 5.10　　正则匹配的常用元字符

元字符	匹配内容
.	匹配除换行符以外的任意字符
\w	匹配字母或数字或下画线
\s	匹配任意的空白符
\d	匹配数字
\n	匹配一个换行符
\t	匹配一个制表符
\b	匹配一个单词的边界
^	匹配字符串的开始
$	匹配字符串的结尾
\W	匹配非字母或数字或下画线
\D	匹配非数字
\S	匹配非空白符
a|b	匹配字符 a 或字符 b
()	匹配括号内的表达式，也表示一个组
[...]	匹配字符组中的字符
[^...]	匹配除了字符组中字符的所有字符

表 5.11 列举了正则匹配中量词的用法。

表 5.11　　正则匹配中量词的用法说明

量词	描述
*	重复 0 次或多次
+	重复 1 次或多次
?	重复 0 次或 1 次
{n}	重复 0 次或 1 次
{n,}	重复 n 次或多次
{n,m}	重复 n 到 m 次

在满足匹配规则时，默认匹配尽可能多的字符串，我们称之为贪婪匹配。

在 Python 中，正则表达式由 re 模块实现，正则表达式被编译为一系列的字节码的形式，由 C 语言编写的引擎来执行。

表 5.12 列举 re 模块中的常用方法（不完全）。

表 5.12　　re 模块的常用方法

方法	描述
re.findall(pattern，string)	以列表的形式返回所有满足匹配条件的结果
re.search(pattern,string)	扫描整个字符串并返回第一个成功的匹配项
re.match(pattern,string)	从字符串开始匹配，成功则返回匹配对象，否则返回 None
re.split(pattern,string)	按照匹配到的子串将字符串分割，并以列表的形式返回

续表

方法	描述
re.sub(pattern，repl,string)	用于替换 repl 中的匹配项，repl 可以是字符串，也可以是函数
re.compile(pattern)	用于编译正则表达式并生成一个正则表达式对象，供 match 和 search 这两个函数使用
re.finditer(pattern，string)	返回一个存放匹配结果的迭代器

让我们通过练习来了解 re 模块各方法的用法。

```
import re
# 匹配整数
res1 = re.findall(r'\d+', '123+223-333,22,11')
print(res1)  # ['123', '223', '333', '22', '11']
# 匹配标签
res2 = re.search("<(?P<tag_name>\w+)>\w+</(?P=tag_name)>", "<h1>hello</h1>")
print(res2)  # <_sre.SRE_Match object; span=(0, 14), match='<h1>hello</h1>'>
print(res2.group())  # <h1>hello</h1>
print(res2.group('tag_name'))  # h1
# 以列表的形式返回所有符合条件的结果
res3 = re.findall(r'[0-9]','123,abcd234')
print(res3)  # ['1', '2', '3', '2', '3', '4']
```

上例中，group 方法是获取到匹配的所有结果，不管有没有分组。而另一个 groups 方法，只拿匹配结果中分组部分的结果。

关于字符串之前加“r”，在 Python 中，无论是正则表达式还是待匹配的内容，都是以字符串的形式出现的，在字符串中“\”也具有特殊含义。而加 r 后，字符串就成为原生字符串了，字符串中的“\”就代表原本的意思了。

```
1. import re
2. res4 = re.match('a', 'abc')
3. print(res4.group())              # a
4. res5 = re.match('b', 'abc')
5. print(res5)                      # None
6. res6 = re.search('b', 'abc')
7. print(res6.group())              # b
```

上例中，第 2 行 match 方法将匹配结果返回，从 group 方法中取出结果，而在第 4 行则返回 None。第 6 行 search 方法将结果返回，同样通过 group 函数取出结果。

search 和 match 方法的区别是，search 方法搜索整个字符串，直至找到第一个匹配结果返回，如无匹配结果，则返回 None。而 match 方法则从字符串开始匹配，符合条件则将结果返回，否则返回 None，相当于 search 加“^”的效果。

再来说 findall 的优先级查询。

```
import re
res1 = re.findall(r'www.(baidu|oldboy).com', 'www.oldboy.com')
print(res1)  # ['oldboy']
res2 = re.findall(r'www.(?:baidu|oldboy).com', 'www.oldboy.com')
print(res2)  # ['www.oldboy.com']
```

上例中，在第 2 行中，我们要匹配“www.oldboy.com”这个字符串，那么查询条件用到了分组和条件或，意为要么是 baidu，要么是 oldboy。而结果则返回了“oldboy”，意为 findall 会优先把匹配到结果组中的内容返回。如果想要得到真正的匹配结果，就要取消这种权限，如第 4 行所示，在括号内要匹配的元素之前添加“?:”来取消权限。

```
1. import re
2. res3 = re.split('[a]', 'abcd')
3. print(res3)  # ['', 'bcd']
4. res4 = re.split('[ab]', 'abcd')
5. print(res4)  # ['', '', 'cd']
```

如上例所示，第 2 行 re.split 将字符串“abcd”以“a”分割，结果如第 3 行所示。而在第 4 行，re.split 首先将字符串“abcd”以“a”分割并得到一个结果，然后这个结果再以“b”分割，最后将结果返回，返回结果如第 5 行所示。

```
1. import re
2. res5 = re.split('\d+', 'a1b2c3')
3. print(res5)  # ['a', 'b', 'c', '']
4. res6 = re.split('(\d+)', 'a1b2c3')
5. print(res6)  # ['a', '1', 'b', '2', 'c', '3', '']
```

如上例，re.split 在书写正则规则的时候，加括号和不加括号是有区别的。不加括号时，如第 2 行所示，返回结果不包含匹配项，只返回分割后的结果。而第 4 行有括号时，返回的结果中包含匹配项，这在某些情况下是必要的。

```
1. import re
2. print(re.split('[;,]', 'a;b,  c'))  # ['a', 'b', '  c']
3. print('a;b,  c'.split(','))  # ['a;b', '  c']
```

另外，相对于 str.split，re.split 功能更加强大。re.split 支持多个分隔符，如上例所示。

5.2.7 os

通俗地说，os 是 Python 与系统打交道的模块。那么我们首先要了解一个知识点——用户态和内核态。

当我们拿到一个新的计算机的时候，其实拿到的只是一堆硬件的集合，我们通过操作系统才能使这些硬件发挥各自的功能。我们会在操作系统之上安装各种软件。比如安装了一个音乐播放器，那么当选择一首歌，单击播放，计算机就放出了音乐。为什么会放出音乐呢？

我们在使用计算机的时候，操作系统和应用软件都运行在硬件上，此时操作系统拥有操作硬件的权限。应用软件想要使用硬件的资源，必须向操作系统申请，经过同意才能使用。为什么？因为硬件资源有限，比如软件 A 想要调用声卡播放音乐，而同时软件 B 也想调用声卡播放视频，软件 C 也来凑热闹，要边下载边播放。那么问题来了，声卡就一个，谁先谁后、用多少时间、声音调多大、软件 C 要下载的东西要写入到硬盘的什么位置等，都要操作系统来处理。操作系统此时处于的状态称为内核态，掌握核心资源。而应用软件则处于用户态，当有需要的时候，经过操作系统同意后，短暂地拥有操作某个硬件的权利——切换到内核态，需求处理完毕或者达到操作系统规定的时间内后，交出权利，回到用户态。这样操作系统处于硬件和应用软件之间，在背后默默处理了一个又一个的各式各样的请求，让我们只要单击一个按钮，就可以听到美妙的音乐，而不用管背后发生了什么。

Python 解释器也是一个安装在操作系统之上的软件，也不能直接调用硬件资源，但又有调用硬件的需求，比如在硬盘上创建、删除文件等。而 os 模块（不仅只有 os 模块）就是 Python 解释器和操作系统之间沟通的接口。接下来我们就来学习一下 os 模块的功能。

表 5.13 列举了常用的关于目录、文件操作的 os 模块方法（不完全）。

表 5.13　　os 模块的相关方法

方法	描述	重要程度
os.makedirs('dirname1\dirmname2')	创建多级目录	**
os.removedirs('dirname')	若为空目录，则删除，并递归到上一层，若也为空，则删除，以此类推	**
os.mkdir('dirname')	创建单级目录	*****
os.rmdir('dirname')	若该目录为空，则删除，否则无法删除并抛出 OSError 错误	****
os.listdir("dirname)	以列表的方式返回指定目录下的目录和文件，包括隐藏文件	*****
os.remove(file)	指定文件存在则删除，否则报错	*****
os.rename('old', 'new')	重名文件/目录	*****
os.system('bash command')	运行平台的 Shell 命令	*****
os.popen('bash command').read()	运行平台的 Shell 命令并返回执行结果	*****
os.getcwd()	获取当前脚本的工作目录	*****
os.chdir('dirname')	改变当前脚本工作目录，如 Shell 平台的 cd 命令	***
os.stat('dirname')	获取文件/目录信息	*****
os.environ	获取系统环境变量	****

需要说明的是 os.system（command）和 os.popen（command）的区别：os.system 是 command 的命令，相当于在 Shell 中执行 command 命令，而 os.popen 则将 command 命令执行的结果通过 read 方法打印出来，如下例所示。

```
>>> import os
>>> os.system('dir')
 驱动器 F 中的卷是 文件
 卷的序列号是 0688-D15F

 F:\UT 的目录

2018/07/12  15:25    <DIR>          .
2018/07/12  15:25    <DIR>          ..
2018/07/12  15:25    <DIR>          .idea
2018/07/12  15:25    <DIR>          djtest
2018/07/12  15:25    <DIR>          testaaa
               0 个文件              0 字节
               5 个目录 140,910,059,520 可用字节
0
>>> os.popen('dir').read()
```

```
'驱动器 F 中的卷是文件\n 卷的序列号是 0688-D15F\n\nF:\\UT 的目录\n\n2018/07/12 15:25 <DIR> .\n2018/07/12 15:25 <DIR>..\n2018/07/12 15:25<DIR>.idea\n2018/07/12 15:25 <DIR> djtest\n2018/07/12 15:25 <DIR> testaaa\n0 个文件 0 字节\n5 个目录 140,910,059,520 可用字节\n'
```

os.getcwd 返回当前脚本的工作目录，这对接下来的学习相当重要。

```
>>> import os
>>> os.getcwd()
'F:\\UT'
```

而 os.stat 方法则返回目录或文件的创建信息。

```
>>> import os
>>> os.stat(os.getcwd())
os.stat_result(st_mode=16895, st_ino=844424930222657, st_dev=109629791, st_nlink=1, st_uid=0, st_gid=0, st_size=0, st_atime=1531380307, st_mtime=1531380307, st_ctime=1531380307)
```

表 5.14 列举了 os.stat 返回的各参数的说明。

表 5.14　　os.stat 的参数说明

参数	描述
st_mode	保护模式
st_ino	节点号
st_dev	驻留的设备
st_uid	所有者的用户 ID
st_gid	所有者的组 ID
st_size	普通文件/目录的以字节为单位的大小
st_atime	上一次访问的时间
st_mtime	最后一次修改的时间
st_ctime	由操作系统报告的“ctime”（详见平台使用文档）

上表中，关于 st_ctime 返回的值，不同的系统返回的值不同。

```
# linux
>>> import os
>>> os.stat('/root/t1.py').st_ctime
1535358885.5560176
>>> os.stat('/root/t1.py').st_ctime
1535450341.034018
# windows
>>> import os
>>> os.stat(r'F:\test2.py').st_ctime
1524217302.2487555
>>> os.stat(r'F:\test2.py').st_ctime
1524217302.2487555
```

如上例所示，在 Linux 平台上，每当对文件/目录修改后，st_ctime 都会修改，而在 Windows 平台上，则都只返回了创建时间。

os 模块中与系统路径打交道的方法都在 os.path 中，请务必牢记表 5.15 中列举的常用的方法。

表 5.15　　os.stat 方法的参数说明

方法	描述	重要程度
os.path.abspath(path)	返回 path 规范化的绝对路径	*****
os.path.split(path)	以元组的方式返回分割后的目录与文件名	****
os.path.dirname(path)	返回 path 的目录	****
os.path.basename(path)	返回 path 最后的文件名，如果 path 以/或\结尾，则返回空值	****
os.path.exists(path)	如果 path 存在，返回 True，否则返回 False	****
os.path.isbas(path)	如果 path 是绝对路径，返回 Ture，否则返回 False	***
os.path.isfile(path)	如果 path 是文件，返回 True，否则返回 False	*****
os.path.isdir(path)	如果 path 是目录，返回 True，否则返回 False	*****
os.path.join(path1,path2…)	将多个路径组合后返回，第一个绝对路径之前的参数将被忽略	*****
os.path.getatime(path)	返回 path 的最后访问时间	****
os.path.getmtime(path)	返回 path 的最后修改时间	****
os.path.getsize(path)	返回 path 的大小	*****

os.path.getsize 返回的结果，其实相当于 os.stat(path).st_size 返回的结果。

```
>>> import os
>>> os.path.getsize(r'F:\test2.py')
132
>>> os.stat(r'F:\test2.py').st_size
132
```

需要说明的是，os.path.getsize(path)的 path 是文件的时候，是没有问题的，但如果 path 是目录，则结果的返回取决于操作系统对文件系统的定义。这里建议不要用该方法去测试一个目录的大小。

表 5.16 列举了 os 模块的其他属性。

表 5.16　　os 模块的其他属性

属性	描述
os.sep	输出操作系统特定的路径分隔符
os.linesep	输出当前平台使用的行终止符
os.pathsep	输出用于分割文件路径的字符串
os.name	输出字符串，指示当前使用的平台

表 5.16 中 os 模块属性在 Linux 平台和 Windows 平台的区别如下例所示。

```
# linux
>>> import os
>>> os.sep
'/'
>>> os.linesep
'\n'
>>> os.pathsep
```

```
':'
>>> os.name
'posix'

# windows
>>> import os
>>> os.sep
'\\'
>>> os.linesep
'\r\n'
>>> os.pathsep
';'
>>> os.name
'nt'
```

我们用一些小练习来熟悉 os 方法的使用。

示例 1，在当前目录下创建一个目录，在该目录中创建一个文件。

```
1. >>> import os
2. >>> def create_dir(dir_name, file_name):
3. ...     print(os.getcwd())
4. ...     os.mkdir(dir_name)
5. ...     os.chdir(dir_name)
6. ...     print(os.getcwd())
7. ...     open(file_name, 'w').close()
8. ...
9. >>> create_dir('test', 'a.txt')
10.F:\
11.F:\test
12.>>> os.listdir(os.getcwd())
13.['a.txt']
```

上例中第 2 行定义一个函数来完成创建操作。第 3 行，打印当前解释器的工作目录，结果如第 10 行所示。第 4 行，在脚本文件的当前目录下创建一个 test 目录。第 5 行，将脚本工作环境切换到刚创建的 test 目录中去，并通过第 6 行的打印，可以看到 test 文件已经创建成功，解释器工作目录也切换到了 test 目录内。第 7 行通过 open 创建了 a.txt 文件，结果如第 13 行所示。

示例 2，计算某路径下所有文件的总大小。

```
>>> import os
>>> def get_size(file_path):
...     ret = os.listdir(file_path)
...     total = 0
...     for name in ret:
...             abs_path = os.path.join(file_path, name)
...             if os.path.isdir(abs_path):
...                     total += get_size(abs_path)
...             else:
...                     total += os.path.getsize(abs_path)
```

```
11....      return total
12....
13.>>> get_size(r'F:\UT')
14.47999607
```

上例中，第 13 行执行 get_size 函数，将一个目录传进去。第 3 行，通过 os.listdir 将该目录下的所有目录或文件都以列表的方式返回并赋值给 ret。第 4 行定义一个 total 变量用来接收计算的结果。第 5 行，循环列表 ret。第 6 行，将拿到的路径拼接成绝对路径。第 7 行判断该绝对路径是否为目录，如果是目录，则在第 8 行调用自身，递归进去这个目录，如果拿到的 abs_path 还是目录，则继续递归进去，直至 abs_path 是文件为止，将计算结果赋值给 total；如果 abs_path 是文件，则执行 else 语句，在第 10 行计算文件的大小。最后在第 11 行将最终的计算结果 total 返回。

5.3　模块探索

经过常用模块的学习，我们对 Python 的模块有了大致的了解，本节我们来探索模块背后的故事以及进行自定义模块的学习。在展开讲解模块之前，我们首先创建 module 文件夹，其内有 a.py 和 b.py 两个同级目录文件。接下来的示例代码都会围绕 module 文件内的两个文件展开。

```
M:\module\
    ├ a.py
    └ b.py
```

1. 自定义模块的创建

在 Python 中，一个 py 文件就是一个模块。模块名的命名要遵循变量的命名规范，避开关键字和与其他模块名一致的名字，比如自己定义的模块名不要写成“def.py”或者“time.py”这些方式。

```
# b.py
x = 1
y = [2, 3]
def foo(x):
    print('b.foo prints ', x)
```

上例 b.py 为一个模块。当这个模块被别的模块调用时，变量 x、y 和 foo 都会成为模块 b 的属性，也就是说位于模块 b 的全局作用域内的变量、函数名、类名（下一章会讲）都将成为模块 b 的属性，在别的模块通过 module.attribute 方式被调用。

2. 模块的导入

模块的导入使用 import 语句，其语法如下。

```
1. import module_name                                    # 推荐
2. import module_name1, module_name2...module_name n     # 不推荐
```

import 语句将模块整体导入到当前模块中，如果一次导入多个模块可以用逗号隔开，如第 2 行所示，但并不推荐这种方式。

```
1. # a.py
2. import b
3. print(b.x, b.y, b.foo)  # 1 [2, 3] <function foo at 0x011E2270>
```

上例在模块 a 中，第 2 行导入了模块 b，第 3 行通过 module.attribute 方法打印出了模块 b 内变量对应的值和函数地址。

通过上例 import 的导入，我们可以在 a.py 中使用模块 b 的所有属性。但我们想象一个情景，如果模块 b 中有成千上万个属性被导入到模块 a 的作用域中（模块中都维护一个作用域来管理这些变量），但 a.py 中只使用了其中一个或几个属性，如果当程序中这种情景很多的话，无疑会让整个程序变得臃肿。针对 import 的这种情况，Python 采用 from 语句来解决这个问题。

from 语句，其语法如下。

```
from module_name import module's attribute                    # 推荐
from module_name import module's attribute1, module's attribute2     # 不推荐
```

from 语句可获取被调用模块内的指定的属性名。

```
1. # a.py
2. from b import foo
3. print(foo)                      # <function foo at 0x00A12270>
4. # print(x)                      # NameError: name 'x' is not defined
5. from b import x
6. print(x)                        # 1
```

上例中，在模块 a 中专门导入 b 模块的 foo 属性，没有导入的属性则无法调用，如第 4 行没导入 x 属性导致打印报错。要想调用模块 b 的 x 属性，就要先导入才能使用，如第 5、6 行所示。

相对于 import 语句，from 语句是用什么就导入什么，更高效。

如果变量多了怎么办？岂不是要写很多的 from 语句吗？是的，但 Python 为解决这个问题提供了另一种写法。

```
from module_name import *                                     # 不推荐
```

采用“*”，import 语句差不多，都是将被调用模块的属性整体复制过来使用。

```
1. # a.py
2. from b import *
3. print(x, y)      # 1 [2, 3]
```

采用“*”这种方式，就可以直接调用了（第 3 行），非常灵活方便。但我们不推荐这种写法，因为并不知道到底都有哪些变量被导入，很可能会和本地的变量造成冲突。不过 Python 为此也做出了一些努力，我们可以使用“__all__”方法来和“*”搭配使用。虽然该方法只能和“*”搭配才起作用，但是与别的导入方式并不冲突。

```
# b.py
__all__ = ['x', 'y']
x = 1
```

```
4. y = [2, 3]
5. def foo(x):
6.     print('b.foo prints ', x)
7. # a.py
8. from b import *
9. print(x, y)      # 1 [2, 3]
10.# print(foo)     # NameError: name 'foo' is not defined
11.from b import foo
12.print(foo)       # <function foo at 0x01232300>
```

上例中，模块 b 在用“*”导入的方式时，希望有哪些变量可以被调用，就把它们放在第 2 行的__all__方法维护的列表内。不在列表内的将无法调用，如第 10 行在调用 foo 时抛出了 NameError 异常，而第 9 行则被顺利调用。为了能调用模块 b 中的 foo，需要在第 11 行再次用 from 方式导入。

3. from 语句的弊端

from 语句会让变量名变得模糊。如果导入多个模块，那么使用 from 语句很难分辨某个变量来自哪个模块。

```
# a.py
from b import *
from c import *
print(x)
print(n)
```

上例中，能一眼看出 x 和 n 归属于哪个模块吗？相较于 import 语句的 b.x，单独的 x 对我们来说并不能提供太多的有效信息。而且，form 语句也在潜在地破坏名称空间。

```
# a.py
from b import x
x = 2
print(x)                                          # 2
```

上例中，通过 from 语句导入过来的变量 x 被本地的作用域中的变量 x 悄悄地覆盖掉了，而使用 import 则有效地避免了此类问题。此外 Python 提供了 as 语句来解决这个问题。

```
import module_name as alias
from module_name import module's attribute as alias     # 推荐
```

通过 as 语句为模块的某个属性起个别名。

```
# a.py
from b import x as d
x = 2
print(x)                                          # 2
print(d)                                          # 1
```

上例中，as 语句通过为模块 b 中的属性 x 起个别名 d，d 指向真实的 x，有效地避免了重名问题。

4. 模块导入规范

在使用这些模块时，也要遵循导入规范：内置模块在最上部，第三方模块在中间，自定义模块放在最下。

import 语句、 from 语句和 def 语句一样，是可执行的赋值语句，那么二者可以嵌套在 def 或者 if 语句中，只有当程序在执行到该语句时，Python 才会解析。我们在使用模块前，就像 def 一样，要先导入才能使用。

import 语句是将模块整体赋值给一个变量，模块内所有全局作用域下的变量名都成为该变量的属性。

from 语句是将模块内位于全局作用域下的一个或者多个变量名赋值给一个变量。

需要注意的是，form 语句做赋值操作时，会造成对共享对象的引用。

```
1. # a.py
2. from b import x, y
3. print(x, y)                                    # 1 [2, 3]
4. x = 11
5. y[1] = 22
6. import b
7. print(b.x, b.y)                                # 1 [2, 22]
```

上例中的 x 并不是一个可变的对象，而 y 是。第 5 行在对 y 中的元素重新赋值的时候，是对导入进来的 y 变量对应的列表对象进行操作，所以在此处修改是会影响到原模块的变量的。如果想要实现对模块 b 中 x 变量的修改，那么就必须使用 import。修改方式如下。

```
# a.py
import b
b.x = 11
```

5. 模块导入只发生一次

当 import 和 form 语句第一次执行时，会逐一执行被导入模块内的语句。

```
1. # c.py
2. print("this is module c")
3. # a.py
4. import c                                       # this is module c
5. import c
6. import c
```

由上例看到，虽然在第 4 ~ 6 行重复导入模块 c，但只有在第一次导入时触发了模块 c 内代码的执行，后面的每次导入只是取出第一次导入时赋值后的变量对象而已。

6. 模块重载

前面说过模块只有在首次导入时执行一次，但在有些时候，必须使模块重新导入并重新运行。Python 提供了 reload 函数强制使模块重新执行一次导入过程。

```
# c.py
print("this is module c")
def foo():
    print('before reload')
```

```
5. # 解释器执行
6. >>> import c
7. this is module c
8. >>> c.foo()
9. before reload
10.# c.py
11.print("this is module c")
12.def foo():
13.    print('after reload')
14.# 解释器执行
15.>>> c.foo()
16.before reload
17.>>> from importlib import reload
18.>>> reload(c)
19.this is module c
20.<module 'c' from 'F:\\c.py'>
21.>>> c.foo()
22.after reload
```

上例中，第2～4行是原模块c，我们在Python解释器内导入该模块（第6行），并在第7行打印模块内的语句，在第8行调用模块c的foo方法并成功执行。这个时候，我们修改模块c的源代码（第11～13行），回到解释器内再次执行foo方法（第15行），可以看到此次只是调用了在第一次导入模块c时赋值的变量对象c的foo方法。接着在第17行导入reload函数，第18行使用该函数重载模块c，此时模块c被重新导入并执行一次内部的代码，在第19行执行模块c的打印，并在第20行返回了关于模块c的信息。第21行再次执行模块c的foo方法，第22行可以看到，打印出了修改后函数的执行结果。

关于reload函数需要补充以下内容。

- Python 2.x版本中，reload函数为内置函数，可以直接调用。
- Python 3.x版本中，reload函数被移动到importlib模块内了，调用前需要导入。
- reload函数无法重载from语句的导入，仅限于import语句形式。

还有一点需要注意，目前有两种形式导入reload。

```
from importlib import reload          # 推荐使用
reload(module_obj)
from imp import reload                # 强烈不推荐
reload(module_obj)
```

可能在别的代码中，reload函数是在imp模块内，但是在Python 3.4版本以后，imp模块在慢慢被弃用，reload函数也从imp模块转移到importlib模块内。虽然目前imp还能用，但我们并不推荐使用了。

7. object.attribute

当导入模块后，通过模块名点方法，调用其内对应的方法。

在Python中，对任何对象都可以通过点号来获取该对象的attribute属性（如果该attribute存在）。点号运算是一个表达式，返回该对象匹配的属性名的值，比如s.replace会返回s的replace方法对象。需要注意的是，s在通过点号运算找replace方法时，和作用域法则没有关系。

单个变量 s，从当前作用域内找到变量 s，遵从 LEGB 法则。

s.f，从当前作用域内找到变量 s，然后从 s 中找属性 f，和作用域无关。

s.f.e，从当前作用域内找到变量 s，然后从 s 中找属性 f，再从属性 f 中找寻属性 e。

8. 模块的闭环导入

现在有 b、c 两个模块，如下面例子所示，在模块 c 中导入模块 b，在模块 b 中导入模块 c，此时运行模块 c。

```
1. # c.py
2. import b
3. def foo(): ...
4. b.foo()   # AttributeError: module 'b' has no attribute 'foo'
5. # b.py
6. import c
7. def foo(): ...
8. c.foo()
```

上例中，当运行模块 c 时，程序的执行流程如下。

- ◆ 程序从上往下执行到第 2 行，导入模块 b，程序跳转到模块 b 内，执行其内的代码。
- ◆ 程序在模块 b 内执行到第 6 行，导入模块 c，程序又跳转到模块 c 内，从第 2 行开始往下执行，第 2 行，定义函数 foo。
- ◆ 程序执行到第 4 行，调用 b 中的 foo 属性，抛出 AttributeError 错误并中止程序。原因是程序在模块 b 内只执行了一行代码就跳转了，因为碰到调用模块 c（第 6 行），程序没有往下执行。也就是说，foo 变量没有成为模块 c 的属性，却在第 4 行就去调用，结果就是报错。

由上例可以看到，在导入模块时，应该避开这种相互导入的情况，也就是避开闭环式的导入。

9. 让模块如脚本一样运行

前面我们说，每个文件都是一个模块，那么每个模块不仅能被调用，也要负责本身的逻辑。如在模块 a 中定义了一个登录函数，我们可以在本模块内实现登录逻辑。

```
# a.py
def login(user, pwd):
    print(user, pwd)
login('oldboy', '666')                # oldboy 666
# b.py
import a                              # oldboy 666
```

上例模块 a 实现了一个登录功能，那么当这个模块被模块 b 调用时，也同样触发该函数的执行。但这并不是我们想要的结果，我们只是想调用这个 login 函数，实现自己的功能，而不是触发原函数的执行。这该怎么办呢？Python 采用__name__帮助我们解决这个问题。

```
# a.py
print(__name__, type(__name__))       # __main__ <class 'str'>
# b.py
print(__name__, type(__name__))       # __main__ <class 'str'>
import a                              # a <class 'str'>
```

上例中，我们分别在模块 a、b 内打印了__name__的结果（第 2~4 行），都返回了__main__这个 str 类型的结果。这个结果告诉我们一个结论，在模块内执行的代码都返回__main__。关键点是在第 5 行，我们在模块 b 中导入模块 a，触发了模块 a 内的代码执行，也就是触发了模块 a 内第 2 行代码的执行，结果在第 5 行返回，返回的是模块 a 的文件名，虽然还是 str 类型，但这个结果可以告诉我们一个结论，当通过导入触发__name__执行的时候，会返回该模块的模块名。由此，我们就可以解决上述问题了。

```
1. # a.py
2. def login(user, pwd):
3.     print(user, pwd)
4. if __name__ == '__main__':
5.     login('oldboy', '666')             # oldboy 666
6. # c.py
7. import a
```

上例通过第 4 行判断__name__的值的不同，来决定 login 函数是否执行。也就是说该文件是被当成脚本还是当成模块被导入，会分别返回不同的值。当__name__等于__main__的时候，表示模块自己在执行代码，就执行 login 函数。而当__name__不等于__main__的时候，表示要被别的模块导入，就通不过 if 判断，从而满足我们的需求。

10. 模块导入都发生了什么

我们不止一次说模块只有在首次调用时，执行一次模块内部的代码，然后通过 import 语句将整个模块当作对象赋值给一个变量（该模块对象），模块内位于全局作用域内的变量都成为该变量的属性，或者通过 from 语句将模块内的一个或多个变量赋值给一个同名变量，我们直接调用此变量而省略模块名这一步骤。下面例子中，from 语句和 import 是等效的。

```
import c
foo = c.foo
foo()                                  # before reload
from c import foo
foo()                                  # before reload
```

那么它们在背后是如何工作的呢?

- 找到导入的模块文件。Python 解析到 import 语句时，会自动搜索路径，并找到这个模块，添加到 sys.modules 字典中。一般地，Python 有标准库模块帮我们完成这些事情。
- 编译成字节码。Python 在找到符合 import 语句的文件后，检查此文件的时间戳，如果发现字节码文件（文件在导入时就被编译完成）比源代码文件时间戳早（比如修改过原文件），那么就会重新生成字节码，否则就会跳过此步骤。如果 Python 在搜索时只找到了字节码而没有找到源代码文件，那么就会直接执行字节码文件。
- 执行字节码。当 Python 在执行 import 语句对应的字节码文件时，文件内的所有代码都会依次执行。在执行时，所有被赋值的变量都会成为该模块的属性。

上面说过当模块首次被导入时，会添加到 sys.modules 的字典内，那么当重复导入时，Python 首先会检查这个字典。如果字典内存在该模块对象，那么跳过上面 3 个步骤，直接从字典内取出模块对象。如果字典内没有该模块对象，那么就会执行上面的步骤生成这个模块对象。

那 sys.modules 的字典又是什么呢？我们首先要学习一个内置的模块——sys 模块。

sys 模块维护着 Python 解释器内的一些变量以及与解释器交互的函数，如 Python 解释器的版本信息，系统平台相关的信息等。

表 5.17 展示了 sys 模块的一些常用的方法或者属性。

表 5.17　sys 模块常用的方法或属性

方法	描述	重要程度
sys.argv	获取 Python 的命令行参数	****
sys.version	获取 Python 解释器的版本信息	*****
sys.platform	获取平台信息，不同平台返回的结果不同	*****
sys.modules	维护 Python 运行中所有的模块	*****
sys.getdefaultencoding()	返回解释器当前的默认字符编码	*****
sys.stdin	标准输入	***
sys.stdout	标准输出	***
sys.stderr	错误输出	***
sys.getrecursionlimit()	返回递归限制的当前值	*****
sys.setrecursionlimit()	设置递归的最大深度	*****
sys.exit(n)	引发 SystemExit 异常来实现退出 Python	****
sys.path	维护 Python 搜索模块的路径	*****

sys.argv 用来获取执行 Python 脚本时的参数，例如用 Python 解释器运行 c.py，而在 c.py 内我们打印 sys.argv 并查看返回结果。

```
# c.py
import sys
print(sys.argv)
```

当用 Python 解释器执行 c.py 时，根据脚本参数的不同会得到不同的结果。

```
python c.py oldboy1 oldboy2 oldboy-n
['c.py', 'oldboy1', 'oldboy2', 'oldboy-n']
```

通过上例可以看到，sys.argv 以列表的方式返回解释器执行脚本时的参数，列表索引 0 的位置固定的是脚本名称，后面跟的参数被列表依次接收。

```
import sys
print(sys.version)
print(sys.platform)
'''
3.5.4 (v3.5.4:3f56838, Aug  8 2017, 02:07:06) [MSC v.1900 32 bit (Intel)]
win32
```

```
7. '''
```

如上例所示，sys.version 获取 Python 解释器的版本信息，而 sys.platform 则返回当前系统平台的信息。通过第 6 行的返回结果可以看到，在 Windows 下返回的是‘win32’，而在其他的系统平台则有不同的返回，如表 5.18 所示。

表 5.18　　sys.platform 不同平台的返回值

system	platform value
Linux	linux
Windows	win32
Windows/Cygwin	cygwin
Mac OS X	darwin

关于 sys.platform 的 Linux 平台的返回，在 Python 3.3 版本之后统一返回“linux”，而之前的 Python 版本中，则根据 Linux 的版本不同，会返回“linux2”和“linux3”。

sys.modules 以字典的形式维护着 Python 解释器，从运行开始，其所有的模块伴随着 Python 解释器的运行，直至结束。

```
>>> import sys
>>> sys.modules.keys()
dict_keys(['os.path', 'nt', '_sitebuiltins', '_frozen_importlib', 'encodings', 'abc', 'ntpath', '_multibytecodec', '_locale', '_frozen_importlib_external', 'atexit', 'encodings.latin_1', 'encodings.aliases', 'zipimport', '_stat', 'encodings.gbk', '__main__', 'marshal', 'winreg', '_weakrefset', 'sys', '_codecs', 'builtins', 'io', 'encodings.utf_8', 'stat', '_thread', 'encodings.mbcs', '_signal', 'codecs', 'site', '_io', '_weakref', '_codecs_cn', 'genericpath', '_warnings', 'errno', 'sysconfig', '_bootlocale', '_imp', '_collections_abc', 'os'])
```

上例通过取字典的 keys 来获取 sys.modules 中维护的所有的模块名，而每个 key 对应的 value 则是该模块所在路径。

程序在执行中有导入模块的操作时，就会对这个字典做插入操作，当重复导入模块时，Python 会先判断该字典中是否已经存在，存在则无须导入，这也解释了前文所说的，模块导入只发生一次。在使用某个模块时，Python 解释器会去这个字典内查询该模块是否存在，存在则直接使用，不存在则报错。

```
>>> import sys
>>> sys.getdefaultencoding()
'utf-8'
```

如上例，sys.getdefaultencoding 获取当前解释器的默认字符编码。在 Python 3.2 版本之前，对应的有 sys.setdefaultencoding 方法，需要手动设置当前解释器的默认字符编码，但该方法在 Python 3.2 版本开始被弃用了。

sys.stdin、sys.stdout、sys.stderr 解释器分别用于标准输入、输出和错误的信息。

- stdin 用于所有交互时输入（如调用 input()）。
- stdout 用于输出 print()和表达式语句。
- 解释器的提示信息及错误信息则转到 stderr。

之前在学习递归的时候说过，递归需要很大的开销，无限地递归下去或者死递归会导致堆栈的溢出从而引发 Python 崩溃。Python 为了防范出现这种情况，默认递归的最大深度是 1000。

```
1. >>> import sys
2. >>> sys.getrecursionlimit()
3. 1000
4. >>> sys.setrecursionlimit(1111)
5. >>> sys.getrecursionlimit()
6. 1111
7. >>> sys.setrecursionlimit(1)
8. Traceback (most recent call last):
9.   File "<stdin>", line 1, in <module>
10.     RecursionError: cannot set the recursion limit to 1 at the recursion depth 1:
the limit is too low
```

如上例，sys.getrecursionlimit 返回递归的最大深度（具体的返回值根据实际系统环境的不同则稍有变动）。而 sys.setrecursionlimit 则是设置解释器的最大递归深度。该设置随着解释器的结束而失效。需要说明的是，如果有需求需要设置更大的递归深度，则要谨慎操作，要考虑到可能出现的堆栈溢出引发的 Python 崩溃。而另一种情况则是如上例第 7 行所示，如果手动设置的递归深度过小，则会抛出 RecursionError 异常。

sys.exit(n)是退出 Python 程序，sys.exit 是通过引发 SystemExit 异常来实现的。可选参数 n 是整数，一般地，退出状态是 0（默认）则认为是“成功终止”，其他的非零值则视为“异常终止”。

11. 模块搜索路径——sys.path

接下来我们要解决几个问题，Python 是如何找到我们导入的模块的？它是如何查找的？查找之后做了什么？

在展开讲解之前，我们要首先在计算机（Windows 系统）的根路径下建立这样一个目录。

```
1. M:\test\
2.        ├  a.py
3.        └  b.py
```

接下来，在 a 脚本中写入代码，代码如下例中的第 2～7 行所示。

```
1. # a.py
2. import sys
3. import os
4. import b
5. print(sys.path)    # 结果如 11 行所示
6. print(os)          # 结果如 12 行所示
7. print(b)           # 结果如 13 行所示
8.
9. # cmd 中执行 a 脚本
10.M:\test>python35 a.py
11.['M:\\test', 'C:\\Python35\\python35.zip', 'C:\\Python35\\DLLs', 'C:\\Python35\\lib
', 'C:\\Python35', 'C:\\Python35\\lib\\site-packages']
12.<module 'os' from 'C:\\Python35\\lib\\os.py'>
```

```
13.<module 'b' from 'M:\\test\\b.py'>
```

如上例，我们使用 Python 解释器运行 a 文件（第 10 行），打印结果以列表的形式返回。第 11 行的列表中，列表索引 0 为 a 文件的工作目录，后面是 Python 的环境变量维护的目录。那么这个列表是干什么的呢？我们在 a 脚本的第 3、4 行分别导入了 os 和 b 模块，在第 6~7 行打印了这两个模块。通过结果来看，os 模块是来自 Python 解释器中的 lib 目录，而 b 模块则是自定义的模块，存放在跟 a 脚本同级的目录中。不难理解，当我们导入一个模块后，Python 解释器在执行脚本时，会在 sys.path 列表的所有目录中寻找模块的位置，找到即返回，否则就会抛出 ImportError 的错误，提示没有该模块。当找到该模块后，Python 解释器会将该模块的模块名和路径信息以键值对的形式添加到 sys.modules 的字典中。当再次执行 a 脚本的时候，Python 解释器首先会查看 sys.modules 的字典中是否有该模块的信息，没有则执行上述的步骤，有则直接返回。这相当于对字典做了一次查询操作。这也是我们前文所说的模块只导入一次的由来。

5.4　模块与包

到目前为止，我们学习模块都是围绕单个模块展开的，这是模块的一般用法。接下来我们来聊点关于模块高级点的话题。

导入模块时，除了导入模块名之外，Python 还支持导入指定的目录路径，该指定的目录路径称为包，导入这种指定目录路径称为包导入。其实，包导入就是把该指定目录路径变成 Python 的命名空间，该指定目录路径内的子目录或者模块文件是命名空间中的属性。

现在，让我们重新修改上一节中的 test 目录。

```
# 斜杠结尾的为目录，扩展名为.py 的为文件
M:\test\
    ├ dir1\
    │   ├ __init__.py
    │   ├ a.py
    │   └ b.py
    ├ dir2\
    │   ├ __init__.py
    │   ├ a.py
        └ b.py
          │
          ├ x.py
          └ y.py
```

1. 包的导入

在上面创建的目录中，如果想导入 test\dir\a.py 中的 x 属性，那么使用 import 导入时，列出路径名，路径分隔符用点号分割。

```
import test.dir1.a
```

不仅 import 语句使用点号，from 语句也是如此。

```
from test.dir1.a import x
```

前提是这个 test 目录是在 Python 的模块搜索路径中的，就像 os 或者别的模块一样。并且，导入语句只能使用点号来代替目录的路径分隔符，不能使用其他方式如平台特定的语法等。比如在脚本 x 中如下例的导入是错误的。

```
# x.py
from .dir1 import a
import M:\test\dir1\a.py
```

如下例的导入方式，也是错误的。

```
# x.py
import y.py
```

上述 import 的导入会被当成目录路径导入，我们认为这是在导入 y 脚本，而 Python 解释器则会试着导入 y 目录下的 py 脚本(y\y.py)，最终则会报错。

2. 包的初始化

创建的目录中两个__init__.py 文件是干什么的？在选择包导入的时候，必须遵循一条约束，包导入路径中的每个目录中都要有__init__.py 文件，否则包导入失败，如上面的目录结构，dir1 和 dir2 都必须包含__init__.py 这个文件，而 test 目录下则无须有该文件，因为 test 目录不在 import 语句中。

__init__.py 文件相当于声明文件，尽管它很多时候是空的，但该文件的存在可防止有同名的目录存在于模块搜索路径中，Python 通过__init__.py 文件就可以区分开谁是包，谁是普通的目录。

一般地，__init__.py 文件扮演了包初始化的钩子，帮助包目录生成模块的名称空间等。

例如，我们在脚本 x 中导入 dir1 目录。dir1 中的__init__.py 文件打印一行代码。

```
# dir1\__init__.py
print("the dir1 __init__.py")

# x.py
import dir1  # the dir1 __init__.py
```

当我们首次导入 dir1 的时候，Python 会自动执行其内的__init__.py 文件中的代码。根据这个特性，__init__.py 文件中可以包含一些初始化的代码，如连接数据库，生成文件或者数据等。

3. 包中的导入语句

我们在包导入中通常使用 from 语句，因为 import 语句和包一起使用不太方便。

```
M:\test>python
Python 3.5.4 (v3.5.4:3f56838, Aug  8 2017, 02:07:06) [MSC v.1900 32 bit (Intel)] on win32
Type "help", "copyright", "credits" or "license" for more information.
>>> import x
the dir1 __init__.py
>>> import x
>>> import dir1
>>> dir1.a.x
```

```
9. Traceback (most recent call last):
10.  File "<stdin>", line 1, in <module>
11.AttributeError: module 'dir1' has no attribute 'a'
12.>>> import dir1.a
13.>>> dir1.a.x
14.3
```

如上例，想要使用 dir1\a.py 中的 x 属性，则每次都要输入完整的路径（第 13 行），如果直接调用（第 8 行），则会抛出错误（第 9 ~ 10 行）。

针对这种问题，可以使用 as 语句来解决。

```
>>> import dir1.a as a
>>> a.x
3
```

虽然 as 语句帮我们解决了问题，但更多的是使用 from 语句。

```
>>> from dir1.a import x
>>> x
3
>>> from dir1 import a
>>> a.x
3
```

4. 为什么使用包导入

包导入使得导入的文件更明确。在较大的程序中，包让导入更加具有信息性，并可以作为组织工具，简化模块的搜索路径，同时避免模糊。

```
1. import db
2. import database.server.db
```

上例中，第 2 行的导入比第 1 行导入提供了更多的信息。

另外，包导入提供了统一的接口，并避免了模糊。如果多个包都在同一个目录下，想象我们之前创建的 test 目录，其内的 dir1 和 dir2 目录内各有 a 和 b 两个模块。

我们在脚本中想要使用不同的功能时，通过不同的包名称就可以区分使用的是哪个文件，从而让导入的文件更加明确。

```
import dir1.a
import dir1.b
import dir2.a
```

5. 包的相对导入和绝对导入

在之前的例子中，我们使用的都是包的绝对导入，在使用绝对导入时，Python 解释器是从模块搜索路径中开始查找的。

而一个包内的各个模块之间也会有相互导入的情况，包内的导入就无须走模块搜索路径了，比如上面 test\dir1 包中的 a、b 两个文件，a 导入 b 中的属性，直接导入就行了，如下例所示。

```
# test\dir1\b.py
```

```
z = 4

# test\dir1\a.py
import b
print(b.z)  # 4
```

上例中的这种导入方式就是相对导入。相对导入是先以自身为起点在同级目录开始查找。

在 Python 3.x 版本中，优先使用相对导入，然后走模块搜索路径。在 Python 2.x 中，则默认使用绝对导入，也就是直接走模块搜索路径了。

在展开讲解之前，我们再修改下 test 目录。

```
# 斜杠结尾的为目录，扩展名为.py 的为文件
M:\test\
    ├ dir0\
    │   ├ dir1\
    │   │   ├ __init__.py
    │   │   ├ a.py
    │   │   └ b.py
    │   └ t.py
    └ x.py
```

上面的目录结构中，在 test 目录内，有文件 x.py 和 dir0 目录，dir0 目录内则有 dir1 目录和文件 t.py，dir1 目录内又有__init__.py、a.py、b.py 共 3 个文件。

其中各文件的代码如下。

```
1. # test\x.py
2. from dir0 import dir1
3.
4. # test\dir0\dir1\__init__.py
5. from . import b    # . 表示导入同级目录的b.py
6. from . import a
7. from .. import t   # .. 表示导入父级目录的t.py
8. a.foo()
9. t.bar()
10.
11.# test\dir0\dir1\a.py
12.def foo():
13.    print('a.py at test\dir0\dir1')
14.
15.# test\dir0\t.py
16.def bar():
17.    print('t.py at test\dir0')
```

上述代码中，在 x.py 中，导入 dir0 中的 dir1 包（第 2 行）。第 4 行 dir0\dir1__init__.py 中引入了同级目录下的 a、b 模块和父目录的兄弟文件 t.py，并且调用其模块内的函数。第 12 行，a.py 中定义了 foo 函数，并且打印了一行内容。第 16 行的 t.py 文件同样定义了一个函数 bar 并打印一行内容。

在 cmd 中通过 Python 解释器执行。

```
1. M:\test>python x.py
2. a.py at test\dir0\dir1
3. t.py at test\dir0
4.
5. M:\test>python dir0\dir1\__init__.py
6. Traceback (most recent call last):
7.   File "dir0\dir1\__init__.py", line 11, in <module>
8.     from . import b
9. ImportError: attempted relative import with no known parent package
```

上例中 Python 解释器执行不同文件，返回的结果也是不同的。第 1～3 行通过执行 x 文件，文件中的 from 语句导入了 dir0 目录下的 dir1 包。我们之前说过，当一个包初次被导入后会首先执行包内的__init__.py 文件，内部的代码分别导入了同级目录的 a、b 文件和父目录的兄弟文件 t，并调用了其内的函数，函数各自执行了其内的打印。结果如上例第 2～3 行所示。

而上例中第 5 行，Python 解释器直接执行__init__.py 文件，结果报出了一个相对导入的错误。什么原因呢？我们来思考一下执行流程。第 1 行的执行，是执行 x 文件，而 x 文件导入了 dir1 包。x 文件在 dir1 包外部，是外部触发包内部的导入，结果运行正常。而第 5 行直接执行__init__.py 文件，是 在包内相互导入，结果报错。

让我们来总结一下。

- 相对导入的包适用于外部调用。
- 相对导入只发生在包内部。
- 相对导入用于 from 语句。

现在，包已经成为 Python 标准库的组成部分。常见的第三方扩展都是以包的形式供我们使用，比如当前最流行的 Web 框架 Django、Flask 等，包有更深的层级结构，我们可以通过 from 语句很方便地使用其中属性。

5.5　习题

1. 编写代码匹配整数或者小数（包括正数和负数）。
2. 编写代码匹配年月日日期 如: 2018-12-06 2018/12/06 2018.12.06。
3. 编写代码匹配 qq 号。
4. 编写代码匹配 11 位的电话号码。
5. 编写代码匹配长度为 8～10 位的用户密码: 包含数字字母下画线。
6. 编写代码匹配验证码：由 4 位数字字母组成。
7. 编写代码匹配邮箱地址。
8. 编写代码从类似

<a>wahaha</a>

<b>banana</b>

<h1>qqxing</h1>

这样的字符串中：

（1）匹配出 wahaha，banana，qqxing 这样的内容。

（2）匹配出 a、b、h1 这样的内容。

9. 编写代码从类似 9-2*5/3+7/3*99/4*2998+10*568/14 的表达式中匹配出从左到右第一个乘法或除法。

10. 编写代码获取当前文件所在目录。

11. 编写代码计算某路径下所有文件和文件夹的总大小。

12. 编写代码分别列出给定目录下所有的文件和文件夹。

06 第6章　面向对象

学习目标

- 重点掌握类与对象。
- 重点掌握对象交互及命名空间。
- 重点掌握面向对象的三大特点。
- 重点掌握自省与反射。
- 掌握运算符重载。

楔子：少年，你对盖伦一无所知

到目前为止，我们已经可以用 Python 来解决大部分问题了。现在有一个新的任务，需求是开发一款对战类的游戏。游戏中有很多角色，可以相互攻击，角色有各自的名字、移动速度、攻击力、生命值。

我们根据学过的知识用代码来实现。

```
def person(name, speed, attack, hp):
    return {"name": name, "speed": speed, "attack": attack, "hp": hp}
def animal(name, speed, attack, hp):
    return {"name": name, "speed": speed, "attack": attack, "hp": hp}
Garen = person('Garen', 340, 64, 616)
Gnar = animal('Gnar', 340, 66, 558)
```

上例中两个函数，负责返回不同的角色。

那么，接下来，我们怎么用代码描述两个角色互相攻击呢？比如盖伦（Garen）用技能“q”攻击了纳尔（Gnar）一次。

```
1. def jud(p1, p2):
2.     ''' 盖伦的审判技能 '''
3.     p2['hp'] -= p1['attack']
4.     print('%s 中了 %s 的审判技能，受到 %s 点伤害' % (p2['name'], p1['name'], p1['attack']))
5. def boom(p1, p2):
6.     ''' 纳尔的回旋镖技能 '''
7.     p2['hp'] -= p1['attack']
8.     print('%s 中了 %s 的回旋镖技能，受到 %s 点伤害' % (p2['name'], p1['name'], p1['attack']))
9. jud(Garen, Gnar)
10.boom(Gnar, Garen)
11.boom(Garen, Gnar)
12.'''
13.Gnar 中了 Garen 的审判技能，受到 64 点伤害
14.Garen 中了 Gnar 的回旋镖技能，受到 66 点伤害
15.Gnar 中了 Garen 的回旋镖技能，受到 64 点伤害
16.'''
```

上例通过定义两个不同角色的不同技能完成了攻击操作，但这么写，如果一不小心就会出错。比如第 15 行的打印结果，显然盖伦不具有纳尔的回旋镖技能。虽然代码层面没有错，但是逻辑设计出现了问题，我们要重新设计逻辑，修改代码。

```
def person(name, speed, attack, hp):
    self_dict = {"name": name, "speed": speed, "attack": attack, "hp": hp}

    def jud(animal):
        ''' 盖伦的审判技能 '''
        animal['hp'] -= self_dict['attack']
        print('%s 中了 %s 的审判技能，受到 %s 点伤害' % (animal['name'], self_dict['name'], animal['attack']))
    self_dict['jud'] = jud
```

```
9.      return self_dict
10.
11.def animal(name, speed, attack, hp):
12.     self_dict = {"name": name, "speed": speed, "attack": attack, "hp": hp}
13.     def boom(person):
14.         ''' 纳尔的回旋镖技能 '''
15.         person['hp'] -= self_dict['attack']
16.         print('%s 中了 %s 的回旋镖技能,受到 %s 点伤害' % (person['name'], self_dict['name'], 
person['attack']))
17.     self_dict['boom'] = boom
18.     return self_dict
19.
20.Garen = person('Garen', 340, 64, 616)
21.Gnar = animal('Gnar', 340, 66, 558)
22.Garen['jud'](Gnar)
23.Gnar['boom'](Garen)
24.'''
25.Gnar 中了 Garen 的审判技能，受到 66 点伤害
26.Garen 中了 Gnar 的回旋镖技能，受到 64 点伤害
27.'''
```

上例中，属于盖伦的技能被放到了 person 函数中（第 4 行），并且被添加到盖伦自己的字典中（第 8 行），纳尔同样如此。经过这么一番修改，如果该游戏只有这两个角色，那么程序堪称完美。但很显然游戏不只是有这两个角色,那么如果再有新的角色出现,不管是人还是动物,上面创建角色的 person 和 animal 函数就都不适用了。因为新角色不能拥有审判或者回旋镖技能，这种技能只属于某一个角色。

上面这种有一个角色就只针对该角色设计代码，被称为面向过程的程序设计，这种编程方式我们称为面向过程编程（Procedure Oriented Programming，POP）。这种思想的核心是过程，即先干什么再干什么，就好比精致的流水线，是一种机械化的思维方式。

面向过程的优点：复杂的问题通过一系列的流程设计，最终以简单化的手法实现。

面向过程的缺点也很明显：这条“流水线”只能解决一个问题。比如上面的例子中，创建盖伦的函数无法创建别的角色。即便能，也要经过很大的改动，可能最后被改得面目全非，反倒不如重新建一条“流水线”。

面向过程编程的应用场景一般是“流水线”一旦完成就基本不怎么变了的场景。

虽然面向过程编程有其缺点，但不能否定其强大之处，因为对于一个软件的质量来说，可扩展性只是其中的一个方面。图 6.1 展示了评价软件质量的几个属性。

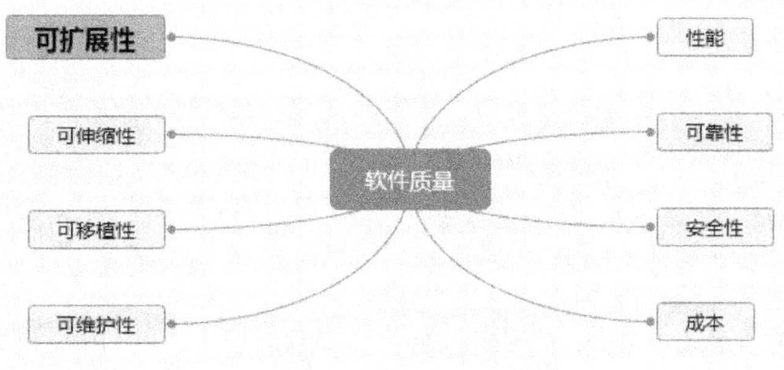

图 6.1　软件质量的几个属性

面向过程是“该怎么做”的思想，这种思想的产物就是流水线作业，先怎么做，再怎么做。后来慢慢地出现了另一种“谁来做”的思想，我们就像上帝一样，负责把“谁”生产出来，然后由很多个“谁”共同完成任务。这种思想在程序上称为面向对象程序设计思想（Object-Oriented Programming，OOP），这些“谁”就是对象。面向对象程序设计有效地提升了程序的可扩展性。

本章我们来讨论面向对象程序设计思想在 Python 中的实现与应用。

6.1 类与对象

到目前为止，我们经常提到对象和类这些字眼，那么问题来了，到底是先有鸡（对象）呢？还是先有蛋（类）呢？这要从不同的角度来阐释了。

在现实中，先有对象，再有类。

一个人是一个对象，一株草是一个对象，一只羊是一个对象，对象指具体的事物。人们将这些事物划分为不同的种类，如人属于人类，无论肤色如何，同理，花花草草归属于植物类，羊被归属为动物类。类是一类事物的统称，并不是真实存在的。

而在程序里，先有类，由类产生对象。

在程序里，必须先有类，然后由类产生一个个独特的对象，就像先定义函数，然后调用函数，执行函数内部的代码，返回执行结果。而调用类，则返回的是对象。

那么 Python 中呢？也是先定义类，由类产生对象。

6.1.1 类的创建

1. 初识类

在 Python 中，要用 class 语句来创建类，class 也是 Python 中的关键字。

```
>>> import keyword
>>> keyword.iskeyword('class')
True
```

我们这里根据上面的游戏需求创建一个 Person 类。

```
class Person: pass
```

是不是很简单？我们通过上例就创建了一个类。通过这个 Person 类，我们来看一下创建类的语法与基本格式。

```
class Person:             # 类名
    role = "人"            # 类中的代码块
print(Person)             # <class '__main__.Person'>
print(Person.role)        # 人
```

Python 用 class 加类名定义一个类，内部的 role 为类中的语句体。我们稍后再说语句体中都有什么。

一般地，我们以 class 开头，空格后跟类名。类名比函数名只多了一个要求，就是首字母大写。冒号表明类名定义结束。

第 3 行打印结果中，“__main__.Person”指当前脚本（文件）下的 Person 类。

2. 类的作用

在之前我们就讲过，类是一类事物的集合，可以产生一个个独特的对象，如上面的 Person 类，可以产生盖伦等属于人类的角色，但不可以产生属于植物的角色。

6.1.2 实例化

类该如何“生产”角色（对象）呢？比如我们如何“生产”一个盖伦对象呢？

```
1. class Person: pass
2. garen = Person()
3. print(garen)     # <__main__.Person object at 0x01580FF0>
```

上例中，当你看到第 2 行的类名加括号，是不是感觉很熟悉，想到了函数名加括号？是的，函数名加括号触发函数的执行。而这里的类名加括号是在“生产”盖伦这个对象并赋值给变量 garen。第 3 行的打印结果说明了这个盖伦对象是属于 Person 类的。

让我们来记住一些术语。

类：一类事物的统称。

对象：由上面的类“生产”出来的具体事物。

实例化：类名加括号“生产”对象的过程。

实例：实例化后的对象。很明显，实例化后的对象和“生产”它的类有必然的联系，我们在后面的介绍中再讨论。我们有时也直接称对象为实例。某个类的某个实例，这样会更加清晰。

虽然上面的例子用简单的两三行代码就把盖伦“生”出来了，但是，实例化的过程并不是你看到的那么简单。此刻让我们想象妈妈子宫中的盖伦，在实例化的过程中，从一个受精卵慢慢地有了人的形状、脑袋和脸庞、手脚和五脏，最终成为一个完整的、优秀的宝宝，再生出来。而这里的 Person 类在实例化 garen 的时候，是不是很突兀地就“生”出来了？所以，我们接下来要把盖伦变得更加健壮、完美。

```
1. class Person:
2.     role = '人'
3. obj = Person()
4. obj.name = 'garen'
5. obj.speed = 340
6. obj.attack = 64
7. obj.hp = 616
8. print(obj.__dict__)
9. '''
10.{'name': 'garen', 'hp': 616, 'attack': 64, 'speed': 340}
11.'''
```

上面的例子中，我们手动为这个对象取了名字，设置了初始的移动速度、攻击力、血量，在 Python 中，我们称这些为对象的属性。并且，在第 8 行打印出来，看第 10 行的结果，跟楔子中我们用函数的存储方式一样，也是以字典的方式存储。

对象也可以用字典存储，只是存储在“__dict__”属性中。学到这里会发现，在 Python 中，通过什么“点”什么，就能得到一些东西，比如我们在学习模块时，通过模块名点属性名，也可以得到一个对象，这个对象可以是一个具体的变量名、函数名、类名，只不过都称为模块的属性。类中也是这样，通过点可以获取想要的东西。

对象可以通过自带的“__dict__”属性，以字典的形式存储其属性。类也能这样。

```
class Person:
    role = '人'
obj = Person()
print(Person.__dict__)
'''
{'role': '人', '__weakref__': <attribute '__weakref__' of 'Person' objects>, '__module__': '__main__', '__dict__': <attribute '__dict__' of 'Person' objects>, '__doc__': None}
'''
```

上例中，通过类名点“__dict__”属性，我们可以看到定义的 role 和自带的其他属性。

之前的例子中，我们虽然给对象添加了各种属性，但是那种添加属性的办法不够灵活，我们可以做些针对性的改变。

```
1. class Person:
2.     role = '人'
3.     def __init__(self, name, speed, attack, hp):
4.         self.name = name
5.         self.speed = speed
6.         self.attack = attack
7.         self.hp = hp
8. obj = Person('garen', 340, 64, 616)
9. print(obj)
10.print(obj.__dict__)
11.'''
12.<__main__.Person object at 0x014FD910>
13.{'hp': 616, 'attack': 64, 'speed': 340, 'name': 'garen'}
14.'''
```

上例中，“__init__”方法是固定的写法（第 3 行）。在类中，还有很多这种双下画线格式的方法，它们各自执行不同的功能。这些特殊的方法也具有普通函数的所有功能，如传参。而“__init__”方法在这里的作用是，在第 8 行实例化对象的时候，“__init__”函数自动执行，负责具体的实例化过程。在这个过程中，“__init__”函数接收来自第 8 行的参数，这个对象需要什么，我们就传什么参数进去。让我们稍后再说第一个 self 参数。从 name 参数开始，对象一一对应接收传递过来的参数，并添加到这个对象的属性字典中去。

让我们再记住一些术语。

属性：盖伦有攻击力，我们说攻击力就是盖伦的属性。应用到代码中就是，攻击力成了 obj 的 attack 属性。

object.attribute：无论是为对象添加还是获取某个属性，都通过这个对象点属性名来完成，这种方式贯穿我们整个使用 Python 的过程。

方法：一般地，普通的函数，我们就称为函数，而在类中定义的普通函数（是的，“__init__”没有你想象的那么神秘复杂），我们称为方法。所以，如果读者看到一个函数被称为方法，那么就意味着，这个函数是属于某个类了。

读者可能对“__init__”方法在接收参数的时候没有处理 self 参数感到迷惑，这里我们通过创建一个动物类再来了解实例化的过程中的一个细节。

```
1. class Animal:
2.     def __init__(self, name):
3.         self.name = name
4. obj1 = Animal('gnar')
5. obj2 = Animal('nasus')
6. print(obj1.name)  # gnar
7. print(obj2.name)  # nasus
```

上例中，在定义类之后，第 4 行，通过类名加括号，开始实例化对象 obj1，自动执行第 2 行的“__init__”方法。此时这个对象没有名字，name 只是这个对象的属性，所以在类中，临时称这个对象为 self，代表这个对象自己，然后执行“__init__”方法中的代码，也就是为这个 self 对象添加属性，或者执行其他操作。等“__init__”方法执行完毕，对象实例化之后，再重新赋值给 obj1 变量，这个对象才有了自己的名字 obj1。可以简单地理解为，self 也就是 obj1。在实例化的过程中，Python 自动帮我们传递了这个 self 参数。

当第 5 行在实例化对象 obj2 的时候，此时的 self 代表的是 obj2。切记，这两个对象是各自独立的。

实例化的过程发生在“__init__”方法中，所以，我们称“__init__”方法为实例化方法。

虽然此时的盖伦对象已经具有了自己的属性，但是现在它还不具备技能，让我们来继续完善。

```
1. class Person:
2.     role = '人'
3.     def __init__(self, name, speed, attack, hp):
4.         self.name = name
5.         self.speed = speed
6.         self.attack = attack
7.         self.hp = hp
8.     def passive_skill(self):
9.         ''' 对象的被动技能 '''
10.        self.hp += 100
11.garen = Person('garen', 340, 64, 616)
12.print(garen.hp)  # 616
13.garen.passive_skill()
14.print(garen.hp)  # 716
```

上例中，我们在第 8 行定义了一个被动技能 passive_skill，在第 11 行实例化一个盖伦角色。那么如何调用被动技能呢？还是用对象点方法，如第 13 行，通过盖伦点它的方法（技能），该方法就执行内部代码，血量加 100。结果如第 14 行所示。我们在实例化盖伦时，它的血量是 616，执行了被动技能后，血量就增加了。第 10 行 self.hp 中的 self 此时代表盖伦。在类内部都用 self 来代指具体的对象。注意，self 也只是一个变量，但是约定俗成使用 self 了。使用对象点方法的时候，Python 也会自动地帮助我们传递 self。

除了上面的对象点方法的调用方式，还有一种方式可以调用方法，一种我们并不推荐的方法。

```
1. class Plants:
2.     role = '植物'
3.     def __init__(self, name):
4.         self.name = name
5.     def passive_skill(self):
6.         print(self)
7. # 法1: obj.attribute
8. obj = Plants('maokai')
9. obj.passive_skill()
10.# 法2: method.attribute(obj)
11.Plants.passive_skill(obj)
12.'''
13.<__main__.Plants object at 0x00FF0FD0>
14.<__main__.Plants object at 0x00FF0FD0>
15.'''
```

上例中，第一种方式，通过对象点方法就可以直接调用属性，并且 Python 自动帮我们传递 self 参数，这是我们常用的方式。第二种，通过类名点方法，就需要我们手动传递 self 参数了，但结果一致（第 13 ~ 14 行）。

那么读者可能要问，游戏角色不是还有其他技能吗？是的，我们来继续完善。

```
1. class Person:
2.     role = '人'
3.     def __init__(self, name, speed, attack, hp):
4.         self.name = name
5.         self.speed = speed
6.         self.attack = attack
7.         self.hp = hp
8.     def passive_skill(self):
9.         ''' 对象的被动技能 '''
10.        self.hp += 100
11.    def q(self, enemy):
12.        ''' 对象的q技能 '''
13.        enemy.hp -= self.attack
14.        print('%s 中了 %s 的q技能, 受到 %s 点伤害' % (enemy.name, self.name, 
self.attack ))
15.garen = Person('garen', 340, 64, 616)
16.riven = Person('riven', 340, 76, 558)
17.garen.q(riven)
18.riven.q(garen)
19.'''
20.riven 中了 garen 的q技能, 受到 64 点伤害
21.garen 中了 riven 的q技能, 受到 76 点伤害
22.'''
```

上例中，在第 11 行我们定义了一个 q 方法（技能）。并且 q 技能需要一个“敌人”参数，意思是要用

q 技能攻击谁。这样，实例化出来的盖伦和瑞文（Riven）都有了被动技能和 q 技能。在第 17～18 行两个角色使用自己的 q 技能把“敌人”这个对象传递进去，相互攻击一次。此时，我们要理解，第 11 行的 enemy 参数接收的是一个对象，那么此时 enemy 就是该对象了，具有了其所有的属性。

不知不觉中，我们学会了两个对象的交互。我们再来完善动物类，以便更清晰地理解。

```
1. class Animal:
2.     role = '动物'
3.     def __init__(self, name, speed, attack, hp):
4.         self.name = name
5.         self.speed = speed
6.         self.attack = attack
7.         self.hp = hp
8.     def passive_skill(self):
9.         ''' 对象的被动技能 '''
10.        self.attack += 25
11.    def w(self, enemy):
12.        ''' 对象的 q 技能 '''
13.        enemy.hp -= self.attack
14.        print('%s 中了 %s 的 w 技能，受到 %s 点伤害' % (enemy.name, self.name, self.
attack))
15.gnar = Animal('gnar', 340, 70, 600)
16.garen.q(gnar)                # 盖伦使用 q 技能攻击纳尔
17.gnar.w(garen)                # 纳尔使用 w 技能攻击盖伦
18.gnar.passive_skill()         # 纳尔不敌盖伦，使用被动技能
19.gnar.w(garen)                # 纳尔的 w 技能攻击力得到提高
20.'''
21.gnar 中了 garen 的 q 技能，受到 64 点伤害
22.garen 中了 gnar 的 w 技能，受到 70 点伤害
23.garen 中了 gnar 的 w 技能，受到 95 点伤害
24.'''
```

上例中，动物类的被动技能变为攻击力加 25（第 8～10 行）。并且，动物类有了 w 技能（方法）。

第 16 行盖伦首先调用 q 技能攻击了纳尔，在第 17 行被纳尔的 w 技能还击，第 18 行纳尔调用自己被动技能 passive_skill 提高了自身的攻击力，第 19 行的 w 技能伤害增加，效果如第 21～23 行所示。虽然上述以语言叙述的方式，描述了两个角色的相互攻击，但是，从代码层面来说，就是一个对象调用自己的某个方法，作用于另一个角色，另一个角色以同样的方式展开反击。这就是对象的交互。

我们目前为止定义了三个类，读者也许对那个一直存在却从不被提起的 role 变量有疑惑，我们通过下面例子来探讨一下 role 是什么。

```
>>> class Plants:
...     role = '植物'
...
>>> Plants.__dict__
mappingproxy({'__dict__': <attribute '__dict__' of 'Plants' objects>, 'role': '植物
', '__doc__': None, '__weakref__': <attribute '__weakref__' of 'Plants' objects>, '__module_
_': '__main__'})
```

通过上例可以看到，role 变量存在于 Plants 类的字典中，那么它就可以被取出来。

```
>>> Plants.__dict__['role']
'植物'
```

既然存在于类中，就可以被对象调用。

```
>>> obj.__dict__
{}
```

但通过上例中的返回结果来看，role并不存在于对象中，那么它到底有什么作用呢？能被对象调用吗？

```
>>> obj.role
'植物'
```

是的，它能被对象调用，在类中，直接定义的这种变量，是为了供所有的对象使用。比如这个 role 变量，在 Plants 类实例化对象后，每个对象都有一个共同属性，那就是这个对象的类是植物。让我们再来记住一个术语。

```
class Animal:
    role = '动物'                    # 类的静态属性
```

静态属性：在类中，我们称 role 这类变量为类的静态属性，是大家（所有实例化的对象）共有的。

6.2 继承

6.2.1 命名空间

在继续探索之前，请牢记，class（类）没有你想象得那么神奇。就像 def 一样，class 也是赋值语句，class 用来创建类并将创建好的类赋值给后面的变量名。此外，class 也如 def 一样，也是可执行的代码，只有当 Python 执行到 class 语句处，class 语句才被执行，在此之前，类是不存在的。

正因为 class 是可执行的，所以，其他包括“=”、print、条件语句等都可以嵌套在内。

```
>>> class A:
...     x = 1
...     if x:
...             print("the print's at A")
...     def foo(self):
...             pass
...
the print's at A
```

上例中，当执行到 class 语句时，class 内的语句都被执行，变量 a 会成为 A 的属性，嵌套在内 foo 则会成为类的方法。

我们想象这样一个例子，当待产的妈妈要去医院生产，那么医院是不是要为这位妈妈开一间产房？未生产之前，这个房间内只有妈妈自己，妈妈的美丽、智慧、知识、生活技能等，都是妈妈自己的。当生下第一个（双胞胎）宝宝后，医院就把宝宝放到另一个房间的婴儿保温箱内，由专人看护。再生下另一个宝宝后，医院也是这么做的。

那么，上述步骤同样在 Python 中适用。Python 解释器在执行脚本文件时（医院开门营业），当 class 语句被执行后（有待产妈妈来生宝宝），Python 会在内存中开辟一块空间用来存放类（妈妈被安置在产房内），类的静态属性和类方法都会被维护在“__dict__”的字典中（美丽与智慧都是属于妈妈自己的属性）。

当类实例化一个对象的时候（生出来一个宝宝），Python 又为这个对象开辟一块内存空间（宝宝被放在婴儿保温箱中），对象的属性存储在自己的“__dict__”中（哇哇大哭和呼呼大睡都是婴儿自己特有的属性）。

接下来我们用代码来实现。

```
1. class Plants:
2.     role = '植物'
3.     def __init__(self, name):
4.         self.name = name
5.     def passive_skill(self):
6.         print(self)
7. obj1 = Plants('maokai')
8. obj2 = Plants('zyra')
9. print(id(obj1))    # 19533712
10.print(id(obj2))    # 19603280
11.print(id(Plants))       # 21034424
12.print('obj1.__dict__: ',  obj1.__dict__)
13.print('obj2.__dict__: ', obj2.__dict__)
14.print('Plants.__dict__: ', Plants.__dict__)
15.'''
16.obj1.__dict__:  {'name': 'maokai'}
17.obj2.__dict__:  {'name': 'zyra'}
18.Plants.__dict__:  {'role': '植物', '__weakref__': <attribute '__weakref__' of 'Plants' objects>, '__module__': '__main__', '__doc__': None, '__dict__': <attribute '__dict__' of 'Plants' objects>, 'passive_skill': <function Plants.passive_skill at 0x01412270>, '__init__': <function Plants.__init__ at 0x014122B8>}
19.'''
```

上例中，类有自己的静态属性 role 和方法 passive_skill。通过 id 函数打印出来在内存中的地址（第 11 行）与对象的内存地址（第 9 至 10 行）不同。而两个对象只有 name 属性。

前面既然提到，类和对象分别存储在不同的内存空间中，并且对象的属性字典中没有 role 属性，但是，为什么对象能调用类的属性和方法？请看下面这个例子。

```
class Plants:
    role = '植物'
    def __init__(self, name):
        self.name = name
    def passive_skill(self):
        return self

obj1 = Plants('maokai')
obj2 = Plants('zyra')
```

```
10.     print(obj1.name)                 # maokai
11.     print(obj1.role)                 # 植物
12.     print(obj1.passive_skill()) # <__main__.Plants object at 0x014A0FD0>
```

让我们参考图 6.2 来解释上例的现象。

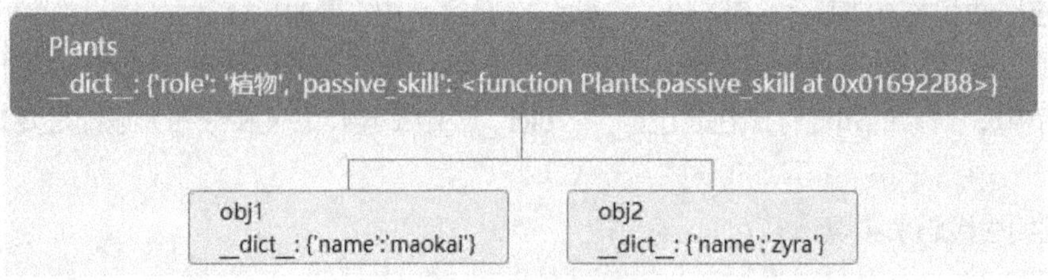

图 6.2　类与对象的存储关系

虽然妈妈与宝宝之间是独立的，但也是有联系的。比如你没钱了，就去找自己的妈妈，而不去找别人的妈妈，因为人家的妈妈和你没关系。类中也一样，我们通过类实例化一个对象的时候，为这个对象生成了初始的属性值。比如上例中，第 10 行，obj1 调用 name 属性，就从自己的属性字典中找，找到就返回。在第 11 行找 role 属性的时候，我们知道对象的字典中并没有存储，那么它就去类的字典中找，找到并返回。

类与对象之间有一种绑定关系。对象要找某个属性或者方法，首先从自己的字典中去找，没有就去类中找，找到则返回，找不到则报错。

由此我们可以总结如下。

- ◆ 类的数据属性是共享给所有对象的。
- ◆ 类的方法是绑定到所有对象的。
- ◆ 每个实例（对象）自己的数据属性存储在自己的命名空间中。

6.2.2　单继承

让我们很严肃地思考一个问题。有一天，我们创建的对象盖伦长大了，有了喜欢的对象瑞文，要结婚买房子了。可是，由于德玛西亚日益严重的房地产泡沫，房价飞涨，盖伦的 100 万不够交首付（首付需要 300 万）。盖伦就去找父母，可是父母也没那么多钱（妈妈只有 100 万存款），就给盖伦出主意说，去找你爷爷支援点……

上面的故事如何用代码实现呢？以我们现在的知识储备，盖伦只能找父母支援。

```
class Garen_Parent:
    mom_deposit = 100
    def __init__(self, name, money):
        self.name = name
        self.money = money
    def deposit(self):
        ''' 妈妈的存款 '''
        self.money += self.mom_deposit
garen = Garen_Parent('garen', 100)
print(garen.money)  # 100
garen.deposit()     # 去找妈妈借钱
```

```
12.print(garen.money)  # 200
```

上例中，父母 Garen_Parent 的存款 mom_deposit 只有 100 万，而盖伦此时也只有 100 万（第 9 行），为了交首付，盖伦通过调用 deposit 方法，向父母借了 100 万，此时盖伦有了 200 万（第 12 行）。

首付依然不够，那么怎么找爷爷支援呢？我们继续思考，现实中，盖伦是父母的儿子，两者之间是亲属关系，那父母和爷爷之间也同样是亲属关系。在代码中，我们如何体现这种关系结构呢？

```
class Garen_Parent(Garen_Garendfather): pass
```

在 Python 中，当前类名（父母）后面加括号，括号中写上基类（爷爷），这样就建立了父母和爷爷之间的绑定关系，我们称这种绑定关系为继承关系。

让我们用更专业的术语来形容。

父类：在 Python 中，当前类可以继承一个或多个父类，父类又被称为基类或超类。

子类：当前类，可以称为子类或派生类。

我们用继承来完善上述需求。

```
1. class Garen_Grandparent:
2.     grand_pension = 30   # 爷爷的退休金
3.     case_dough = 10      # 爷爷的私房钱
4.     def __init__(self,name, money):
5.         self.name = name
6.         self.money = money
7.     def deposit(self):
8.         ''' 爷爷的退休金 '''
9.         self.money += self.grand_pension
10.
11.    def gf_case_dough(self):
12.        ''' 爷爷的私房钱 '''
13.        self.money += self.case_dough
14.
15.class Garen_Parent(Garen_Grandparent):
16.    mom_deposit = 100
17.    def __init__(self, name, money):
18.        self.name = name
19.        self.money = money
20.    def deposit(self):
21.        self.money += self.mom_deposit
22.garen = Garen_Parent('garin', 100)
23.garen.deposit()             # 借的妈妈的存款
24.print(garen.money)  # 200
25.garen.gf_case_dough()    # 借的爷爷的私房钱
26.print(garen.money)  # 210
```

上例中，盖伦原有 100 万（第 24 行），通过调用 deposit 方法向父母借了 100 万（第 22 行）。又通过继承关系找到了 Garen_Grandparent（爷爷类），并调用其内的 gf_case_dough 方法，借到爷爷的私房钱 10 万（第 11 行）。现在盖伦共有 210 万。我们稍后再来探讨剩余的钱怎么借。先来看一下此时的代码，父母类和爷爷类都有“__init__”方法，那么，既然盖伦能调用爷爷类的某个方法，是否也可以继承爷爷类的“__init__”方法？

```
1. class Garen_Grandparent:
2.     grand_pension = 30  # 爷爷的退休金
3.     case_dough = 10     # 爷爷的私房钱
4.     def __init__(self,name, money):
5.         self.name = name
6.         self.money = money
7.     def deposit(self):
8.         ''' 爷爷的退休金 '''
9.         self.money += self.grand_pension
10.
11.    def gf_case_dough(self):
12.        ''' 爷爷的私房钱 '''
13.        self.money += self.case_dough
14.
15.class Garen_Parent(Garen_Grandparent):
16.    mom_deposit = 100
17.    def deposit(self):
18.        self.money += self.mom_deposit
19.garen = Garen_Parent('garin', 100)
20.garen.deposit()          # 借的妈妈的存款
21.print(garen.money)  # 200
22.garen.gf_case_dough()   # 借的爷爷的私房钱
23.print(garen.money)  # 210
```

上例中，我们优化了代码，Garen_Parent类在23行实例化盖伦对象的时候，本应该触发自己“__init__”方法的执行，但自己并有该方法，就通过继承关系，找到了爷爷类中的“__init__”方法，最后实例化出盖伦对象。

虽然我们优化了代码，但是考虑一下，如果盖伦这个对象有自己独有的属性，比如玩游戏的属性。上述代码还能帮助我们完成实例化吗？不能！因为这样的话，在实例化盖伦对象的时候，需要传递名字、钱数、玩游戏这 3 个参数，而爷爷类只能接收 2 个参数，那么该怎么办呢？

```
class Garen_Grandparent:
    grand_pension = 30  # 爷爷的退休金
    case_dough = 10     # 爷爷的私房钱
    def __init__(self,name, money):
        self.name = name
        self.money = money
    def deposit(self):
        ''' 爷爷的退休金 '''
        self.money += self.grand_pension

    def gf_case_dough(self):
        ''' 爷爷的私房钱 '''
```

```
13.         self.money += self.case_dough
14.
15.class Garen_Parent(Garen_Grandparent):
16.     mom_deposit = 100
17.     def __init__(self,name, money, play_ganme):
18.         self.play_game = play_ganme
19.         Garen_Grandparent.__init__(self, name, money)
20.     def deposit(self):
21.         self.money += self.mom_deposit
22.garen = Garen_Parent('garin', 100, 'play_game')
23.garen.deposit()            # 借的妈妈的存款
24.print(garen.money)  # 200
25.garen.gf_case_dough()   # 借的爷爷的私房钱
26.print(garen.money)  # 210
```

上例中，在 17 行的“__init__”中，盖伦独有的是玩游戏属性，通过自己的“__init__”方法完成，名字和钱数通过父类（父母类的父类）的“__init__”方法来进行实例化（第 19 行）。

这种方式是通过父类的类名点“__init__”方法实现，self 为要实例的盖伦对象，通过__init__方法把名字、钱数传进实例化的盖伦对象中去。而在 Python 中还有另一种常用的方式。

```
1. class Garen_Grandparent:
2.      grand_pension = 30  # 爷爷的退休金
3.      case_dough = 10     # 爷爷的私房钱
4.      def __init__(self,name, money):
5.          self.name = name
6.          self.money = money
7.      def deposit(self):
8.          ''' 爷爷的退休金 '''
9.          self.money += self.grand_pension
10.
11.     def gf_case_dough(self):
12.         ''' 爷爷的私房钱 '''
13.         self.money += self.case_dough
14.
15.class Garen_Parent(Garen_Grandparent):
16.     mom_deposit = 100
17.     def __init__(self,name, money, play_ganme):
18.         self.play_game = play_ganme
19.         super().__init__(name, money)
20.     def deposit(self):
21.         self.money += self.mom_deposit
22.garen = Garen_Parent('garin', 100, 'play_game')
23.garen.deposit()            # 借的妈妈的存款
24.print(garen.money)  # 200
25.garen.gf_case_dough()   # 借的爷爷的私房钱
26.print(garen.money)  # 210
```

上例第 19 行，通过 super 方法就可以替代类名点“__init__”方法。在单继承中，super 会寻找父类，使用 super 调用父类方法的时候，并不需要再传递 self 参数。

再来看一下 super 的另一种用法。

```
1. class Garen_Parent(Garen_Grandparent):
2.     mom_deposit = 100
3.     def __init__(self,name, money, play_ganme):
4.         self.play_game = play_ganme
5.         # super().__init__(name, money)
6.         super(Garen_Parent, self).__init__(name, money)
7. garen = Garen_Parent('garin', 100, 'play_game')
```

上例第 6 行，super 传递当前类的类名和当前类要实例化的对象，然后执行“__init__”方法，意思是 super 通过当前类的类名，找到继承的父类名，然后自动地把 self 参数传递进去，执行父类的“__init__”方法，进行实例化。这种情况一般我们在 Python 2.x 版本中使用，而 Python 3.x 版本中，上述两种方式都可以。后面我们再详细探讨。

现在，来聊一下我们一直忽略的一个问题：盖伦在借钱的时候，我们在父母和爷爷的两个类中，各定义了一个 deposit 方法，只是在父母类中称为存款，爷爷类中称为退休金。那么通过打印结果，盖伦对象每次调用 deposit 方法时，只触发了父母类的 deposit 的执行。这是为什么呢？我们通过图 6.3 来解释。

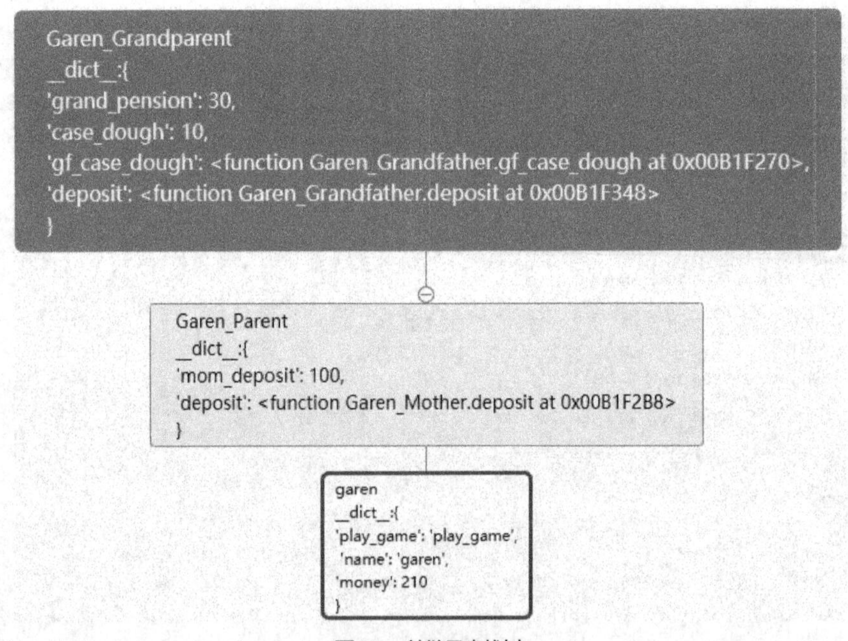

图 6.3　单继承查找树

在单继承中，当对象在查找某个属性（如调用 case_dough 属性）或者方法时，首先从自己的“__dict__”中开始查找，找到即返回结果（不管上一层的类中是否存在该属性或者方法）；没有则向上查找父类的“__dict__”中是否有该属性，有则返回，没有则通过继承关系去更上一层的类的“__dict__”中查找，有则返回，没有则报错。

在继承树中，子类具有和父类同样的方法时，就意味着子类要对该方法做出改变或者扩展，我们称为代码重用。

6.2.3　多继承

还记得盖伦拉了一圈赞助之后，凑了多少首付款了吗？没错，是 210 万。但还差了 90 万。怎么办呢？爷爷奶奶和父母商议后，决定找瑞文家人聊聊。

用代码怎么实现呢？在我们学过单继承之后，可以这么做。

```
class Riven_Family: pass
class Garen_Grandparent(Riven_Family): pass
class Garen_Parent(Garen_Grandparent): pass
```

上例中，盖伦的父母类继承了爷爷类，爷爷类继承了瑞雯的父母类。是的，代码层面没有错，可是，这在现实中不符合常理呀。瑞雯的父母和盖伦家人没关系呀，并且就算有关系也不是长辈关系，我们的代码设计得明显有问题。怎么办呢？这就用到了多继承了。

```
1. class Riven_Flamily:
2.     riven_flamily_deposit = 30
3.     def riven_deposit(self):
4.         self.money += self.riven_flamily_deposit
5.
6. class Garen_Grandparent:
7.     case_dough = 10
8.     def gf_case_dough(self):
9.         self.money += self.case_dough
10.
11.class Garen_Parent(Garen_Grandparent, Riven_Flamily):
12.    mom_deposit = 100
13.    def __init__(self, name, money):
14.        self.name = name
15.        self.money = money
16.    def deposit(self):
17.        self.money += self.mom_deposit
18.
19.garen = Garen_Parent('garen', 100)
20.garen.deposit()          # 向父母借了 100 万
21.garen.gf_case_dough()  # 向爷爷奶奶借了 10 万
22.garen.riven_deposit()  # 向瑞雯家人借了 30 万
23.print(garen.money)      # 240
```

上例中，在第 11 行，多个被继承的类以逗号分开的方式被子类继承，这种形式称为多继承。

多继承，顾名思义，子类可以与多个父类绑定继承关系，多个父类以英文逗号分割就可以了。

此时盖伦凑够了 240 万，还是不够 300 万首付，怎么办？只能找银行贷款了。

```
class Bank:
    bank = 120
    def bank_deposit(self):
        self.money += self.bank

class Garen_Parent(Garen_Grandparent, Riven_Flamily, Bank):
```

```
7.     mom_deposit = 100
8.     def __init__(self, name, money):
9.         self.name = name
10.        self.money = money
11.    def deposit(self):
12.        self.money += self.mom_deposit
13.
14.garen = Garen_Parent('garen', 100)
15.garen.bank_deposit()   # 向银行借了 60 万
16.print(garen.money)  # 360
```

上例中，在第 15 行向银行借了 60 万后，终于凑够首付，但是本息加一起，等于向银行借了 120 万。虽然多继承能帮我们解决大部分问题，但是它也有弊端。我们在后续的部分再做探讨。

6.2.4 接口类

1. 程序归一化思想

学到现在，我们暂时完成了角色的设计，开始着手编写支付功能。

```
class Alipay:
    ''' 支付宝支付 '''
    def pay(self, money):
        print('支付宝支付了%s 元' % money)

class Applepay:
    ''' apple pay 支付 '''
    def pay(self, money):
        print('apple pay 支付了%s 元' % money)

class Wechatpay:
    ''' 微信支付，只是换了个支付方法名称 '''
    def payment(self, money):
        print('微信支付了%s 元' % money)

def pay(payment, money):
    '''
    支付函数
    :param payment: 支付对象
    :param money: 支付金额
    '''
    payment.pay(money)
ali = Alipay()
apple = Applepay()
wechat = Wechatpay()
pay(ali, 200)      # 支付宝支付了 200 元
pay(apple, 200)    # apple pay 支付了 200 元
pay(wechat, 200)   # AttributeError: 'Wechatpay' object has no attribute 'pay'
```

上例中，我们手动写了 3 种支付方式（对应 3 个类），并且引入了一个 pay 函数（第 16 行）来主要负责支付逻辑，无论用户选择什么支付方式，pay 函数只需要支付类型对象和支付金额就可以执行对应的类方法。比如在第 26 行执行 pay 函数，将 ali 对象和支付金额 200 传给 pay 函数，执行第 22 行的代码，此时的 payment 变量接收的是 ali 对象，对象执行 pay 方法，就会触发 Alipay 的 pay 方法执行，该 pay 方法需要的一个参数已在第 22 行传递进去了，最后完成支付功能（第 26 行）。其余的支付方式都是按照此逻辑执行。这就是程序归一化的体现。用户无须知道内部发生了什么，无论何时采用何种方式支付，都会有对应的支付类来完成实际的操作。但是第 28 行执行却报错了，因为微信类在实现支付功能的方法不是 pay。对于这种接口归一化实现中的报错，可以采用如下的方式来解决。

```
1. class Payment:
2.     def pay(self, money):
3.         raise NotImplementedError
4.
5. class Wechatpay(Payment):
6.     def payment(self, money):
7.         print('微信支付了%s 元'% money)
8.
9. def pay(payment,money):
10.     '''
11.     支付函数
12.     :param payment: 支付对象
13.     :param money: 支付金额
14.     '''
15.     payment.pay(money)
16.p = Wechatpay()
17.pay(p, 200)
```

上例中，在第 1 行，我们手动定义一个 Payment 类，其内定义一个 pay 方法，用来手动实现一个报错（我们现在只要了解 raise 是手动实现报错的意思就好）。第 5 行 Wechatpay 类继承 Payment 类。当用户在支付时选择微信支付时（第 16 行）调用第 15 行的 pay 方法，就会触发第 5 行的 Wechatpay 类执行 pay 方法，但该类中并没有 pay 方法，就去父类 Payment 中寻找 pay 方法，找到并执行。但 raise 抛出了一个错误，当看到这个报错的时候，我们就知道了需要在 Wechatpay 类中定义一个同名 pay 方法而不是随便定义一个 payment 方法（或其他方法）。

除了上述的手动 raise 报错，还可以借用 ABC 模块来实现。

2. ABC 模块实现接口归一化

```
from abc import ABCMeta, abstractmethod

class Payment(metaclass=ABCMeta):
    @abstractmethod
    def pay(self, money):
        pass

class Wechatpay(Payment):
```

```
9.     def payment(self,money):
10.        print('微信支付了%s 元'% money)
11.
12.def pay(payment,money):
13.    '''
14.    支付函数
15.    :param payment: 支付对象
16.    :param money: 支付金额
17.    '''
18.    payment.pay(money)
19.p = Wechatpay()
20.pay(p,200)  # TypeError: Can't instantiate abstract class Wechatpay with abstract methods pay
```

上例中，通过使用 abc 模块，在第 3 行的 Payment 类中以固定的写法“metaclass=ABCMeta”指定继承关系。然后给 pay 方法加一个 abstract method 装饰器来代替手动 raise 报错，对接口归一进行规范。

3. 抽象与继承

上述支付的例子中，也用到了继承和抽象的思想，让我们参考图 6.4 来展开讨论。

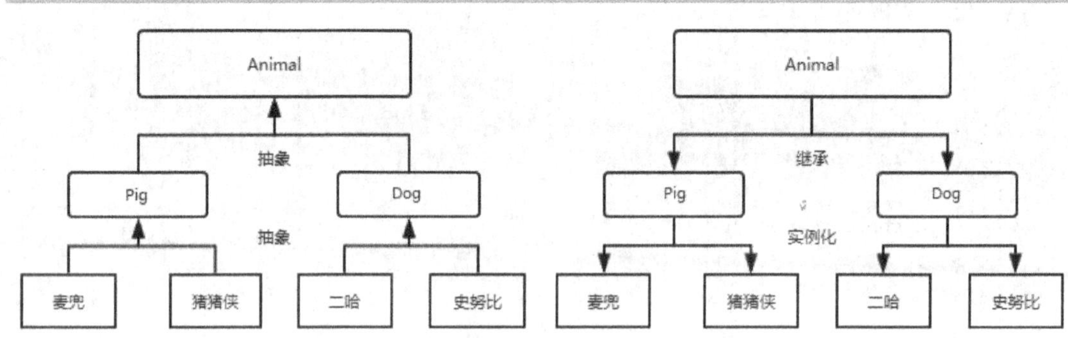

图 6.4 抽象与继承

抽象分为两个层次。

◆ 在麦兜和猪猪侠这两个实际对象中找相似的部分抽象成类。

◆ 在 Pig 和 Dog 两个类中，进一步寻找相似部分抽象成父类。

抽象的作用是降低复杂度，将相似对象抽象出的类划分出类别。

而继承，则是基于抽象的结果，用代码来实现。从思维逻辑到代码实现，经历了抽象的过程。然后通过继承的方式去组织代码，表达抽象的结构。

在实际应用中，我们应该小心使用继承，因为继承有时候会使子类和父类出现强耦合的现象。

而上述的支付例子，又可以称为“接口继承”。它实际上是要求我们在逻辑上做出一个良好的抽象，这个抽象规定了一个相互兼容的接口，使外部调用者（用户）无须关心具体细节，一视同仁地使用一个特定的接口（如各种支付类的 pay 方法）。这种程序设计，被称为归一化。

4. 依赖倒置原则

在图 6.4 中，无论是从具体的对象到类的抽象，还是通过继承实例化具体的对象，都要遵守依赖倒置原则。

依赖倒置原则：高层模块（Animal 类）不应该依赖低层模块（Pig 类和 Dog 类），抽象不应该依赖细节，细节应该依赖抽象。换言之，要针对接口编程，而不是针对实现编程。

在 Python 中，我们只需要理解接口概念，并没有像其他语言中对接口有比较硬性的规范。如果要模仿接口的概念，可以借助第三方模块（如 abc 模块）来实现。

6.2.5 抽象类

1. 什么是抽象类

从图 6.4 中可以发现，如果说类是从具体对象中抽取相似部分而来的，那么抽象类就是从抽象出来的类中再次抽取相似部分而来的。

抽象类是一个特殊的类，特殊之处在于只能被继承，而不能被实例化。

2. 为什么要有抽象类

香蕉可以有香蕉类，苹果可以有苹果类等，这些类又抽象出水果类，但我们吃的肯定是某个具体的香蕉或者苹果，我们却无法吃到一个叫“水果”的东西。

从设计角度来看，类是从现实的具体对象抽象而来，那么抽象类就是基于这些抽象出来的类再次抽象而来的，比如动物类、植物类。

从现实角度来看，抽象类与普通类的不同之处在于，抽象类有抽象方法，并且抽象类不能被实例化，只能被继承，此外子类必须实现抽象类的方法。

```
from abc import ABCMeta,abstractmethod
class Aii_file(metaclass=ABCMeta):
    @abstractmethod
    def read(self):  # 抽象方法，无须实现具体功能
        pass
    @abstractmethod
    def write(self):  # 抽象方法，无须实现具体功能
        pass

class Txt(Aii_file): pass
txt = Txt() # TypeError: Can't instantiate abstract class Txt with abstract methods read, write
```

上例中，子类 Txt 类，继承了 Aii_file 类，却没有实现父类的方法，就报错了。

```
class Txt(All_file):
    def read(self):
        print('txt 文件的读方法')
    def write(self):
        print('txt 文件的写方法')

class Py(All_file):
    def read(self):
        print('py 文件的读方法')
    def write(self):
```

```
        print('py 文件的写方法')
txt = Txt()
py = Py()
txt.read()  # txt 文件的读方法
py.write()  # py 文件的写方法
```

上例中，子类中实现了抽象类的读和写方法后，就能正常使用了。抽象类更像是一种规范的体现。

3. 抽象类的本质

抽象类的本质还是类，抽象类要具体抽象出类的相似性，包括属性和方法。而接口类更多的是强调方法的相似性。

抽象类是介于类和接口类之间的概念，同时具备类和接口类的一些特征，可以用来实现程序归一化设计。

关于抽象类和接口类的概念目前只做了解。我们来继续关注多继承的问题。

6.2.6 新式类与经典类

一切仿佛回到了起点，我们仍然没有解决先有鸡（类）还是先有蛋（对象）的问题。要想厘清其中问题，我们需要了解 Python 2.x 版本和 Python 3.x 中关于类的不同。

1. 类是对象

现实中，首先要有爷爷，然后有爸爸，最后才有你。你是爸爸实例化后的结果，爸爸也是个对象，是爷爷实例化的结果。根据时间和空间的角度不同，我们可以得出不同的结果。这里我们得出了类也是对象的结果。那么类是谁实例化出来的呢？在这里我们只简单了解所有的类是由 type（元类）实例化出来的。

```
1. class People: pass
2. garen = People()
3. print(type('abc'))  # <class 'str'>
4. print(type(People))  # <class 'type'>
5. print(type(garen))  # <class '__main__.People'>
```

我们知道 type 函数可以查看一个对象的类型（第 3 行）。那么我们在第 4 行可以看到 People 类的类型是 type，People 的实例化对象 garen 的类型是 People。这其中有一种“继承”绑定关系，People 继承自 type，而 garen 继承自 People 类。

2. __bases__

上面的这个继承关系中，其实还隐含着另一种继承关系：所有的类继承自 object。

```
class People: pass
print(People.__bases__)  # (<class 'object'>,)
```

上例中，“__bases__”属性用来展示父类。我们通过打印 People 的“__bases__”属性来查看父类，结果显示为“object”。

关于 type 和 object 这部分，我们不做展开介绍，有兴趣的同学可以自行查阅资料。

3. 经典类

在 Python 2.x 中，如果在定义类时没有显式地继承 object，则认为是经典类（或称为旧式类）。如果显式地继承了 object，则认为是新式类。

```
Python 2.7.14 (v2.7.14:84471935ed, Sep 16 2017, 20:19:30) [MSC v.1500 32 bit (Intel)] on win32
Type "help", "copyright", "credits" or "license" for more information.
>>> class Dog:              # 经典类
...     pass
...
>>> class Pig(object):      # 新式类
...     pass
...
>>> Dog.__bases__
()
>>> Pig.__bases__
(<type 'object'>,)
```

上例中，我们称 Dog 为经典类；称 Pig 为新式类，因为它显式地继承了 object。

在 Python 3.x 中，所有的类默认继承 object，也就是说 Python3.x 中所有类都是新式类。

```
Python 3.5.4 (v3.5.4:3f56838, Aug  8 2017, 02:07:06) [MSC v.1900 32 bit (Intel)] on win32
Type "help", "copyright", "credits" or "license" for more information.
>>> class Dog:  # 默认继承 object，所以是新式类
...     pass
...
>>> class Pig(object):  # 新式类
...     pass
...
>>> Dog.__bases__
(<class 'object'>,)
>>> Pig.__bases__
(<class 'object'>,)
```

上例中，通过打印结果来看，在 Python3.x 中，所有的类都默认继承 object。

让我们总结一下。

- 在 Python 2.x 版本中，类分为新式类和经典类，区别是是否显式地继承 object。
- 在 Python 3.x 版本中，所有类都默认继承 object。

4. Python 2.x 版本的 super

在 Python 2.x 版本中，经典类是没有 super 方法的。

```
class Animal:
    def eat(self):
        print('animal eat')
class Dog(Animal):
    def eat(self):
        super(Dog, self).eat()

d = Dog()
```

```
9. d.eat()  # TypeError: super() argument 1 must be type, not classobj
```

上例中，在 Python 2.x 版本中，这两个类为经典类，通过第 9 行的报错，可以看到，经典类没有 super 方法。

而 super 在 Python 2.x 版本的新式类中是可以使用的，但是必须手动传递当前类和当前对象。

```
class Animal(object):
    def eat(self):
        print("in Animal's eat")
    def walk(self):
        print("in Animal's walk")
class Dog(Animal):
    def eat(self):
        super().eat()  # TypeError: super() takes at least 1 argument (0 given)
    def walk(self):
        super(Dog, self).walk()
d = Dog()
# d.eat()
d.walk()  # in Animal's walk
```

上例中，在 Python 2.x 版本的新式类中，使用 super 方法，必须手动传递本类名和实例化对象名，然后才能调用父类的方法，如调用 walk 方法，这样才不报错。而调用 eat 方法时，采用简写形式则报错了。

```
class Animal(object):
    def eat(self):
        print("in Animal's eat")
    def walk(self):
        print("in Animal's walk")
class Dog(Animal):
    def eat(self):
        super().eat()
    def walk(self):
        super(Dog, self).walk()
d = Dog()
d.eat()  # in Animal's eat
d.walk()  # in Animal's walk
```

上例中，Python 2.x 版本的 super 问题，在 Python 3.x 版本中，则不会出现，两种 super 方法都可以使用。

此外，单继承中的 super 方法是直接调用父类的方法，多继承中则不然。

6.2.7 C3 算法

现在我们进一步讨论 Python 2.x 中的新式类和经典类的多重继承问题，以及了解 Python 是如何解决这些问题的。

Python supports a limited form of multiple inheritance as well. A class definition with multiple base classes looks like this:

```
class DerivedClassName(Base1, Base2, Base3):
    <statement-1>
    .
    .
    .
    <statement-N>
```

For old-style classes, the only rule is depth-first, left-to-right. Thus, if an attribute is not found in `DerivedClassName`, it is searched in `Base1`, then (recursively) in the base classes of `Base1`, and only if it is not found there, it is searched in `Base2`, and so on.

(To some people breadth first — searching `Base2` and `Base3` before the base classes of `Base1` — looks more natural. However, this would require you to know whether a particular attribute of `Base1` is actually defined in `Base1` or in one of its base classes before you can figure out the consequences of a name conflict with an attribute of `Base2`. The depth-first rule makes no differences between direct and inherited attributes of `Base1`.)

图 6.5　经典类遵循深度优先规则

对于经典类，正如官网文档解释的那样（见图 6.5），继承遵循深度优先规则，也就是说首先是深度，然后是从左到右。

在新式类中，多重继承的解析顺序应该是动态的。因为所有多重继承的情况都表现出一个或多个菱形（钻石）继承关系，也就是说，所有的新式类都继承 object，因此，在多继承中，一个子类可以有多条到达 object 的路径。

为了防止基类被多次访问，我们需要一个算法将解析顺序线性化，以保留每个类中指定的从左到右的顺序中，每个父类都只被调用一次。

那么如何让解析顺序动起来呢？让我们从了解一些基本的定义开始。结合下面的例子，有这样的一个继承顺序供我们参考。

```
class A: pass
class B: pass
class C(A, B): pass
class D(C): pass
class E(D): pass
```

（1）本地（局部）优先，指声明父类的顺序，比如类 C(A, B)，如果访问类 C 对象的属性时，应该根据声明顺序，优先从 C 中查找，然后查找类 A，再找类 B。

（2）单调性，如果在类 C 的解析顺序中，类 A 排在类 B 的前面，那么在类 C 的所有子类中，也必须满足这个顺序，类 C 在 D 前面，类 D 在类 E 前面。

（3）在复杂的多重继承层次中的类 C，指定类 C 的祖先顺序是一件非常重要的事情。

（4）从最近的祖先到最远的祖先排序的类 C 祖先列表，包括类 C 本身，被称为类优先级列表，这个排序过程称为类 C 的线性化。

（5）方法解析顺序（Method Resolution Order，MRO），是一套建立线性化的规则，可以把 MRO 理解为列表。列表内的继承顺序是线性的。

当然如果所有的继承顺序都可以被线性化，那么就没有后面这么多事了。在复杂的层次结构中，存在各子类无法被线性化的情况。比如现在有这样一个继承顺序。

```
class X(object): pass
```

```
class Y(object): pass
class A(X, Y): pass
class B(Y, X): pass
class C(A, B): pass
```

在上例这种情况下，不可能从类 A 和类 B 推出新的类 C。因为类 X 在类 A 中的类 Y 前面，而类 Y 又在类 B 中的类 X 之前。我们稍后再详解讲解这个示例。那么，我们该如何解析出类 C 的继承顺序？

Python 2.3 在处理上述的继承中会引发一个异常，禁止"天真的"我们创建类似这种模糊又复杂的层次结构。

```
Python 2.3 (#46, Jul 29 2003, 18:54:32) [MSC v.1200 32 bit (Intel)] on win32
Type "help", "copyright", "credits" or "license" for more information.
>>> class X(object): pass
...
>>> class Y(object): pass
...
>>> class A(X, Y): pass
...
>>> class B(Y, X): pass
...
>>> class C(A, B): pass
...
Traceback (most recent call last):
  File "<stdin>", line 1, in ?
TypeError: Cannot create a consistent method resolution
order (MRO) for bases X, Y
```

正如上例所示，Python 2.3 是不允许这么干的，但是往下看。

```
1. Python 2.2.2 (#37, Oct 14 2002, 17:02:34) [MSC 32 bit (Intel)] on win32
2. Type "help", "copyright", "credits" or "license" for more information.
3. >>> class X(object): pass
4. ...
5. >>> class Y(object): pass
6. ...
7. >>> class A(X, Y): pass
8. ...
9. >>> class B(Y, X): pass
10....
11.>>> class C(A, B): pass
12....
13.>>> C.mro()
14.[<class '__main__.C'>, <class '__main__.A'>, <class '__main__.B'>, <class '__main__.X'>, <class '__main__.Y'>, <type 'object'>]
```

如上例，在第 13 行展示 MRO 的时候，竟然成功了！神奇的 Python 2.2 可能为了照顾"天真的"我们，就做了一个"临时排序"，也就是做了一个临时的 MRO 的顺序列表[CABXYO]。

但很显然临时的是不行的。在很多年前，有个叫作塞缪尔·佩德罗尼（Samuele Pedroni）的人在使用 Python 开发邮件列表的帖子中表明 Python 2.2 对于继承的解析顺序不是单调的，并且建议使用 C3 算法解析顺序替代原有的顺序，最后，Guido 同意了他的观点。至此，从 Python 2.3 开始使用 C3 算法。

那么什么是 C3 算法呢？C3 算法本身与 Python 并无关系，该算法发表在 1996 年的 OOPSLA 会议上，一个题为“Dylan 的单调超类线性化”的论文中，原本是针对 lispers 的，后来被应用于包括 Python、Perl 5 等编程语言的多继承中。而在 Python 中，C3 算法解决了原来基于深度优先搜索算法不满足本地优先和单调性的问题。

我们来聊聊 C3 算法是如何解决上述问题的。这里使用符号表示法。

现在，有这样的几个类。

```
C1C2...CN
```

我们可以把上例的类表示为类列表。

```
[C1,C2, ..., CN]
```

上述的类列表头部是它的第一个元素，而尾部是列表的其余部分。

```
# 头部
head = C1
# 尾部
tail = C2 ... CN
```

通过上例，要牢记尾部跟我们平常理解的尾部不一样（我们一般会认为头部是 C1，尾部是最后的 CN）。

上面的类列表还可以表示为如下这样的符号。

```
C + (C1, C2, ... CN) = CC1C2...CN
```

上例列表的总和表示为：[C] + [C1, C2, … , CN]。

现在，用符号来表示 C3 算法在 Python 是如何处理多继承的。

比如有这样的一个继承顺序，有派生类 C 并继承基类 C1，C2，… ，CN。我们想要计算类 C 的线性化 L[C]，规则如下。

```
# 规则
类C的线性化是指C本身加上各父类线性化列表的合并
# 用符号表示法
L[C(C1 ... CN)] = C + merge(L[C1] ... L[CN], C1 ... CN)
```

上例的意思是，要求出类 C 的线性化，就要计算出多继承中每个继承分支的列表，然后将这些列表合并，最后算出一个线性化列表。下面的示例可以解释上面的规则。

```
class X(object): pass
class Y(object): pass
class A(X): pass
class B(Y): pass
class C(A, B): pass
class D(C): pass
print(A.mro())
print(B.mro())
```

```
9. print(C.mro())
10.print(D.mro())
11.'''
12.[<class '__main__.A'>, <class '__main__.X'>, <type 'object'>]
13.[<class '__main__.B'>, <class '__main__.Y'>, <type 'object'>]
14.[<class '__main__.C'>, <class '__main__.A'>, <class '__main__.X'>, <class '__main__.B'>, <class '__main__.Y'>, <type 'object'>]
15.[<class '__main__.D'>, <class '__main__.C'>, <class '__main__.A'>, <class '__main__.X'>, <class '__main__.B'>, <class '__main__.Y'>, <type 'object'>]
16.'''
```

由上例的打印示例（第 12～15 行）可以看出，每个类都有自己的线性列表，如类 A 的线性列表为[A, X, O]，而类 B 的线性列表就是[B, Y, O]。这里需要说明一点，本小节所有关于 C3 算法的阐述中，“O”是 object 的简写。当类 C 继承了类 A 和类 B，那么继承该如何计算呢？首先类 C 有自己的线性列表[C, O]（在多继承之前，类 C 本身和默认继承的 object 一般直接写自己本身就可以了，这会在后续的示例中体现），那么在类 C 继承了类 A 和类 B 后，就要将三个列表合并。该怎么样合并呢？还是要按照规则来的，规则如下。

取第一个列表的头部，即 L[c1][0]。如果取出的头部不在其他列表的尾部，那么将该头部添加到 C 的线性列表中，并将其从 merge 中的列中删除。否则查看下一个列表的头部并将其取出，如果它是符合条件的头部，就重复上述动作，直到 merge 的列表都被删除或者找不到符合条件的头部。在这种情况下，就不可能构造 merge。此时 Python 将拒绝创建类 C 并引发异常。

下面我们通过示例来理解上述规则。

当类 C 没有父类时，类 C 默认继承 object。所以 C3 算法计算起来也相当简单。

```
L(C) = C + merge(l[0])
     = C + O
     = CO
```

上例中，利用最开始的规则，上例的类 C 默认继承 object。等号左边是我们要计算的类对象的列表。父类的列表，即 object 的线性化列表。就是 L[O]（一般可以直接写成 merge(O)，后面示例都是如此）。所以经过一次合并（merge）就得出类 C 的继承顺序了。

如果此时类只有一个父类时，那么 merge 的计算相当简单。

```
1. class X: pass
2. class C(X): pass
3.
4. '''
5. L(X) = XO
6. L(C) = C + merge(XO, O)
7.          = C + X + merge(O, O)
8.          = C + X + O
9.          = CXO
10.'''
```

上例中，在 merge 时，第 5 行，首先计算出类 X 的继承顺序。第 6 行，计算类 C 的继承顺序时，根据规则，首先判断 merge 中的第一个列表的头部 X，可以发现 X 并没有出现在其他列表的尾部，是一个符合条件的头部，可以把它取出来并将其从 merge 中删除。第 7 行，继续判断 merge 中的列表，此时还剩下两个 O，取出并从 merge 中删除，得出类 C 的继承顺序是 CXO。

来一个复杂点的继承关系。

```
class F(object): pass
class E(object): pass
class D(object): pass
class C(D, F): pass
class B(D, E): pass
class A(B, C): pass
```

在用 C3 算法之前，我们首先画出继承关系示意图（图 6.6）。

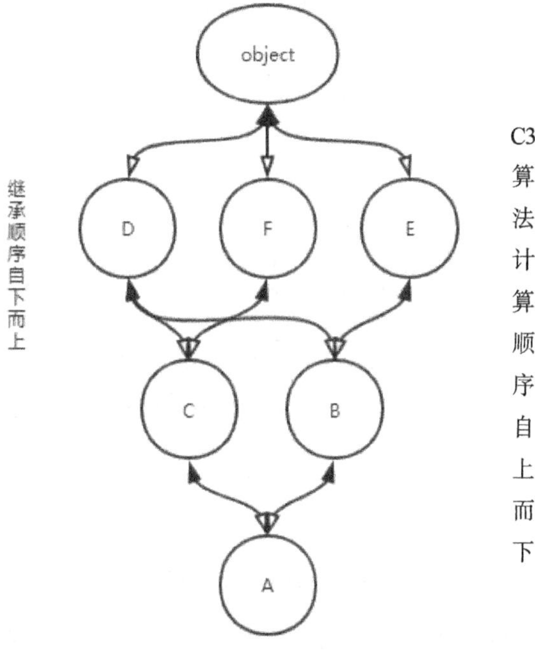

图 6.6　继承关系示意图

```
'''
L(F) = FO
L(E) = EO
L(D) = DO
L(C) = C + merge(DO, FO)
     = C + D + merge(O, FO)
     = C + D + F + merge(O, O)
     = CDFO
L(B) = B + merge(DO, EO)
     = B + D + merge(O, EO)
     = B + D + E + merge(O, O)
     = BDEO
L(A) = A + merge(BDEO, CDFO)
     = A + B + merge(DEO, CDFO)
     = A + B + C + merge(DEO, DFO)
```

```
16.      = A + B + C + D + merge(EO, FO)
17.      = A + B + C + D + E + merge(O, FO)
18.      = A + B + C + D + E + F + merge(O, O)
19.      = ABCDEFO
20.'''
```

上例中，首先自上而下（根据 C3 算法）把继承关系简单的类直接写出继承关系（第 2~4 行）。第 5 行，在计算类 C 时，merge 两个父类的列表。根据规则首先把 D 拿出来，然后把 F 拿出来，最后得出类 C 的继承顺序是 CDFO。第 9 行，以同样的方式得出类 B 的继承顺序是 BDEO。第 13 行，merge 两个父类的列表。根据规则，把 B 提取出来。第 14 行，首先判断第一个列表的头部 D，但 D 出现在 CDFO 的尾部，不符合规则。再来判断第二个列表的头部 C，C 符合规则，提取出来。第 15 行，提取 D。第 16 行，提取 E。后面一路按照规则就可以了。最后得出类 A 的继承顺序是 ABCDEFO。

再来一个示例，读者能根据图 6.7 用 Python 代码写出继承关系吗?

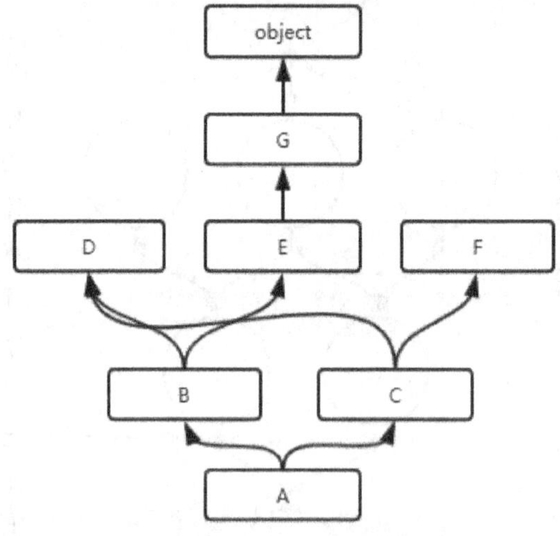

图 6.7　继承关系示意图

```
class G(object): pass
class E(G): pass
class D(object): pass
class F(object): pass
class B(D, E): pass
class C(D, F): pass
class A(B, C): pass
```

根据上例和图 6.7，我们用 C3 算法计算线性化列表。

```
'''
L(G) = GO
L(E) = EGO
L(D) = DO
L(F) = FO
L(B) = B + merge(DO, EGO)
     = B + D + merge(O, EGO)
     = B + D + + E + merge(O, GO)
```

```
9.       = B + D + + E + + G + merge(O, O)
10.      = BDEGO
11.L(C) = C + merge(DO, FO)
12.      = C + D + merge(O, FO)
13.      = C + D + F + merge(O, O)
14.      = CDFO
15.L(A) = A + merge(BDEGO, CDFO)
16.      = A + B + merge(DEGO, CDFO)
17.      = A + B + C + merge(DEGO, DFO)
18.      = A + B + C + D + merge(EGO, FO)
19.      = A + B + C + D + E + merge(GO, FO)
20.      = A + B + C + D + E + G + merge(O, FO)
21.      = A + B + C + D + E + G + F + merge(O, O)
22.      = ABCDEGFO
23.'''
```

上例中，只有类 A 的关系稍显复杂，我们具体分析一下。第 15 行，merge 两个父类的列表并根据规则提取出来 B。第 16 行，首先判断 D，不符合规则，再看 C，符合规则，提取出来。第 17 行，提取 D。第 18～21 行依次提取 EGFO。最后我们计算出结果 A 的继承顺序是 ABCDEGFO。

现在让我们回过头来思考本小节开头的那个在 Python 2.2 中顺利执行而在 Python2.3 中却报错了的示例。

```
class X(object): pass
class Y(object): pass
class A(X, Y): pass
class B(Y, X): pass
class C(A, B): pass
```

无论对与错，我们试着用 C3 算法来计算一下。

```
1. '''
2. L(X) = XO
3. L(Y) = YO
4. L(A) = A + merge(XO, YO)
5.      = A + X + merge(O, YO)
6.      = A + X + Y + merge(O, O)
7.      = AXYO
8. L(B) = B + merge(YO, XO)
9.      = B + Y + merge(O, XO)
10.     = B + Y + X + merge(O, O)
11.     = BYXO
12.L(C) = C + merge(AXYO, BYXO)
13.     = C + A + merge(XYO, BYXO)
14.     = C + A + B + merge(XYO, YXO)
15.'''
```

上例的计算中，到了类 C 就戛然而止了，让我们整体分析一下。通过示例来看，计算截止到类 A 和类 B 都很正常。那么在第 12 行试着计算类 C。首先根据规则提取出 A。第 13 行，我们开始根据规则，先观察第一个列表的头部 X，发现第二个列表的尾部存在 X，不符合规则。继续根据规则判断第二个列表的头部 B，符合规则，提取出来。第 14 行，此时先提取 X，发现它存在于 YXO 中的尾部，不符合规则；判断第二个列表的头部 Y，发现它存在于第一个列表 XYO 的尾部，不符合规则。现在，没有更多的列表供我们判断了。所以，Python 通过 C3 算法计算到此的时候，发现不符合规则，就拒绝创建类 C，并且引出一个错误。

现在，让我们对新式类中的多重继承做个小结。

- 子类会优先于父类被检查。
- 多个父类会根据它们在线性列表中的顺序被检查。
- 如果有两个类存在合法的选择，那么会选择第一个父类。

学完本节后，对于一个复杂的多重继承结构的代码示例，读者应该会画出继承关系，或者根据继承关系图用代码实现，并能手动地计算继承顺序。

6.2.8 issubclass 和 isinstance

接下来我们学习如何判断一个类是否是另一个类的派生类。

```
1. class Base(object):
2.     pass
3. class Foo(Base):
4.     pass
5. class Bar(Foo):
6.     pass
7. print(issubclass(Foo, Base))     # True
8. print(issubclass(Bar, object))  # True
9. print(issubclass(Base, Foo))     # False
```

上例中，第 1 ~ 5 行定义了三个类，并且 Bar 继承了 Foo，Foo 又继承了 Base 类。我们通过 issubclass 来判断谁是谁的派生类（子类）。issubclass 将判断第一个参数是否是第二个参数的派生类，是则返回 True，否则返回 False。

我们已经或多或少地了解了 type，它通常被用来查看一个对象是什么类型。那么这里我们先简单地了解一下如何用 type 判断一个对象属于哪个类。

```
1. class Foo(object):
2.     pass
3. obj = Foo()
4. print(type(obj))  # <class '__main__.Foo'>
5. print(type(obj) == Foo)  # True
```

上例第 4 行，可以看到对象 obj 属于 Foo，并且在第 5 行进一步做了校验。

```
class Bar(object):
    pass
obj = Bar()
print(isinstance(obj, Bar))  # True
```

如上例所示，isinstance 用来判断当前对象（第一个参数）是否是类（第二个参数）的派生类。

```
class Foo(object):
```

```
2.     pass
3. class Bar(Foo):
4.     pass
5. obj1 = Bar()
6. print(isinstance(obj1, Bar))  # True
7. print(isinstance(obj1, Foo))  # True
8. obj2 = Foo()
9. print(isinstance(obj2, Bar))  # False
10.print(isinstance(obj2, Foo))  # True
```

如上例所示，如果实例化对象的类还有超类，那么 isinstance 同样返回 True（第 7 行）。因为 Foo 是 Bar 的父类，所以第 8 行的 obj2 在第 9 行判断时返回的是 False。

6.3　组合

在软件开发中，除了使用继承之外，还可以使用组合。

组合指在一个类中以另外一个类的对象作为数据属性。

```
class Course(object):
    def __init__(self, name, cycle):
        self.name = name
        self.cycle = cycle

class Student(object):
    def __init__(self, name, sex):
        self.name = name
        self.sex = sex
class Teacher(object):
    def __init__(self, name, student, course):
        self.name = name
        self.student = student
        self.course = course

t1 = Teacher('王老师', Student('李四', '男'), Course('python', '6'))
t2 = Teacher('王老师', Student('二妞', '女'), Course('Linux', '5'))
print(t1.course.name, t1.course.cycle)  # python 6
print(t2.student.name, t2.student.sex)  # 二妞 女
```

上例中，我们创建了一个老师类，实例化一个老师 t1，并且为该老师绑定了学生和课程。当老师需要查询自己的课程时，直接以对象点课程的方式，就可以查看课程详情。查询学生也一样。

这样，通过组合的方式，建立了类与类之间的关系。组合是一种“有”的关系，如上例中的老师有课程和学生。

当类与类之间有所不同，并且较小的类是较大的类所需要的组件时，采用组合方式可以使程序更加灵活。

6.4 封装

还记得我们在楔子中的案例吗？盖伦一不小心就执行了纳尔的回旋镖技能，但盖伦本身没有该技能，我们的解决办法是将各自的技能放到各自的函数中去，与外界隔离起来，只能自己调用。这种思想在类中是一种广义上的封装。

广义上的封装：属于一个类的静态属性和方法，总是出现在该类中，只能被自己和自己实例化的对象调用。当用的时候，通过类名或者对象名点方法调用。

但仅仅有广义上的封装还不够，还比较笼统且不够安全。针对这种情况，Python 中就出现了狭义上的封装，把属性或者方法藏得更深。

```
class People:
    role = '人'   # 普通的静态属性
print(People.role)  # 人
```

上例演示了普通类属性的定义与调用。那么可能会有一种需求，类中的某个变量不想被外部调用，只在自己类部使用。这该怎么做呢？

1. **类的私有属性**

在类中，变量名前加双下画线的方式，表示该变量只能内部使用。

```
1. class People:
2.     role = '人'  # 普通的静态属性
3.     __income = 20000  # 类的私有属性
4. maggie = People()
5. print(maggie.role)  # 人
6. # print(maggie.__income)  # AttributeError: 'People' object has no attribute '__income'
7. print(People.__dict__)
8. '''
9. {'__weakref__': <attribute '__weakref__' of 'People' objects>, '__dict__': <attribute '__dict__' of 'People' objects>, '__doc__': None, 'role': '人', '__module__': '__main__', '_People__income': 20000}
10.'''
```

上例中，People 类实例化一个 maggie 对象，并且该类有两个属性，性别和存款。性别一般可以被外部访问，但是存款一般是保密的，如何让存款不能被别人轻易地知道呢？就在存款 income 变量前加双下画线。这种变形的手法，使存款属性不能外部访问，只能类内部在某些地方使用。通过打印也可证明这一点。第 5 行中，对象轻易地获取到了性别属性，而第 6 行打印存款的时候却提示了没有“__income”属性。

那么这种带有双下画线开头的属性保存在哪了呢？

```
class People:
    sex = '女'
    __income = 22
maggie = People()
print(People.__dict__)
```

```
'''
{'__module__': '__main__', '_People__income': 22, '__dict__': <attribute
'__dict__' of 'People' objects>, 'sex': '女', '__weakref__': <attribute '__weakref__' of
'People' objects>, '__doc__': None}
'''
```

上例中，我们在类的“__dict__”属性中找到了私有属性。但是，这个私有属性已经被 Python“动了手脚”，Python 自动在属性前加上了单下画线加类名来标注私有属性。

我们可以通过这个“_People__income”来试试私有属性能否被外部调用。

```
1. class People:
2.     sex = '女'
3.     __income = 22
4. maggie = People()
5. print(maggie._People__income)  # 22
```

通过上例第 5 行的打印，我们成功地拿到了私有属性。虽然我们可以获取该私有属性，但是在开发中，我们遇到这种私有属性，都默契地不去在外部调用或者修改它。

2. 对象的私有属性

类可以有私有属性，那么对象是否也可以拥有私有属性？

```
class People:
    __income = 20000  # 类的私有属性
    def __init__(self, name, age, sex):
        self.name = name
        self.__age = age   # 对象的私有属性
        self.sex = sex
maggie = People('maggie', '保密', '女')
print(maggie.__dict__)  # {'sex': '女', 'name': 'maggie', '_People__age': '保密'}
```

上例中，在实例化对象 maggie 的时候，maggie 的年龄应该是保密的，所以我们以双下画线跟属性名形式来把年龄属性变成私有属性。该私有属性同样存储在“__dict__”中，并且 Python 同样以下画线加类名再跟双下画线属性名（“_People__age”）的方式来标注。

```
1. class People:
2.     __income = 20000  # 类的私有属性
3.     def __init__(self, name, age, sex):
4.         self.name = name
5.         self.__age = age   # 对象的私有属性
6.         self.sex = sex
7. maggie = People('maggie', '保密', '女')
8. print(maggie._People__age)  # 保密
```

上例中，通过第 8 行的打印，我们也可以根据下画线加类名把这个私有属性取出来。

3. 类的私有方法

前面说私有属性只在内部使用，那么该如何用呢？

```
1. class People:
2.     __income = 20000  # 类的私有属性
3.     def __init__(self, name, age, sex):
4.         self.name = name
5.         self.__age = age   # 对象的私有属性
6.         self.sex = sex
7.     def information(self):
8.         print(self.name)    # maggie
9.         print(self.__age)   # 18
10.maggie = People('maggie', 18, '女')
11.maggie.information()
```

上例中，第 7 行在类中定义一个方法，用来获取对象的信息。在第 10 行调用该方法，就得到了 maggie 的个人信息。

我们来看一下私有属性在类内部是如何调用的。在第 8 行，正常地通过“self.__age”的方式调用该属性，其实，当 Python 在调用“self.__age”的时候，Python 是在“__age”属性前通过加单下画线加类名再加私有属性最终以“_People__age”的方式调用的，只是这一切都是 Python 在内部做的。

上例演示了私有属性在类内部如何调用。一般地，从逻辑上讲，上例中的 information 方法也不能被外部调用。因为这个 information 方法如果是将信息保存到文件中，这么调用就间接地获取到了这些私有属性。那么，我们也要把这个方法变为私有的。怎么办呢？

```
1. class People:
2.     __income = 20000  # 类的私有属性
3.     def __init__(self, name, age, sex):
4.         self.name = name
5.         self.__age = age   # 对象的私有属性
6.         self.sex = sex
7.     def __information(self):      # 私有方法
8.         with open('userinfo', 'w', encoding='UTF-8') as f:
9.             f.write('姓名%s 存款%s,年龄%s' % (self.name, self.__income, self.__age))
10.maggie = People('maggie', 18, '女')
11.maggie.__information()    # AttributeError: 'People' object has no attribute '__information'
12.maggie._People__information()
```

上例中，在第 7 行，在 information 方法名前用加双下画线的方式将普通的方法变为私有的方法，这样就不能再如第 11 行所示直接调用了，但是仍然可以通过变形的手法调用。

4. 私有属性和方法能被继承吗

```
class Parent:
    hobby = '读书'
    __deposit = 80000
class Child(Parent):
    def inherit(self):
        print(Child.hobby)  # 读书
```

```
7.         print(Child.__deposit) # AttributeError: type object 'Child' has no attribute '_Child__deposit'
8. child = Child()
9. child.inherit()
```

上例中，Child 类继承了 Parent 类，并且在 Child 类的 inherit 方法中（第 5 行），可以调用父类的 hobby 属性。但是，通过“__deposit”的方式却报了 Child 类没有“_Child__deposit”属性，这是为什么呢？我们不是在试图调用父类的私有属性吗？事实上，当 Python 解释器在执行第 7 行打印的时候，碰到“__deposit”属性，会在该属性前面自动加上单下画线和当前类名，变形成“_Child__deposit”这种方式。但 Child 类中并没有该属性，就报错了。由此可见，父类的私有属性或者私有方法无法被子类继承。

5. 封装的应用

现在，我们开发完支付功能后，准备编写用户注册功能。某个注册功能中需要对用户的密码进行加密，思路是将用户名和密码拼接后，再拼接一个只有自己知道的随机字符串，最后通过加密算法得出结果并存储起来。

```
1. import hashlib
2. class Register:
3.     __salt = 'c2d8f4a'
4.     def __init__(self, name, pwd):
5.         self.name = name
6.         self.pwd = pwd
7.         self.__pwd = self.name + '%s' % pwd  # 将用户名和密码拼接
8.     def __hash_pwd(self, salt):
9.         ''' 加密方法 '''
10.         return hashlib.md5((self.__pwd + self.pwd + salt).encode('UTF-8')).hexdigest()
11.     def set_pwd(self):
12.         return self.__hash_pwd(self.__salt)
13.
14.wang = Register('wang', '123')
15.print(wang.set_pwd())  # 275211793c3da5f9cbcbb357aa178991
16.print(wang.pwd)  # 123
```

上例中，实现一个注册的 Register 类，第 3 行的私有属性“__salt”是一串用来加密的随机字符串。在实例化方法中为对象再设置一个私有属性，将用户名和密码拼接起来。第 8 行的私有方法实现最终的加密过程，并且这个算法并不被外部调用。在第 11 行，通过一个普通方法去执行上面私有的加密算法，来实现具体的存储等功能。

我们来对封装做一个总结。

在类中，通过在普通属性或者方法前面加双下画线的方式，将普通属性、普通方法变为私有属性、私有方法，仅供类内部使用。

封装的定义：隐藏对象的属性和实现细节，仅对外提供公共访问方式。

封装的优点：

◆ 将变化隔离；

◆ 便于使用；

◆ 提高复用性；

◆ 提高安全性。

封装的原则：

◆ 将不需要对外提供的内容都隐藏起来；

◆ 把属性都隐藏，提供公共方法对其访问。

6. 封装与扩展性

封装的目的在于明确区分内外，使类的实现者可以修改封装内的东西而不影响外部调用者的代码。而外部使用者只知道一个接口，只要接口名、参数不变，使用者的代码永远无须改变。这就提供了一个良好的合作基础——或者说，只要接口这个基础约定不变，则代码的改变不足为虑。

6.5 多态

1. 多态性

学到这里，我们可能已经无数次地使用 len 函数，可以用 len 函数来得出列表、字符串、元组的长度。那么，len 函数是如何做到这些的呢？

我们可以通过下面的例子来了解 len 函数背后的原理。

```
class List:
    def len(self):
        pass
    def append(self):
        pass
class Tuple:
    def len(self):
        pass
    def index(self):
        pass
class Str:
    def len(self):
        pass
    def split(self):
        pass
l = List()
l.append()
s = Str()
t = Tuple()

def len(obj):
    return obj.len()

len(l)
len(s)
len(t)
```

上例中，我们手动定义了列表、元组、字符串这三个类，在三个类中都有一个 len 方法，用来返回元素的个数。在第 16～19 行，各自实例化了一个对象。这样，我们可以通过这个对象点调用类的方法。三个类中，都有一个相同的 len 方法。我们在第 21 行定义了一个 len 函数，只要为这个函数传递一个属于这三个类的对象，那么就能自动执行该对象的 len 方法。

我们来探讨上例第 21 行 len 函数的 obj 参数。当我们调用 len 函数的时候，传递的对象可以是列表或者是元组，但只要传递的对象有 len 方法，就能得出对象的元素个数。

上例中，我们向不同的对象传递同样的调用行为（len 函数的 obj 接收不同的参数）。不同的对象在执行时会产生不同的行为（根据 obj 的不同，调用的方法执行结果也不同）。在面向对象中，我们称这种现象为多态性。

多态性一般指在不考虑实例类型的情况下使用实例。也就是说，向不同实例发送同样的调用指令，不同的实例产生不同的执行行为。就像上例中，执行 len 函数，却产生了不同的行为。

2. 动态绑定

读者可能有个问题，在上面的三个类中，是否可以不按照规则来？比如，把元组类返回长度的方法写成别的。

```
1. class Tuple:
2.     def length(self):
3.         pass
4.     def index(self):
5.         pass
```

如上例的第 2 行，把返回元组元素的长度写成了 length。这么写虽然用类名和实例都能以点的方式把 length 调用出来，但是却无法通过公共的 len 函数来调用，归一化也无从谈起了。为了规避这种现象出现，别的语言如 Java 都会强制使用规范写法。

```
from abc import ABCMeta, abstractmethod
class Sequence(metaclass=ABCMeta):
    @abstractmethod
    def len(self):
        pass
class List(Sequence):
    def len(self):
        pass
    def append(self):
        pass
class Tuple(Sequence):
    def length(self):   # TypeError: Can't instantiate abstract class Tuple with abstract methods len
        pass
    def index(self):
        pass
class Str(Sequence):
    def len(self):
        pass
    def split(self):
        pass
l = List()
```

```
l.append()
s = Str()
t = Tuple()

def len(obj):
    return obj.len()
len(l)
len(s)
len(t)
```

如上例，在别的语言中，我们会将子类（List、Tuple、Str）相似的部分抽象出新的类（Sequence），在该类定义子类相似部分的方法，如 len 方法，而子类又必须继承该类（Sequence）。这样，子类必须实现父类的方法，而且方法名必须一致。

3. “鸭子”类型

上例中，从父类的角度（Sequence）来说，三个子类都是父类的多种形态，可以称为多态。

多态是指一类事物有多种形态。比如动物有多种形态：猪、狗、羊。植物有多种形态：花、草、树、木。文件有多种形态，如文本文件、可执行文件等。

```
from abc import ABCMeta, abstractmethod
class File(metaclass=ABCMeta):
    @abstractmethod
    def click(self):
        pass
class Txtfile(File):
    def click(self):
        print('open file')
class Exefile(File):
    def click(self):
        print('execute file')
```

上例中，File 类就是同一类事物，而 Txtfile 和 Exefile 类，就是该事物的多种形态之一。

别的语言崇尚多态，而 Python，更多的是崇尚“鸭子”类型。什么是“鸭子”类型呢？即如果看外形像鸭子，听声音像鸭子，走路姿势像鸭子，那么它就是“鸭子”。在 Python 中，我们通常根据这种“鸭子”类型来编写程序。具体参考之前的序列类型和它的三个子类。三个子类都像序列类型，那么它就是序列类型，或者说三个子类是序列的不同形态。

```
class Txtfile:
    def read(self):
        pass
    def write(self):
        pass
class Pyfile:
    def read(self):
        pass
    def write(self):
        pass
```

上例中，txt 文件和 py 文件都“像”文件，那么我们编程时自然而然地就为这两个类实现了读、写方法，而不用通过强制的继承关系来实现（当然，通过继承来实现也可以）。这种写法通常用来保持程序各组件的松耦合度。

6.6 装饰器函数

6.6.1 @property

接下来，让我们通过一个测试 bmi 的示例来学习新内容。

```
class People:
    def __init__(self, name, height, weight):
        self.name = name
        self.__height = height
        self.__weight = weight

    def bmi(self):
        return self.__weight / self.__height ** 2
xiao5 = People('xiao5', 1.6, 90)
print(xiao5.bmi())  # 35.15624999999999
```

上例中，我们在实例化对象的时候，传递的三个参数分别是名字、身高、体重。其中，身高和体重设为私有属性，然后通过 bmi 方法返回 bmi 指数。

让我们思考一下，方法一般用来描述实例的某些行为，比如人吃饭、喝水、走路这些可以定义为方法，而 bmi 不能算是动词，在类中定义为属性比较好。

```
class People:
    def __init__(self, name, height, weight):
        self.name = name
        self.__height = height
        self.__weight = weight
        self.bmi = self.__weight / self.__height ** 2

xiao5 = People('xiao5', 1.6, 90)
print(xiao5.bmi)  # 35.15624999999999
```

正如上例所示，读者可能想在初始化的时候把 bmi 值拿到就好了，但是我们不应该在初始化的时候做太多的事情，以避免冗余。

那么我们如何处理 bmi 方法呢？这里 Python 已经帮我们设计好了，就是采用 property 装饰器。

```
class People:
    def __init__(self, name, height, weight):
        self.name = name
        self.__height = height
        self.__weight = weight
    @property
    def bmi(self):
        return self.__weight / self.__height ** 2
```

```
9. xiao5 = People('xiao5', 1.6, 90)
10.print(xiao5.bmi)  # 35.15624999999999
```

上例中，我们为 bmi 方法(第 7 行)上面加上“@property”即加上 property 装饰器，property 装饰器的作用就是将方法伪装成属性，这样就可通过调用属性的形式去访问方法。当一个方法被伪装成属性后，我们称这个方法为特性。当对象在调用该特性的时候，根本无法察觉自己想要的结果其实是被一个方法计算出来的。这种特性的使用方式遵循了统一访问的原则。

为什么要有 property 装饰器？我们继续来探讨。如果读者学过别的语言，如 C++，可能知道在 C++里一般会将所有的属性都设为私有的，然后提供 set 和 get 方法（接口）去设置和获取该属性。

一般地，面向对象的封装有三种方式。

（1）public。这种其实就是不封装，是对外公开的。

（2）protected。这种封装方式对外不公开，但对朋友（friend）或者子类公开。

（3）private。这种封装方式对谁都不公开。

Python 并没有将上述三种方式在语法上内嵌到 class 中，而是选择通过 property 来实现。

```
1. class People:
2.     def __init__(self, name, age):
3.         self.name = name
4.         self.__age = age
5.     @property
6.     def age(self):
7.         return self.__age
8. xiao5 = People('xiao5', 18)
9. print(xiao5.age)   # 18
```

上例中，当在第 8 行实例化一个对象后，在第 9 行成功打印出了该对象的年龄。但是，我们分析一下调用过程，通过第 4 行看到，age 属性被定义为私有属性。而第 5 行 property 将 age 方法伪装成了属性，那么当在第 9 行调用 age 的时候，其实是调用了第 6 行的 age 方法，执行内部代码，将私有属性返回。

读者可能会问，要不要这么复杂？定义成和 name 属性一样不就行了吗？恰恰相反，这么做是为了保护数据。

```
class People:
    def __init__(self, name, age, nickname):
        self.name = name
        self.nickname = nickname
        self.__age = age
    @property
    def age(self):
        return self.__age
xiao5 = People('xiao5', 18, '55开')
print(xiao5.age)            # 18
print(xiao5.nickname)       # 55开
xiao5.nickname = '66开'
print(xiao5.nickname)       # 66开
xiao5.age = 19              # AttributeError: can't set attribute
```

上例如第 10～13 行所示，我们可以任意地修改对象的昵称。但是，当我们试图去修改年龄时（第 14 行），却提示没有这个属性。此时，我们知道 age 是用 property 将方法伪装成属性的。那么当我们需要修改 age 这种特殊的“属性”时该如何办呢？

```
1. class People:
2.     def __init__(self, name, age, nickname):
3.         self.name = name
4.         self.nickname = nickname
5.         self.__age = age
6.     @property
7.     def age(self):
8.         return self.__age
9.     @age.setter
10.    def age(self, new_age):
11.        self.__age = new_age
12.
13.xiao5 = People('xiao5', 18, '55开')
14.print(xiao5.age)          # 18
15.xiao5.age = 20
16.print(xiao5.age)          # 20
```

上例中，property 在装饰方法后，当需要修改该特性时，需要重新定义一个与该特性（第 7 行）同名的方法（第 10 行），然后如第 9 行所示，为该特性加装一个@age.setter 装饰器（age 必须与 property 装饰的方法名一致，可以理解为 age 特性赋予修改权限）。然后在 setter 装饰器下的方法中传递一个参数，并将该参数赋值给实际的私有 age 属性（第 11 行）。经过这样设置之后，我们在第 15 行就可以为 property 装饰后的特性修改内容了。第 15 行这种赋值方式跟普通的属性赋值一样，其实 Python 这么做也是为了保持与普通属性赋值一致。在赋值过程中，第 15 行等号右边的 20 会自动传递给被第 9 行@age.setter 装饰的 age 方法的 new_age 参数。

这里读者还是觉得好复杂、好麻烦！其实，这样设计真的有必要。正如前文例子中为对象的昵称属性赋值一样，我们可以为昵称属性赋值任何内容，但是我们能为 age 赋值一个字符串或者列表吗？不符合常理呀。如果 age 作为普通的属性，Python 并没有为此有什么限制的动作，全靠我们在开发中注意，这样是有问题的。这里使用 property 就可以帮助我们规范这种“非法”赋值的操作了。我们可以在试图修改特性时加入一些限制。

```
class People:
    def __init__(self, name, age, nickname):
        self.name = name
        self.nickname = nickname
        self.__age = age
    @property
    def age(self):
        return self.__age
    @age.setter
    def age(self, new_age):
        if isinstance(new_age, int):
            self.__age = new_age
```

```
13.         else:
14.             print('该属性必须为数值类型')
15.
16.xiao5 = People('xiao5', 18, '55开')
17.print(xiao5.age)          # 18
18.xiao5.age = '20'
19.print(xiao5.age)          # 20
```

如上例第 11 ~ 14 行所示，我们在为特性赋值的方法中加入一些限制，从而达到保护数据安全的目的。如果为 age 特性赋值的内容不是数值类型，那么就无法赋值成功。比如第 18 行要为 age 特性赋值一个字符串 20，就无法通过限制条件。

既然特性能修改，那么就也应该能删除，我们来看一下具体的删除示例。

```
1. class People:
2.     def __init__(self, name, age, nickname):
3.         self.name = name
4.         self.nickname = nickname
5.         self.__age = age
6.     @property
7.     def age(self):
8.         return self.__age
9. xiao5 = People('xiao5', 18, '55开')
10.print(xiao5.__dict__)  # {'_People__age': 18, 'name': 'xiao5', 'nickname': '55开'}
11.del xiao5.nickname
12.print(xiao5.__dict__)  # {'_People__age': 18, 'name': 'xiao5'}
13.del xiao5.age    # AttributeError: can't delete attribute
```

如上例第 11 行所示，我们能删除一个对象的属性（结果如第 12 行所示）。但是，这种方式无法删除一个特性（第 13 行）。那么该如何才能删除特性呢？

```
class People:
    def __init__(self, name, age, nickname):
        self.name = name
        self.nickname = nickname
        self.__age = age
    @property
    def age(self):
        return self.__age
    @age.deleter
    def age(self):
        del self.__age
xiao5 = People('xiao5', 18, '55开')
print(xiao5.__dict__)  # {'_People__age': 18, 'name': 'xiao5', 'nickname': '55开'}
del xiao5.nickname
print(xiao5.__dict__)  # {'_People__age': 18, 'name': 'xiao5'}
del xiao5.age
print(xiao5.__dict__)  # {'name': 'xiao5'}
```

如上例第 9～11 行所示，我们采用和@age.setter 同样的方式来删除该特性，就是为该特性加装一个@age.deleter 装饰器，当第 16 行在删除该特性的时候，第 10 行的方法就会自动执行。在该方法内部，我们删除真正的私有属性 age。这样就删掉了一个特性，结果如第 17 行打印所示。

通过 property 装饰器，我们可以将方法伪装成属性，并通过为该特性加装 setter 和 deleter 装饰器的方式，来修改或者删除该特性。再次强调，setter 和 deleter 装饰器使用的前提是有 property 装饰器。没有 property 装饰器，setter 和 deleter 也就无从谈起了。

6.6.2 @classmethod

1. 为什么要用@classmethod

接着上一节开头的例子，如果 bmi 指数超标了，那么就要有应对措施使 bmi 指数回归正常，我们可以采取多做运动、去超市买点水果吃等措施。那么，既然逛超市，我们能看到的除了琳琅满目的商品之外，就是各种打折信息了。我们来分析一下打折背后的逻辑。

```
1. class Goods:
2.     __discount = 0.8
3.     def __init__(self, name, price):
4.         self.name = name
5.         self.__price = price
6.     @property
7.     def price(self):
8.         return self.__price * Goods.__discount
9.     def change_discount(self, new_discount):
10.        Goods.__discount = new_discount
11.apple = Goods('apple', 4)
12.print(apple.price)  # 3.2
13.apple.change_discount(1)
14.print(apple.price)  # 4
```

上例中，通过 property 装饰器将商品的价格伪装成属性，然后打八折出售（第 6～8 行）。在第 8 行又通过 change_discount 方法修改打折力度。在第 11 行实例化一个苹果对象后，通过第 12 行打印可以看到现在显示的是打 8 折之后的价格。在打折过后，又通过第 13 行取消打折。

但让我们思考一下，要修改全场商品的打折力度，为什么要用一个苹果对象来操作呢？可能想到直接通过类来操作，但我们又不能直接操作私有属性（第 2 行）。那么怎么办呢？

我们可以使用@classmethod 装饰器。

2. 如何用@classmethod

```
class Goods:
    __discount = 0.8
    def __init__(self, name, price):
        self.name = name
        self.__price = price
    @property
    def price(self):
```

```
8.          return self.__price * Goods.__discount
9.      @classmethod
10.     def change_discount(cls, new_discount):
11.         cls.__discount = new_discount
12.apple = Goods('apple', 4)
13.print(apple.price)  # 3.2
14.Goods.change_discount(1)
15.print(apple.price)  # 4
```

上例中，Python 提供了@classmethod 装饰器，被该装饰器装饰的方法就成为类方法，无须通过对象来调用了。被装饰的方法（第 10 行）默认接收一个约定俗成的参数 cls（class 的缩写），如 self 参数一样。在第 14 行通过类名调用该方法时，类名 Goods 自动被 cls 参数接收，我们只需传递 new_discount 参数即可，而其 apple 对象的价格已成功恢复原价。

```
class Goods:
    __discount = 0.8
    def __init__(self, name, price):
        self.name = name
        self.__price = price
    @property
    def price(self):
        return self.__price * Goods.__discount
    @classmethod
    def change_discount(cls, new_discount):
        cls.__discount = new_discount
apple = Goods('apple', 4)
print(apple.price)  # 3.2
apple.change_discount(0.4)
print(apple.price)  # 1.6
```

如上例所示，类方法除了能被类调用之外，也能被对象调用。

学到这里，我们可以总结一下，类方法是被@classmethod 装饰的特殊方法，普通方法被装饰后，该方法默认接收一个类名传递给 cls 参数。类方法可以被类和对象同时调用。

6.6.3 @staticmethod

这里再介绍一个跟@classmethod 类似的装饰器，那就是@staticmethod 装饰器。在开发中，我们会遇到一些跟类有关系的功能却又不需要实例和类的参与，这时就需要用到 staticmethod 这个静态方法了。

```
class Student:
    def __init__(self, name, pwd):
        self.name = name
        self.pwd = pwd
    @staticmethod
    def login():
        user = input('user: ').strip()  # 输入 wang
        pwd = input('pwd: ').strip()    # 输入 666
        if user == 'wang' and pwd == '666':
```

```
10.            obj = Student(user, pwd)
11.            return obj
12.obj = Student.login()
13.print(obj.name, obj.pwd)     # wang 666
```

上例中，Student 类是跟学生相关的类，而 login 是跟学生有关系却又相对独立的函数。只有当学生登录之后，才能进行跟这个类相关的操作。上例第 6～11 行，学生登录成功，在类中实例化一个对象，这样，学生就能操作类了。

为什么不单独写成函数？这是因为这个 login 只能被学生登录，而不能被别的角色登录。

@staticmethod 将一个普通的方法装饰成特殊的静态方法，只是表明了该静态方法属于某个类，提高了代码的易读性，而且这个静态方法无须传递如 self 或者 cls 参数。

至此，我们了解了三个能将普通的方法的装饰器。我们来稍作总结。

- ◆ 对象方法：最常用的方法，通过对象调用方法，默认接收一个 self 参数。
- ◆ 类方法：将一个普通的方法装饰成类方法，类和对象都可以调用，默认接收一个 cls 参数。
- ◆ 静态方法：将一个普通方法装饰成特殊的函数，默认可以不传参，类和对象都可以调用。

至此，面向对象基础部分介绍完毕。

6.7　反射

现在，有这么一个需求，有一个 Dog 类，让用户循环输入。如果输入 name，那么就打印 Dog 类的 name 属性，输入 age 则打印 Day 类的 age 属性，输入错误则退出，怎么实现呢？

```
1. class Dog:
2.     name = '京巴'
3.     age = 2
4.     color = 'white'
5. while 1:
6.     choose = input('>>>: ').strip()
7.     if choose == 'name':
8.         print(Dog.name)
9.     elif choose == 'age':
10.        print(Dog.age)
11.    elif choose == 'color':
12.        print(Dog.color)
13.    else:
14.        break
```

如上示例中，通过第 7～11 行判断用户输入来满足需求，但这样有个问题，如果类的属性有很多，那么就要很多的 if 判断，这就使得代码冗余，不利于扩展。如何解决这个问题呢？这里就用到了反射。

6.7.1　什么是反射

反射是布莱恩 · 史密斯（Brian Cantwell Smith）在 1982 年一篇博士论文中首次提出的概念，它是指当程序在运行时可以访问、检测和修改自身状态或者行为的一种能力。

Python 面向对象中的反射并没有想象中那么高深，简单理解就是通过字符串形式操作对象相关的属性。Python 提供了 4 个反射函数供我们使用。我们来了解一下它们的用法。

1. getattr

```
1. class Dog:
2.     name = '京巴'
3.     age = 2
4.     color = 'white'
5. while 1:
6.     choose = input('>>>: ').strip()
7.     print(getattr(Dog, choose))
8. '''
9. >>>: name
10.京巴
11.>>>: age
12.2
13.'''
```

上例中，第 6 行获取用户的输入。第 7 行，getattr 函数的第一个参数为类名，第二个参数是获取的输入。如第 12 行所示，输入 name 则调用了 Dog.name 属性并打印，输入 age 则调用了 Dog.age 属性并打印。

getattr 会在类中寻找与字符串一致的方法或者属性并执行，这里只是返回了类的属性，被 print 打印出来。但这里有个问题。

```
class Dog:
    name = '京巴'
    age = 2
    color = 'white'
while 1:
    choose = input('>>>: ').strip()
    print(getattr(Dog, choose))
'''
>>>: name
京巴
>>>: color
white
>>>: sex
AttributeError: type object 'Dog' has no attribute 'sex'
'''
```

如上例所示，当类中存在该属性或者方法时，getattr 能成功获取，但如果获取不到则直接报错了。我们要搭配 hasattr 来解决这个问题。

2. hasattr

hasattr 函数判断对象是否具有某个方法或者属性，是则返回 True，否则返回 False。

```
class Dog:
    name = '京巴'
    age = 2
```

```
4.     color = 'white'
5. while 1:
6.     choose = input('>>>: ').strip()
7.     if hasattr(Dog, choose):
8.         print(getattr(Dog, choose))
9.     else:
10.        print("Dog has no attribute '%s'" % choose)
11.'''
12.>>>: name
13.京巴
14.>>>: sex
15.Dog has no attribute 'sex'
16.'''
```

上例中，第 7 行通过 hasattr 来判断 Dog 类中是否存在想要获取的方法或者属性，如果有则返回 True，那么 if 条件成立，我们再用 getattr 来获取该方法或者属性，没有则返回 False。

既然 getattr 能获取属性，那么能添加一个属性吗？是可以的。我们再来学习一个设置属性的函数——setattr。

3. setattr

setattr(obj, str, attribute)以字符串的形式为 obj 设置一个属性或者方法。

```
class Dog:
    name = '京巴'
obj = Dog()
setattr(obj, 'age', 2)
print(obj.__dict__)  # {'age': 2}
```

上例中，setattr 为 obj 对象设置了一个 age 属性。setattr 不仅能够设置属性，还能修改属性。

```
1. class Dog:
2.     name = '京巴'
3. obj = Dog()
4. setattr(obj, 'age', 2)
5. print(obj.__dict__)  # {'age': 2}
6. setattr(obj, 'age', 3)
7. print(obj.__dict__)  # {'age': 3}
```

上例中，在第 4 行为 obj 对象设置 age 属性为 2，在第 6 行又修改为 3。

setattr 除了设置和修改属性，还能为对象设置方法。

```
class Dog:
    name = '京巴'
obj = Dog()

def guard(self, x, y):
    print(x, y)
setattr(obj, 'guard', guard)
print(obj.__dict__)  # {'guard': <function guard at 0x01386660>}
obj.guard(obj, 1, 2)    # 1 2
```

上例中，在第 7 行为 obj 对象设置了一个 guard 方法，这个方法被保存在对象的“__dict__”中，有意思的是，该“__dict__”在之前的讲解中从来没有存储过函数，因为对象调用的方法是存放在类的“__dict__”中的。再回头看第 5 行的 guard 函数，因为被绑定到了 obj 对象上，所以它成了 obj 的方法，但跟正常的方法比起来，这个方法显得有些“不正常”。为了让这个“不正常”的方法更像一个方法，我们需要在调用的时候手动传递 self 参数。其实这个 self 参数可以省略（因为 guard 就是函数）。这个方法还能接收其他普通参数。但这里有个问题，如果 Dog 类再实例化一个对象 obj2，那么 obj2 对象就不能调用 guard 方法了。所以，这个 guard 方法只是 obj 对象的特殊方法。这里不再过多介绍。

4. delattr

说完了获取、设置和修改属性，那么对应的也有删除属性的函数——delattr。

```
1. class Dog:
2.     name = '京巴'
3. obj = Dog()
4. setattr(obj, 'age', 2)
5. print(obj.__dict__)  # {'age': 2}
6. delattr(obj, 'age')
7. print(obj.__dict__)  # {}
8. delattr(obj, 'color')  # AttributeError: color
```

上例中，在第 4 行为 obj 对象设置一个 age 属性，在第 6 行通过 delattr 函数把 age 属性删除。delattr(obj, str)函数以字符串的形式将 obj 中的属性删除。如果该对象没有符合的属性，则报错。

6.7.2 反射的应用

了解了和反射相关的四个函数，那么反射到底有什么用呢？它的应用场景是什么呢？

我们打开某网站，单击登录就跳转到登录界面，单击注册就跳转到注册界面，这些操作是如何实现的呢？其实我们单击的是一个个链接，每一个链接都会有一个对应的函数或者方法来处理。

```
class User:
    def login(self):
        print('login function')
    def register(self):
        print('register function')
while 1:
    choose = input('>>>: ').strip()
    if choose == 'login':
        obj = User()
        obj.login()
    elif choose == 'register':
        obj = User()
        obj.register()
'''
>>>: login
login function
>>>: register
register function
'''
```

正如上例所示，当只有登录和注册两个功能的时候，这一切看起来没什么问题，但是一个网站不可能仅有这两个功能，当功能增加到 100 个或者更多的时候，难道还要对应地写上 100 个甚至更多的 if 来处理吗？而用反射就很好地解决了这个问题。

```
1. class User:
2.     def login(self):
3.         print('login function')
4.     def register(self):
5.         print('register function')
6. user = User()
7. while 1:
8.     choose = input('>>>: ').strip()
9.     if hasattr(user, choose):
10.        func = getattr(user, choose)
11.        print(func)
12.        func()
13.'''
14.>>>: login
15.<bound method User.login of <__main__.User object at 0x01D5D250>>
16.login function
17.>>>: register
18.<bound method User.register of <__main__.User object at 0x01D5D250>>
19.register function
20.'''
```

如上例，在第 6 行实例化一个 user 对象后，通过第 9 行的 hasattr 函数判断该 user 对象是否具有与用户输入的字符串匹配的方法，如果有，就在第 10 行通过 getattr 获取到该方法并赋值给 func。通过第 11 行的打印可以看到 func 为类中方法的内存地址，那么在第 12 行 func 加括号就可以执行该方法。

不仅如此，我们也可以通过反射获取到模块中的属性和方法。

```
1. # t1.py
2. def foo():
3.    return 't1 foo function'
4.
5. import t1
6. print(t1.foo())  # t1 foo function
7. print(getattr(t1, 'foo'))  # <function foo at 0x01A8F228>
8. func = getattr(t1, 'foo')
9. print(func())   # t1 foo function
```

上例中，在本模块同级目录中的 t1.py 中定义了 foo 函数。在本模块中，通过 import 导入了 t1 模块，在第 6 行成功执行了 t1 中的 foo 函数，又在第 7 行通过反射获取到了 foo 函数并赋值给 func 变量。在第 9 行，func 加括号就执行了该 foo 函数。

那么如何反射本模块内的属性呢？首先我们回顾一下 sys 模块。

```
import sys

class Dog:
```

```
4.     def talk(self):
5.         print('Dog 汪汪汪')
6. class Cat:
7.     def talk(self):
8.         print('Cat 喵喵喵')
9. class Pig:
10.    def talk(self):
11.        print('Pig 哼哼哼')
12.print(sys.modules[__name__])  # <module '__main__' from 'F:/反射.py'>
13.print(dir())  # ['Cat', 'Dog', 'Pig', '__builtins__', '__cached__', '__doc__',
'__file__', '__loader__', '__name__', '__package__', '__spec__', 'sys']
```

如上例，sys.modules 中管理着所有已导入的模块。我们当前的脚本文件也称为模块，所以也在 sys.modules 中。通过第 12 行的打印返回了当前脚本的路径，在第 13 行又通过 dir 函数来查看当前模块中都有什么属性。可以看到，我们定义的三个动物类都在其中。那么通过这些，我们就可以进行反射了。

```
1. import sys
2. class Dog:
3.     def talk(self):
4.         print('Dog 汪汪汪')
5. class Cat:
6.     def talk(self):
7.         print('Cat 喵喵喵')
8. class Pig:
9.     def talk(self):
10.        print('Pig 哼哼哼')
11.while 1:
12.    choose = input('>>>: ').strip()
13.    if hasattr(sys.modules[__name__], choose):
14.        cls = getattr(sys.modules[__name__], choose)
15.        print(cls)
16.        func_obj = cls()
17.        func_obj.talk()
18.'''
19.>>>: Dog
20.<class '__main__.Dog'>
21.Dog 汪汪汪
22.>>>: Pig
23.<class '__main__.Pig'>
24.Pig 哼哼哼
25.'''
```

上例中，在第 13 行，hasattr 在当前模块中查找对应的属性（之前讲模块的时候说过，模块中的类、函数、全局变量都会成为模块的属性）。第 14 行通过 getattr 拿到了对应的属性（类），结果如第 15 行的打印所示。第 16 行实例化一个对象，第 17 行调用了 talk 方法。通过这种方式，根据 input 获取的字符串，就可以反射到对应的方法或者属性。

反射的优点是使代码更加简洁优雅，提高代码的灵活性，可以很方便地操作模块中的属性。

6.8　函数 vs 方法

之前的学习中我们称 len 为函数，却称如 str 的 strip 为方法，函数和方法有什么区别？这里就正式地解释一下。

首先，我们可以通过打印函数名或者方法名，来看一个对象属于方法还是函数。

```
1. def f1():
2.     pass
3. class F2:
4.     def bar(self):
5.         pass
6. print(f1)           # <function f1 at 0x01F4E228>
7. print(F2.bar)       # <function F2.bar at 0x013DE1E0>
8. obj = F2()
9. print(obj.bar)      # <bound method F2.bar of <__main__.F2 object at 0x013DC3B0>>
```

上例中，我们在第 1 行定义了函数 f1，在第 6 行打印该函数，结果是 function。然后，在第 3 行定义了类 F2，在类中定义了 bar 方法。在第 7 行打印 F2.bar，bar 的结果是函数。在第 8 行实例化一个 obj 对象后，在第 9 行通过 obj.bar 可以看到，bar 是 obj 对象的方法。

另外，我们再通过 types 模块来进一步验证。types 模块包含了 Python 解释器定义的所有类型的类型对象，比如 types.LambdaType、types. FunctionType 等，典型的用途是通过 isinstance 和 issubclass 判断某个对象是否属于某个类型。

```
1. from types import FunctionType
2. from types import MethodType
3. def f1():
4.     pass
5. class F2:
6.     def bar(self):
7.         pass
8. obj = F2()
9. print(isinstance(f1, FunctionType))  # True
10.print(isinstance(F2.bar, FunctionType))  # True
11.print(isinstance(obj.bar, MethodType))  # True
```

上例中，第 1～2 行导入 types 模块中的 FunctionTyepe 和 MethodType。在第 3～7 行定义了函数 f1 和类 F2。通过 isinstance 判断 f1 为函数，通过 F2.bar 可以看到，bar 为函数，但是第 11 行中，通过对象 obj.bar 可以看到，bar 此时为方法。

通过 types 模块，我们可以清晰地判断一个对象是函数还是方法。

这里需要说明的是，在方法被 staticmethod 装饰后，该方法就会变成静态方法，而此时的静态方法本质就是函数。

```
1. from types import FunctionType
2. class F2:
3.     @staticmethod
4.     def bar():
5.         pass
```

```
obj = F2()
print(isinstance(F2.bar, FunctionType))  # True
print(isinstance(obj.bar, FunctionType))  # True
```

上例中，bar 方法被 staticmethod 装饰之后，就成了静态方法，而通过 isinstance 判断之后，可以发现，无论是通过类调用，还是对象调用，该 bar 方法都是函数类型。所以我们说被 staticmethod 装饰后，该静态方法本质是函数。

函数和方法除了上述的不同之处，我们还总结了以下几点区别。

- 函数是显式传递数据的。
- 函数跟对象无关。
- 方法可以操作类内部的数据。
- 方法跟对象是关联的。
- 方法中的数据是隐式传递的。

在其他语言中，Java 中只有方法，C 中只有函数，C++则取决于方法（函数）是否在类中。

6.9 类中的内置方法

接下来，来了解类中的其他特殊方法，我们称这些特殊方法为内置方法（或称成员），或者是魔术方法。这些方法的共同特征是都以双下画线开头和结束，都有独特的功能，并且和 Python 的语法是隐形相关的，比如和内置函数相关。

6.9.1 对象的“诞生”与“死亡”

1. 元类:type

在之前的章节中我们已经简单地了解过对象的实例化过程，这里我们再来回顾一下对象“诞生”的细节。

我们知道类通过实例化产生对象，那么类又是谁创建出来的呢？在类创建的过程中，发生了什么呢？我们先来简单地了解一下什么是元类。

在说元类之前，我们先来复习一下继承。之前的章节中说过，在 Python 3.x 中，所有的类都是新式类，并且默认继承 object 类。object 类实现了“__init__”等其他内置方法，这也是为什么我们不实现某个方法却可以调用的原因。那么 object 又是什么呢？真的仅仅是类吗？

```
print(type(object))  # <class 'type'>
```

通过打印可以看到 object 的类型是 type。我们通过 isinstance 再来判断 object 到底是什么。

```
1. class A:
2.     pass
3. a = A()
4. print(isinstance(a, object))  # True
5. print(isinstance(A, object))  # True
```

上例中，通过第 4 行的打印可以看到，实例化对象 a 是 object。通过第 5 行打印结果来看，类 A 也是 object。那么，这里可以有个大胆的定义——在 Python 中，类也是对象。

```
print(isinstance('abc', object))                # True
print(isinstance(A, object))                    # True
print(isinstance('abc', object))                # True
print(isinstance(['a', 'b', 'c'], object))      # True
print(isinstance((1, 2), object))               # True
print(isinstance({'a': 1}, object))             # True
print(isinstance({1, 2, 3}, object))            # True
print(isinstance(open('a.txt', 'w').close(), object))   # True
def foo(): pass
print(isinstance(foo, object))   # True
```

如上例所示，在 Python 中，str、list、tuple、dict、set、文件对象、函数都是对象。所以我们说，Python 中一切皆对象。这些对象有个共有的"父类"：type 元类。那么元类是如何创建类的呢？类又如何创建对象呢？

```
1. class A: pass
2. a = A()
```

如上例，Python 解释器在执行到 class 语句的时候，首先使用 type 开辟一块内存空间，然后创建一个类对象 A。至此告一段落。

2. **构造方法:__new__**

在上例中，程序运行到了第 2 行时，实例化一个对象 a，这个对象是由一个构造方法创建的。

```
1. class School:
2.     def __init__(self):
3.         print('__init__方法被执行')
4.     def __new__(cls, *args, **kwargs):
5.         print('__new__方法被执行')
6. s = School()     # __new__方法被执行
7. print(s)    # None
```

上例中，我们在第 4 行手动地实现了构造方法"__new__"，在试图实例化对象 s 的时候，该"__new__"方法自动执行。但是，第 7 行的打印结果为 None，这说明对象并没有创建完成。为什么呢？因为"__new__"方法除了一行打印并没有别的操作，所以创建对象失败。

```
class School:
    def __init__(self, name, addr):
        self.name = name
        self.addr = addr
        print('__init__方法被执行')
    def __new__(cls, *args, **kwargs):
        print('__new__方法被执行')
        return object.__new__(cls)
s = School('oldboy', '北京')
print(s)
'''
__new__方法被执行
```

```
13.__init__方法被执行
14.<__main__.School object at 0x0172D1B0>
15.'''
```

上例的“__new__”方法中，在第 8 行，我们通过调用父类（object）的“__new__”方法，并把当前类名传递进去，创建出一个对象，并将该对象返回，然后“__init__”方法自动执行。那么“__init__”方法干了什么呢?

3. 实例化方法:__init__

上例中，当“__init__”方法执行时，该方法自动将传递过来的两个参数添加到对应的属性中去，完成实例化过程。

此时，对象创建完毕。再来回顾对象创建的过程。

- Python 解释器执行到 class 语句时，使用 type 元类开辟一个内存空间，创建一个类对象。
- 当该类对象需要实例化一个对象时，首先执行“__new__”方法。而“__new__”方法再开辟一块内存空间，创建一个对象（此时该对象是一个空对象），并将对象返回。
- 该空对象被实例化“__init__”方法接收。“__init__”自动将接收来的参数绑定到已经被“__new__”方法创建出来的对象上，也就是为创建出的对象添加属性。
- 当属性添加完毕，再赋值给一个变量接收，该变量就成了一个对象。对象在类中以 self 的身份存在。

4. 析构方法:__del__

当一个对象在创建之后，如果没有被“使用”，该对象就要面临“死亡”。它可以选择两种“死亡”方式。

第一种，被 Python 的垃圾回收机制回收。简单来说，Python 的垃圾回收机制会检测该对象是否被引用，如果没有引用关系，那么就自动回收，也就是释放该对象所在的内存空间。

第二种，手动删除。

```
1. class School:
2.     pass
3. s1 = School()
4. print(s1)    # <__main__.School object at 0x01385A50>
5. del s1
6. print(s1)    # NameError: name 's1' is not defined
```

如上例所示，在第 5 行通过 del 来删除对象 s1。在删除后该对象就不存在了。

那么，del 的运行机制是怎样的呢?

```
class School:
    def __del__(self):
        print('__del__被执行了')
s1 = School()
print(s1)    # <__main__.School object at 0x01385A50>
del s1       # __del__被执行了
print(s1)    # NameError: name 's1' is not defined
```

如上例所示，如果我们在类中手动实现了“__del__”方法。当执行删除对象的操作时，会自动执行该对象的“__del__”方法。如果没有实现，Python 就执行垃圾回收机制帮助回收。比如当程序执行完毕，即将结束的时候，Python 垃圾回收机制就会帮忙把该程序占用的内存空间释放，然后程序再退出。那么既然垃圾回收机制都能帮我们做了，我们没必要再手动实现"__del__"方法了呀？事实并非如此。

```
class School:
    def __init__(self):
        self.f = open('school_info', 'w')
    def __del__(self):
        self.f.close()
s1 = School()
del s1
```

正如上例，在实例化的时候打开某个文件，来保存一些相关数据，如果该文件并没有关闭，程序就已经退出了，该资源却没有释放。为了避免类似的情况出现，我们可以在"__del__"方法中，做些如关闭文件的操作。

在对象的生命周期中，相对于析构方法，我们更应该注意的是构造方法与实例化方法，因为这两个方法使用频率较高，应用范围更广。

6.9.2 __len__

我们来看常用的 len 函数做了什么。

```
1. class Bar:
2.     def __init__(self, name, age, sex):
3.         self.name = name
4.         self.age = age
5.         self.sex = sex
6.     def __len__(self):
7.         return len(self.__dict__)
8. obj = Bar('xiao5', 18, 'male')
9. print(len(obj))  # 3
```

上例中，在第 9 行调用 len 函数来查看对象 obj 的项目个数时，其实内部自动调用了双下画线 len 方法，如第 6 行所示。

其他对象也都内置了"__len__"方法。

```
print('__len__' in str.__dict__)  # True
print('__len__' in list.__dict__)  # True
print('__len__' in tuple.__dict__)  # True
print('__len__' in dict.__dict__)  # True
print('__len__' in set.__dict__)  # True
print('__len__' in int.__dict__)  # False
```

上例中，除了整型数以外的其他数据类型，都内置了"__len__"方法。但我们无法判断一个整型数的长度。

6.9.3 __eq__

在之前讲实例化对象部分说过，在实例化对象的时候，都会开辟一块新的内存地址，对象之间都是独立地存在。

```
1. class Bar:
2.     def __init__(self, name, age, sex):
3.         self.name = name
4.         self.age = age
5.         self.sex = sex
6. obj1 = Bar('xiao5', 18, 'male')
7. obj2 = Bar('xiao5', 18, 'male')
8. print(obj1 == obj2)  # False
```

上例第 6~7 行，实例化两个对象，两个对象的姓名、年龄、性别都一样，但第 8 行的判断为 False。因为“==”比较的是内存地址，而对象的内存地址是相互独立的。

但现在如果有个需求是判断两个对象的“__dict__”是否一样，是就返回 True，该怎么做呢？

```
1. class Bar:
2.     def __init__(self, name, age, sex):
3.         self.name = name
4.         self.age = age
5.         self.sex = sex
6.     def __eq__(self, other):
7.         if self.__dict__ == other.__dict__:
8.             return True
9. obj1 = Bar('xiao5', 18, 'male')
10.obj2 = Bar('xiao5', 18, 'male')
11.print(obj1 == obj2)  # True
```

上例中，通过第 6 行使用内置方法“__eq__”，就可以自行制定判断条件。比如这里判断两个对象“__dict__”相等则返回 True。不仅如此，该“__eq__”方法可以高度自由地自行制定判断条件，如这里可以直接返回一个 True，或者通过判断两个对象的某个属性一致就返回 True，还可以自行制定其他的判断条件。

6.9.4 字符串格式化三剑客

有些时候，我们可能想要获取对象中的某个属性；比如打印获取到的对象的 name 和 addr 属性。

```
1. class School:
2.     def __init__(self, name, addr, type):
3.         self.name = name
4.         self.addr = addr
5.         self.type = type
6. s1 = School('oldboy1', '北京', '私立')
7. s2 = School('oldboy2', '上海', '私立')
8. s3 = School('oldboy3', '深圳', '私立')
9. print(s1)  # <__main__.School object at 0x019CD350>
10.print(s1.name, s1.addr)  # oldboy1 北京
```

上例中，第 9 行直接打印 s1 对象的时候，返回该对象的内存地址，而我们想要的是通过打印对象

就能获取到该对象的 name 和 addr 属性。那么，直接参照第 10 行的方式可行吗？是的，这在一些情况下非常实用，但我们想要通过一个更简单的途径来达到目的。这里就要用到下面即将介绍的三种方法来实现了。

1. 三剑客之__format__

提起字符串格式化，我们在之前的章节中了解过内置函数 format，该函数用来自定义格式化字符串。

```
class School:
    def __init__(self, name, addr, type):
        self.name = name
        self.addr = addr
        self.type = type
    def __format__(self, format_spec):
        return 'obj.name,obj.addr,obj.type'.format(format_spec)
s = School('oldboy', '北京', '私立')
print(format(s))  # obj.name,obj.addr,obj.type
```

上例中，format 函数在格式化对象 s 的时候，会自动调用该对象的“__format__”方法，然后返回自定义的格式化后的字符串。

```
1. format_dict = {
2.     'nat': '{obj.name}-{obj.addr}-{obj.type}',  # 学校名-学校地址-学校类型
3.     'tna': '{obj.type}:{obj.name}:{obj.addr}',  # 学校类型:学校名:学校地址
4.     'tan': '{obj.type}/{obj.addr}/{obj.name}',  # 学校类型/学校地址/学校名
5. }
6. class School:
7.     def __init__(self, name, addr, type):
8.         self.name = name
9.         self.addr = addr
10.        self.type = type
11.    def __format__(self, format_spec):
12.        if not format_spec or format_spec not in format_dict:
13.            format_spec = 'nat'
14.        fmt = format_dict[format_spec]
15.        return fmt.format(obj=self)
16.s1 = School('oldboy1', '北京', '私立')
17.print(format(s1, 'tan'))  # 私立/北京/oldboy1
18.print(format(s1, 'tna'))  # 私立:oldboy1:北京
19.print(format(s1, 'nat'))  # oldboy1-北京-私立
```

上例中，通过第 11～15 行的扩展，当我们在第 17～19 行执行字符串格式化的时候，通过不同的参数，就可以执行提前定义好的字符串格式化方式（第 1 行定义的字典），输入想要的字符串。

需要说明的是，使用“__format__”时，在类内部必须实现了该方法，否则无法使用。

```
class School:
    def __init__(self, name, addr, type):
        self.name = name
```

```
4.         self.addr = addr
5.         self.type = type
6.     # def __format__(self, format_spec):
7.     #     return 'obj.name,obj.addr,obj.type'.format(format_spec)
8. s = School('oldboy', '北京', '私立')
9. print(format(s))  # <__main__.School object at 0x00BA5A70>
```

上例中，注释掉第 6~7 行的“__format__”方法后，在第 9 行调用就无法返回预期的结果了。除了“__format__”方法，在这里还要介绍其他两个关于字符串格式化的方法。

2. 三剑客之__str__

```
1. class School:
2.     def __init__(self, name, addr, type):
3.         self.name = name
4.         self.addr = addr
5.         self.type = type
6.     def __str__(self):
7.         return '%s-%s-%s' % (self.name, self.addr, self.type)
8. s = School('oldboy', '北京', '私立')
9. print(s)    # oldboy-北京-私立
```

上例中，在第 6~7 行，实现了“__str__”方法，并且返回了自定义后的字符串，当我们在第 9 行查询时，就直接返回了该字符串，使用起来相当方便。

```
1. class School:
2.     def __init__(self, name, addr, type):
3.         self.name = name
4.         self.addr = addr
5.         self.type = type
6.     # def __str__(self):
7.     #     return '%s-%s-%s' % (self.name, self.addr, self.type)
8. s = School('oldboy', '北京', '私立')
9. print(s)    # <__main__.School object at 0x01B9D230>
```

正如上例所示，如果类中没有定义该“__str__”方法，在调用时则无法使用。可不可以返回别的，如返回该对象的“__dict__”呢？

```
1. class School:
2.     def __init__(self, name, addr, type):
3.         self.name = name
4.         self.addr = addr
5.         self.type = type
6.     def __str__(self):
7.         return self.__dict__
8. s = School('oldboy', '北京', '私立')
9. print(s)  # TypeError: __str__ returned non-string (type dict)
```

如上例第 9 行的报错所示，“__str__”的返回值只能是字符串。没有别的解决办法了吗？答案是有的。

```python
1. class School:
2.     def __init__(self, name, addr, type):
3.         self.name = name
4.         self.addr = addr
5.         self.type = type
6.     def __str__(self):
7.         return str(self.__dict__)
8. s = School('oldboy', '北京', '私立')
9. print(s)  # {'addr': '北京', 'name': 'oldboy', 'type': '私立'}
```

如上例第 7 行所示，我们通过 str 将原本的字典强制转换类型就可以了。

```python
1. class School:
2.     def __init__(self, name, addr, type):
3.         self.name = name
4.         self.addr = addr
5.         self.type = type
6.     def __str__(self):
7.         return str(self.__dict__)
8. s = School('oldboy', '北京', '私立')
9. print(s)  # {'addr': '北京', 'name': 'oldboy', 'type': '私立'}
10.print('%s' % s)  # {'addr': '北京', 'name': 'oldboy', 'type': '私立'}
11.print(str(s))  # {'addr': '北京', 'name': 'oldboy', 'type': '私立'}
```

如上例第 9～11 所示，这三种写法在内部都调用了“__str__”方法。

3. 三剑客之__repr__

再来学习一个跟“__str__”方法有着千丝万缕联系的方法“__repr__”。先来看下面的示例。

```python
print(str(1))       # 1
print(str('1'))     # 1
print(repr(1))      # 1
print(repr('1'))    # '1'
```

上例中，str 方法返回的 1 无论是整型还是字符串类型，结果都是 1。而 repr 在返回时则将字符串的 1 加上了引号，这样使结果更加清晰。

再来看它们在类中有什么区别。

```python
class School:
    def __init__(self, name, addr, type):
        self.name = name
        self.addr = addr
        self.type = type
    def __repr__(self):
        return self.name
s = School('oldboy', '北京', '私立')
print(s)  # oldboy
```

上例中，“__repr__”方法返回自定义的字符串，它的使用与“__str__”方法一致。

```
1. class School:
2.     def __init__(self, name, addr, type):
3.         self.name = name
4.         self.addr = addr
5.         self.type = type
6.     def __str__(self):
7.         return '%s-%s' % (self.name, self.addr)
8.     def __repr__(self):
9.         return "School's __repr__"
10.s = School('oldboy', '北京', '私立')
11.print(s)  # oldboy-北京
12.print(str(s))  # oldboy-北京
13.print(repr(s))  # School's __repr__
```

上例中，在类中同时定义了“__str__”和“__repr__”方法。通过第 11 ~ 12 行这种调用方式，触发的是“__str__”方法的执行。需要说明的是，第 12 行的 str 函数在内部会自动触发对象的“__str__”方法。第 13 行通过 repr 函数自动触发“__repr__”方法的执行。

现在，让我们将上例中的“__str__”方法注释掉，再执行。

```
1. class School:
2.     def __init__(self, name, addr, type):
3.         self.name = name
4.         self.addr = addr
5.         self.type = type
6.     # def __str__(self):
7.     #     return '%s-%s' % (self.name, self.addr)
8.     def __repr__(self):
9.         return "School's __repr__"
10.s = School('oldboy', '北京', '私立')
11.print(s)          # School's __repr__
12.print(str(s))     # School's __repr__
13.print(repr(s))    # School's __repr__
```

有趣的是，如上例所示，当注释掉第 6 ~ 7 行的“__str__”方法后，第 11 ~ 12 行的调用都自动触发了“__repr__”方法的执行。由此可见，“__repr__”方法是“__str__”方法的“备胎”，也就是说 repr 函数是 str 函数的“备胎”。但“__str__”却不是“__repr__”方法的“备胎”。

如果在项目的应用中，有“__str__”和“__repr__”方法，只能二选一的话，那么，请选择“__repr__”方法， 因为它的应用范围更广泛。

6.9.5 item 系列

目前为止，我们想要对一个对象的属性进行操作，都是通过对象点属性来做。

```
class Person:
    def __init__(self, name, age):
        self.name = name
        self.age = age
```

```
obj = Person('alex', 20)
print(obj.name)   # 查看对象的 name 属性
obj.sex = '男'  # 为 obj 对象添加一个属性
obj.name = 'wusir'  # 修改对象的 name 属性
del obj.name      # 删除对象的 name 属性
```

如上例所示，我们通过对象点属性的方式来操作属性。但仅有这一种方式还不够，这里我们再介绍另一种新的操作方式，那就是用类似操作字典的方式来操作对象的属性，如下例第 6 ~ 7 行操作字典的形式。

```
1. class Person:
2.     def __init__(self, name, age):
3.         self.name = name
4.         self.age = age
5. obj = Person('alex', 20)
6. d = {'name': 1}
7. d['name'] = 2
8. obj['name'] = 3
```

我们如何通过中括号的形式来操作对象呢？这里就需要一个方法来帮助我们实现。

```
1. class Person:
2.     def __init__(self, name, age):
3.         self.name = name
4.         self.age = age
5.     def __getitem__(self, item):
6.         return self.name
7. obj = Person('alex', 20)
8. print(obj['name'])  # alex
```

上例中，在类中增加了一个“__getitem__”方法。当在第 8 行通过对象加中括号的形式取属性的时候，会自动触发实例化该对象的类的“__getitem__”方法。我们在该方法中将对象的 name 属性返回（第 5 ~ 6 行）。

上述代码虽然解决了问题，但是，第 6 行是返回该对象的 name 属性，如果要通过中括号的形式取 age 属性，那么现有的代码就不符合要求了。让我们尝试完善代码。

```
class Person:
    def __init__(self, name, age):
        self.name = name
        self.age = age
    def __getitem__(self, item):
        return self.__dict__[item]
obj = Person('alex', 20)
print(obj['name'])  # alex
print(obj['age'])  # 20
```

上例中，通过 self.__dict__这个字典来动态返回对应的值，就达到了最终的目的。

通过对象加中括号可以获取属性，也可以添加属性。

```
class Person:
    def __init__(self, name, age):
```

```
3.         self.name = name
4.         self.age = age
5.     def __getitem__(self, item):
6.         return self.__dict__[item]
7.     def __setitem__(self, key, value):
8.         self.__dict__[key] = value
9. obj = Person('alex', 20)
10.obj['sex'] = '男'
11.print(obj.__dict__)  # {'sex': '男', 'name': 'alex', 'age': 20}
```

如上例第 7 行所示，当以第 10 行的方式为该对象添加一个 sex 属性的时候，就会自动触发类中的“__setitem__”方法，以完成添加属性的动作。当然“__setitem__”也可以修改属性。

```
1. class Person:
2.     def __init__(self, name, age):
3.         self.name = name
4.         self.age = age
5.     def __getitem__(self, item):
6.         return self.__dict__[item]
7.     def __setitem__(self, key, value):
8.         self.__dict__[key] = value
9. obj = Person('alex', 20)
10.obj['sex'] = '男'
11.print(obj.__dict__)  # {'sex': '男', 'name': 'alex', 'age': 20}
12.obj['sex'] = '女'
13.print(obj.__dict__)  # {'name': 'alex', 'age': 20, 'sex': '女'}
```

如上例的第 12 行所示，将对象的 sex 修改为女，第 13 行的打印说明修改成功。

```
1. class Person:
2.     def __init__(self, name, age):
3.         self.name = name
4.         self.age = age
5.     def __getitem__(self, item):
6.         return self.__dict__[item]
7.     def __setitem__(self, key, value):
8.         self.__dict__[key] = value
9.     def __delitem__(self, key):
10.        self.__dict__.pop(key)
11.obj = Person('alex', 20)
12.print(obj.__dict__)  # {'age': 20, 'name': 'alex'}
13.del obj['name']
14.print(obj.__dict__)  # {'age': 20}
```

上例中，当第 13 行试图用 del 删除对象的 name 属性时，会自动触发类中“__delitem__”方法，完成删除操作。

现在，我们可以通过对象加中括号的形式来操作对象的属性了。这种方式和对象点属性的方式基本一致，只是多提供了一种调用方法。

6.9.6　__call__

这里再介绍一个方法“__call__”，它也为对象提供了一种新的调用方式。

```
class A: pass
A()()
```

读者可能在别处看到过上例中的写法。类名加括号是在实例化一个对象，我们把它拆分一下。

```
class A:
    def __call__(self, *args, **kwargs):
        print('当对象加括号，就执行我了')
a = A()
a()
```

如上例所示，对象加括号默认触发类中的“__call__”方法，这在一些特定场景会用到。我们这里只是先记住当类有了“__call__”方法后，就可以通过对象加括号的方式去触发执行。

6.9.7　__hash__

字典的 key 和 set 集合必须是不可变的数据类型，那么到底是通过什么来判断不可变的呢？我们来了解一个 hash 函数。hash 函数返回不可变数据类型的 hash 值。

```
print(hash('a'))  # 1493663629
print(hash(1))  # 1
print(hash([1, 2, 3]))  # TypeError: unhashable type: 'list'
```

上例中，字符串和数字都返回了对应的 hash 值。列表则报错了，提示列表是不可被 hash 处理的。这又是什么意思呢？要想厘清这些，就要了解“__hash__”方法。一个对象能否被 hash 函数做 hash 处理，主要看该对象是否含有“__hash__”方法。而 hash 函数的结果就是“__hash__”方法的返回值。

```
1. class B:
2.     def __hash__(self):
3.         return 1
4. b = B()
5. print(hash(b))  # 1
```

上例中，我们自定义了“__hash__”方法，返回 1。第 5 行执行 hash 函数，结果就是 b 对应类中的“__hash__”的返回值。如果我们不手动实现该方法，那么 Python 就会调用 object 类中的“__hash__”来返回值。

那么这个 hash 值能干什么？我们来研究一下 Python 中字典的存储方式。字典身为映射关系类型的数据，key 和 value 是分开存放的。除此之外，字典还维护着一个 hash 表。当字典新增一个 key 的时候，Python 就会使用 hash 函数去处理 key，得到一个结果，该结果对应着一个物理地址。Python 将字典的 value 存放到这个物理地址上，当我们查询字典的时候，直接先 hash 字典的 key，然后直接去对应的内存地址上取结果。所以，字典的查询效率很高。

我们来总结下 hash 的注意点。

hash(obj)函数，obj 对象对应的类必须实现“__hash__”方法。而 hash 的结果就是 obj 对应的类的

“__hash__”方法返回的值。hash 值的特点是，在程序执行的过程中，hash 值不会发生变化。

6.10 习题

1. 简述类、对象、实例化、实例分别是什么。
2. 请简述面向对象三大特性。
3. Python 中所说的封装是什么意思？
4. 多态是怎么回事？在 Python 中是如何体现的？
5. 说说面向对象中“私有”的概念以及应用。
6. 在面向对象中有一些被装饰器装饰的方法，先说说有哪些装饰器，再说说这些装饰器的作用，以及装饰之后的效果。
7. 请说明新式类和经典类的区别，至少两个。
8. 请说出下面一段代码的输出并解释原因。

```
class Foo:
    def func(self):
        print('in father')

class Son(Foo):
    def func(self):
        print('in son')

s = Son()
s.func()
```

07 第7章　学以致用——学生选课系统

学习目标

- 重点复习流程控制语句。
- 重点理解名称空间及作用域。
- 重点理解与掌握装饰器、迭代器、生成器。
- 重点理解与掌握面向对象的基础及三大特点。
- 重点理解与掌握反射及常用的内置方法。

当读者看到这里的时候，恭喜你，Python 最重要的基础部分已经学习完毕，而面向对象部分则是基础课程中的一个重要转折点。从面向对象开始，要试着从面向对象的思想出发来编写程序，尤其是将来开发一些功能复杂的系统。本章的学生选课系统是精心设计而成的，我们学过的内容都能在该系统中体现。所以，要用心学习本章内容。

在设计系统的时候，请务必回顾之前章节所学，这会让我们在设计系统的过程中更加得心应手。

7.1 功能概述

“学生选课系统”，顾名思义，本系统必须实现的功能就是选课。

也就是说，我们要实现一个这样的系统，这个系统有管理员和学生两个角色。这两个角色共用一个登录系统，这个登录系统会自动识别登录者的身份。

管理员角色可以有一个或多个，学生角色可有多个。

在登录成功后，如果角色是管理员，那么可以创建课程，查看课程；创建学生账号，查看所有学生账号信息，查看所有学生的选课情况；退出程序。

如果是学生角色，可以查看管理员创建的所有课程信息，在这些课程信息中自由选择课程，可以查看已选择的课程以及退出程序。

该系统可以将以上课程信息、学生信息保存到文件。

如果登录失败，则重新尝试登录。

7.2 需求分析

既然我们主要实现的功能是“选课”，那么我们要实现的核心逻辑都要围着选课展开；课程该如何设计？如何选课？谁来选课？课程又该由谁来创建？

7.2.1 角色设计

首先我们来思考上一小节中的问题：学生选课，那么学生由谁来创建？课程由谁来创建？学生能否创建课程？很明显，从现实角度来说，学生只能选择课程而不能创建课程。那么，课程应该由那个“谁”来创建。而学生也不能是凭空而来的。这里我们也让那个“谁”来创建学生。所以，我们在这里可以确定 3 个角色。

（1）可以选择课程的——学生。

（2）可供学生选择的——课程。

（3）可以创建学生和课程的那个“谁”——管理员。

7.2.2 功能设计

这里考虑到大家都是初学者，所以，尽量选择一些简单的功能实现。

◆ 登录，管理员和学生都可以登录，并且登录后可以自动区分身份。

◆ 选课，学生可以自由浏览课程信息，并挑选课程。

◆ 信息的创建，无论是学生信息还是课程信息，或是其他信息，都由管理员创建。

◆ 查看选课情况，学生可以查看自己的选课情况，而管理员可以查看所有的学生信息（包括选课情况）。

7.2.3 流程设计

有了角色和基本的功能，那么整个系统该是怎样的一个呈现？先干什么后干什么？这就是我们要考虑的事情了。

这个系统的流程可以是这样的。

- 登录，用户输入用户名和密码。
- 判断身份，在登录成功的时候，就应该可以直接判断出登录用户的身份是学生还是管理员。

对于学生用户来说，登录之后有 4 个功能选项。

- 查看所有课程。
- 选择课程。
- 查看所选择的课程。
- 退出程序。

对于管理员用户来说，除了要实现基本的查看功能，还有很多创建工作要做。

- 创建课程。
- 创建学生信息（创建学生账号）。
- 查看所有课程信息。
- 查看所有学生。
- 查看所有学生的选课情况。
- 退出程序。

7.2.4　程序设计

针对相对复杂的功能实现，我们优先选择使用面向对象编程。而选择面向对象编程之后，就要时刻思考如何设计类和对象的关系，让程序结构更加清晰明朗。

经过之前的分析，我们知道需要实现 3 个角色，那么可以应用 3 个类来实现。根据角色的不同，我们有针对性地为类设计属性和方法。

1. **课程类**

课程类并没有什么动作，只有一些必要的属性。

- 属性：课程名称、价格、周期。
- 方法：暂无。

2. **学生类**

学生类要有必要的属性和方法。

- 属性：姓名、所选课程。
- 方法：查看所有课程、选择课程、查看选择的课程、退出程序。

3. **管理员类**

管理员类的属性可以仅有一个姓名，其他是方法设计。

- 属性：姓名。
- 方法：创建课程、创建学生信息（创建学生账号）、查看所有课程、查看所有学生、查看所有学生的选课情况、退出程序。

这里需要说明的是，课程属性缺少一个任教老师属性，但仔细分析会发现，老师也是一个角色，为了不增加难度，课程属性这里不再添加老师属性。但可以把老师属性当成一个升级功能来拓展实现。

7.2.5　流程图

根据上述分析，我们将主要功能汇总成如图 7.1 所示的流程图。

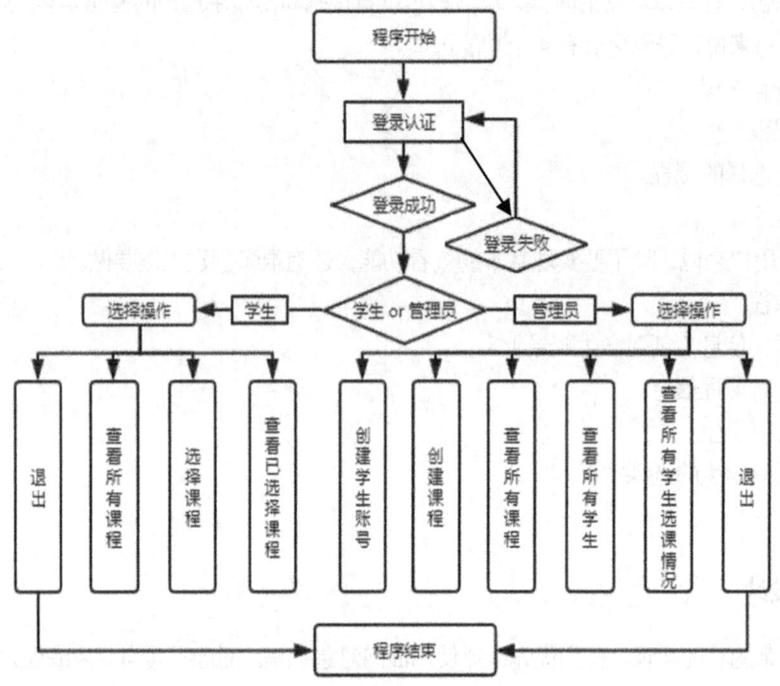

图 7.1　学生选课系统流程图

流程图可以清晰地展示程序的执行流程及具体的功能。所以，为了更方便系统的实现，请画出流程图。

7.2.6　数据库设计

现在，不得不考虑一个棘手的事情了，当我们创建完学生或课程信息之后，存在哪里？目前我们没有学习数据库。所以，暂时我们只能想办法把数据存储到普通文件中。那么该怎么构建文件呢？我们在后面会详细说明。

7.3　搭建框架

首先，在展开讲解之前，让我们建立这样一个目录。

```
# 斜杠结尾的为目录，扩展名为.py 的是 py 文件，其余是数据文件
student_elective_sys\
    ├─ db\
    │   ├─ course_info          # 存放课程信息
    │   ├─ student_info         # 存放学生信息
    │   └─ userinfo             # 存放用户信息
    └─ main.py                  # 主逻辑文件
```

在 student_elective_sys 目录下有 db 目录，该目录内存放着所有的数据文件。我们只需要把 db 目录创建出来，然后再把 userinfo 文件创建出来即可，内容稍后填充。其他数据文件我们无须手动创建，程序在运行中自动创建。而与 db 目录同级有一个 main 文件，该 main.py 文件为我们的主逻辑文件。

7.3.1　根据角色信息创建类

按照上述分析，首先我们在 main.py 中完成 3 个类的创建。

```
class Student:
    def __init__(self,name):
        self.name = name
        self.courses = []
class Manager:
    def __init__(self,name):
        self.name = name
class Course:
    def __init__(self,name,price,period):
        self.name = name
        self.price = price
        self.period = period
```

上例中，我们根据角色的属性创建 3 个类。其中需要说明的是，学生角色的课程信息之所以定义成一个空的列表，是因为考虑到一个学生可能选择多门课程。

7.3.2　完善角色信息

现在，各角色已经有了属性信息，还有方法需要完善。

```
class Student:
    def __init__(self,name):
        self.name = name
        self.courses = []
    def show_courses(self):
        '''查看可选课程'''
        pass
    def select_course(self):
        '''选择课程'''
        pass
    def show_selected_course(self):
        '''查看所选课程'''
        pass
    def exit(self):
        '''退出'''
        pass
class Manager:
    def __init__(self,name):
        self.name = name
```

```
    def create_course(self):
        '''创建课程'''
        pass
    def create_student(self):
        '''创建学生'''
        pass
    def show_courses(self):
        '''查看可选课程'''
        pass
    def show_students(self):
        '''查看所有学生'''
        pass
    def show_students_courses(self):
        '''查看所有学生选课情况'''
        pass
    def exit(self):
        '''退出'''
        pass
class Course:
    def __init__(self,name,price,period):
        self.name = name
        self.price = price
        self.period = period
```

上例呈现了每个角色所要实现的方法，这样一个整体的角色框架就搭建完毕了。现在角色的属性和方法已经暂时告一段落，让我们进入下一阶段的代码设计。

7.3.3 设计程序的入口

现在，让我们再看一眼流程图，角色框架已经搭建完毕，那么从上到下开始执行，就要着手设计程序的入口，实现登录功能，以及完成登录后的自动身份识别。

在 main.py 中，首先添加程序的入口函数。但此时要思考，这个入口函数是要起到什么作用?

当入口函数开始执行后，首先要进行登录认证，认证成功后才能根据身份判断来让不同的角色执行不同的功能。

既然要实现用户认证，首先数据文件要手动填充一下，手动创建两个用户。

```
# db 目录中的 userinfo 文件，填充内容如下
oldboy|666|Student
alex|3714|Manager
```

如上例所示，在 db 目录中的 userinfo 文件中，我们手动创建两个用户 oldboy 和 alex。然后是创建密码和该用户的身份，中间以“|”分割。需要说明的是，这个“|”可以是任意的，为的是后面方便取值。

接下来，让我们开始在 main.py 中实现入口函数 main。

```
import os
BASE_DIR = os.path.dirname(__file__)      # 以当前文件为起点，获取父级目录
```

```
3. def main():
4.     '''程序入口'''
5.     usr = input('username : ')
6.     pwd = input('password : ')
7.     dic = {'name': None, 'identify': None, 'auth': None}
8.     with open(os.path.join(BASE_DIR, 'db', 'userinfo')) as f:
9.         for line in f:
10.            username,password,ident = line.strip().split('|')
11.            if username == usr and password == pwd:
12.                dic['name'] = usr
13.                dic['identify'] = ident
14.                dic['auth'] = True
15.                break
16.        else:
17.            dic['auth'] = False
18.    if dic['auth'] == True:
19.        print('login successful')
20.        pass     # 拿到身份之后就可以做些具体的操作了，稍后实现
21.    else:
22.        print('login error')
23.if __name__ == '__main__':
24.    main()
25.'''
26.username : alex
27.password : 3714
28.login successful
29.'''
```

上例中，第 1~2 行，通过使用 os 模块来获取当前文件的上一级路径并赋值给变量 BASE_DIR。这一步是为了下面在第 8 行打开 userinfo 文件时，能使用 os.path.join 方法拼接出 userinfo 文件的路径。在第 3 行定义的 main 函数中，首先获取用户输入的用户名和密码（第 5~6 行）。接下来，第 7 行，定义一个字典，用来存储后面可能用到的数据，包括身份信息、用户信息和认证状态。第 8 行打开 userinfo 文件。第 9 行使用 for 循环读取文件内容，在每次的 for 循环中，拿到的都是一行。手动去除换行符后，得到的是“alex3714Manager”这样的字符串。我们对这个字符串以“|”分割，就得到一个有 3 个元素的列表，再分别赋值给左侧的 3 个变量。第 11 行的 if 判断中，判断从数据文件中取的用户名和密码是否与用户输入的用户名和密码一致，是的话，将必要的数据添加到第 7 行定义的字典中，然后退出循环。如果 if 条件不成立，则进入下一次循环判断。如果 for 循环完毕，依然没有 if 条件成立，那么说明用户名或者密码输入有误。程序走第 16 行的 else 语句，用户认证失败。

程序继续往下执行，来到了第 18 行，如果之前的用户认证成功的话，说明登录成功，这里就可以根据身份来执行具体的操作了。否则走第 21 行的 else 语句，表示登录认证失败，程序结束。

上例的 main 函数，虽然满足了基本需求，但我们设计的函数应该尽可能功能简洁。这里的 main 函数，既要做登录，又要根据身份来执行不同的功能，这显然不符合函数设计的思想。我们来试着优化这个 main 函数。

```
1. import os
2. BASE_DIR = os.path.dirname(__file__)     # 以当前文件为起点，获取父级目录
3. def login():
4.     '''登录逻辑，此处是用了单次登录验证，也可以根据自己的需求改成三次登录失败才返回 False'''
5.     usr = input('username : ')
6.     pwd = input('password : ')
7.     with open(os.path.join(BASE_DIR, 'db', 'userinfo')) as f:
8.         for line in f:
9.             username,password,ident = line.strip().split('|')
10.            if username == usr and password == pwd:
11.                return {'name':usr,'identify':ident,'auth':True}
12.        else:
13.            return {'name': usr, 'identify': ident, 'auth': False}
14.
15.def main():
16.    '''程序入口'''
17.    print('\033[0;32m欢迎使用学生选课系统\033[0m')
18.    ret = login()
19.    if ret['auth']:
20.        print('\033[0;32m登录成功，欢迎%s，您的身份是%s\033[0m'%(ret['name'],ret['identify']))
21.        pass  # 登录成功后，要具体实现的操作，稍后实现
22.    else:
23.        print('\033[0;31m%s登录失败\033[0m' % ret['name'])
24.
25.if __name__ == '__main__':
26.    main()
27.'''
28.欢迎使用学生选课系统
29.username : alex
30.password : 3714
31.登录成功，欢迎 alex，您的身份是 Manager
32.'''
```

上例中，我们把登录逻辑从 main 函数中摘出来，并用 login 函数来完成。login 函数只负责登录逻辑，登录成功则把一个带有认证成功的状态字典返回，否则返回认证失败的状态字典。

main 函数中，在第 17 行打印一行欢迎语句。需要说明的是，欢迎语句两边的“\033[0;32m”和“\033[0m”是一种控制台输出着色的小技巧。简要来说，控制台输出着色（控制前景色、字体颜色等）是以“\033[0;32m”开头，以“\033[0m”结尾，中间内容显示不同的颜色来增加程序的友好性。只是上例代码演示中，无法显示着色后的代码。

main 函数中，第 18 行，首先调用 login 函数进行用户认证判断，返回的字典赋值给变量 ret。在第 18～23 行，通过 ret 字典中 auth 键对应的 value 状态来判断登录是否成功以及要做的具体操作。

现在，我们的入口函数和登录认证不知不觉间已经完成了。

7.3.4 实现入口函数最重要的功能

在上一节中，我们完成了入口函数的功能拆分，并根据 login 函数的认证信息来判断是否登录成功。现在让我们继续完善后续功能。

回想 login 函数，当用户登录成功后，返回的字典中都有什么我们需要的数据。用户名、认证状态、身份，这 3 个值都是必需的。我们已经根据认证状态来判断是否登录成功，用户名暂时在输出中使用了，接下来，就该使用身份了。

```
import os
BASE_DIR = os.path.dirname(__file__)    # 以当前文件为起点，获取父级目录

class Student:
    operate_lst = ['show_courses','select_course','show_selected_course','exit']
    def __init__(self,name):
        self.name = name
        self.courses = []

    def show_courses(self):
        '''查看可选课程'''
        print('查看可选课程')

    def select_course(self):
        '''选择课程'''
        print('选择课程')

    def show_selected_course(self):
        '''查看所选课程'''
        print('查看所选课程')

    def exit(self):
        '''退出'''
        print('退出')

class Manager:
    operate_lst = ['create_course', 'create_student', 'show_courses', 'show_students','show_students_courses','exit']
    def __init__(self,name):
        self.name = name

    def create_course(self):
        '''创建课程'''
        print('创建课程')

    def create_student(self):
        '''创建学生'''
```

```
        print('创建学生')

    def show_courses(self):
        '''查看可选课程'''
        print('查看可选课程')

    def show_students(self):
        '''查看所有学生'''
        print('查看所有学生')

    def show_students_courses(self):
        '''查看所有学生选课情况'''
        print('查看所有学生选课情况')

    def exit(self):
        '''退出'''
        print('退出')
        exit()

class Course:
    def __init__(self,name,price,period):
        self.name = name
        self.price = price
        self.period = period

def login():
    '''登录逻辑，此处是用了单次登录验证，也可以根据自己的需求改成三次登录失败才返回 False'''
    usr = input('username : ')
    pwd = input('password : ')
    with open(os.path.join(BASE_DIR, 'db', 'userinfo')) as f:
        for line in f:
            username,password,ident = line.strip().split('|')
            if username == usr and password == pwd:
                return {'name':usr,'identify':ident,'auth':True}
        else:
            return {'name': usr, 'identify': ident, 'auth': False}

def main():
    '''程序入口'''
    print('\033[0;32m 欢迎使用学生选课系统\033[0m')
    ret = login()
    if ret['auth']:
        print('\033[0;32m 登录成功，欢迎%s，您的身份是%s\033[0m' % (ret['name'], ret['identify']))
        if ret['identify'] == 'Manager':
            obj = Manager(ret['name'])
```

```
82.             for num,opt in enumerate(Manager.operate_lst,1):
83.                 print(num,opt)
84.             while True:
85.                 inp = int(input('请选择您要做的操作 :  '))
86.                 if inp == 1:
87.                     obj.create_course()
88.                 elif inp == 2:
89.                     obj.create_student()
90.                 elif inp == 3:
91.                     obj.show_courses()
92.                 elif inp == 4:
93.                     obj.show_students()
94.                 elif inp == 5:
95.                     obj.show_students_courses()
96.                 elif inp == 6:
97.                     obj.exit()
98.
99.         elif ret['identify'] == 'Student':
100.            obj = Manager(ret['name'])
101.            for num, opt in enumerate(Manager.operate_lst):
102.                print(num, opt)
103.            while True:
104.                inp = int(input('请选择您要做的操作 :  '))
105.                if inp == 1:
106.                    obj.show_courses()
107.                elif inp == 2:
108.                    obj.select_course()
109.                elif inp == 3:
110.                    obj.show_selected_course()
111.                elif inp == 4:
112.                    obj.exit()
113.    else:
114.        print('\033[0;31m%s 登录失败\033[0m' % ret['name'])
115.
116.if __name__ == '__main__':
117.    main()
```

上例中，我们首先在每个类中添加了一个静态属性，也就是建立了一个列表，列表中的元素是这个类实例化的对象所能做的操作，也就是方法名。因为不同的类所能做的操作不同，所以每个角色类中都必须实现一个独特的列表。然后具体的操作对应一个必须实现的方法，方法中暂时只是简单地打印一行内容，表明程序可以执行到这里，具体的实现在后面完成。

main 函数中，第 78 行，在 login 函数登录认证成功返回的字典中，auth 键对应的 value 是从用户文件取出来的身份。

第 80 行的 if 判断身份如果是 Manager，那么对应第 26 行的 Manager 类就会实例化一个对象，实例化过程中第 28 行的“__init__”方法需要一个 name 参数，我们为这个参数传递一个由 login 函数返回的字典的 name 键对应的用户名，最后返回的对象赋值给 obj（第 81 行）。第 82～83 行 for 循环利用 enumerate 函数展示该对象所能做的操作。在第 84 行的 while 循环中，当用户看到展示的操作时，只需要输入对应的序号就行（这里为了不增加代码复杂度，没有对输入作判断。可以当成进阶需求完善），如果输入的是“1”，就意味着用户要做“创建课程”的操作，那么使用对象直接调用对应的方法（第 86～87 行所示）。后面的 elif 判断同理。

在 main 函数中，如果此时登录的用户身份是学生，在登录成功后的具体操作中，根据身份判断是 Student，就执行第 99 行的 elif 判断并执行内部的代码，逻辑同 Manager 一致。

现在，通过上例代码所示，无论登录的用户是什么身份，只要登录成功，就能看到自己所能做的操作，并只能做这些操作。

我们来看下演示效果。

```
'''
欢迎使用学生选课系统
username : alex
password : 3714
登录成功，欢迎 alex，您的身份是 Manager
1 create_course
2 create_student
3 show_courses
4 show_students
5 show_students_courses
6 exit
请选择您要做的操作 ： 1
创建课程
请选择您要做的操作 ： 6
退出
'''
```

通过上例的演示效果来看，程序执行流畅。

7.3.5 优化框架

此时框架大体搭建完毕，但还不够简洁。比如，在 main 函数登录成功后，我们根据用户身份设计了相同的逻辑，并辅以 for 循环和大量的 if 和 elif 判断，那么如果我们要添加新的需求，比如添加一个老师角色、校长角色等，是不是还按照同样的逻辑？这样就增加了过多的 if 和 elif 判断。我们的代码还存在问题。

问题 1：代码冗余，可扩展性差。

知道问题所在了，怎么优化呢？来思考这样一个场景，我们在存储用户身份的时候，是不是刻意把身份存储成了与该角色的类名一致的变量？

```
# userinfo 文件
oldboy|666|Student
alex|3714|Manager
wusir|888|Teacher
```

```
5.
6. # main.py
7. class Student: pass
8. class Manager: pass
9. class Teacher: pass
```

如上例所示，在 userinfo 文件中，目前只有学生和管理员两个角色，那么我们对应的在 main.py 中，定义了两个类来实例化这两个角色。如果出现新的需求，比如上例中的第 4 行所示，新增了一个老师角色。那么在该老师登录成功之前，代码无须改变，就足以适应这种功能扩展。但是到了实现具体操作的时候，我们就要增加完整的逻辑。增加的是重复的逻辑，它和实现管理具体操作的逻辑一致，这就陷入了重复造轮子阶段。

那么如何避免重复造轮子呢？仔细观察上述的代码示例，从 userinfo 取出的身份是一个字符串类型的，而且与现有的角色类名一致。那么是不是可以用到反射？在获取到用户的身份信息后，在当前脚本中判断是否存在同名的类名，是的话，就实例化，然后执行 for 循环，在 while 循环中让用户循环执行可执行的操作。否则给予一些提示信息。这样是不是就省下很多的重复代码了？

```
import os
import sys
BASE_DIR = os.path.dirname(__file__)     # 以当前文件为起点，获取父级目录

class Student:
    operate_lst = ['show_courses','select_course','show_selected_course','exit']
    def __init__(self,name):
        self.name = name
        self.courses = []

    def show_courses(self):
        '''查看可选课程'''
        print('查看可选课程')

    def select_course(self):
        '''选择课程'''
        print('选择课程')

    def show_selected_course(self):
        '''查看所选课程'''
        print('查看所选课程')

    def exit(self):
        '''退出'''
        print('退出')

class Manager:
    operate_lst = ['create_course', 'create_student', 'show_courses', 'show_students','show_students_courses','exit']
```

```
    def __init__(self,name):
        self.name = name

    def create_course(self):
        '''创建课程'''
        print('创建课程')

    def create_student(self):
        '''创建学生'''
        print('创建学生')

    def show_courses(self):
        '''查看可选课程'''
        print('查看可选课程')

    def show_students(self):
        '''查看所有学生'''
        print('查看所有学生')

    def show_students_courses(self):
        '''查看所有学生选课情况'''
        print('查看所有学生选课情况')

    def exit(self):
        '''退出'''
        print('退出')
        exit()

class Course:
    def __init__(self,name,price,period):
        self.name = name
        self.price = price
        self.period = period

def login():
    '''登录逻辑，此处是用了单次登录验证，也可以根据自己的需求改成三次登录失败才返回 False'''
    usr = input('username : ')
    pwd = input('password : ')
    with open(os.path.join(BASE_DIR, 'db', 'userinfo')) as f:
        for line in f:
            username,password,ident = line.strip('\n').split('|')
            if username == usr and password == pwd:
                return {'name':usr,'identify':ident,'auth':True}
        else:
            return {'name': usr, 'identify': ident, 'auth': False}

```

```
75.def main():
76.    '''程序入口'''
77.    print('\033[0;32m欢迎使用学生选课系统\033[0m')
78.    ret = login()
79.    if ret['auth']:
80.        print('\033[0;32m登录成功，欢迎%s，您的身份是%s\033[0m' % (ret['name'], ret['identify']))
81.        if hasattr(sys.modules[__name__], ret['identify']):
82.            cls = getattr(sys.modules[__name__], ret['identify'])
83.        obj = cls(ret['name'])
84.        while True:
85.            for num, opt in enumerate(cls.operate_lst, 1):
86.                print(num, opt)
87.            inp = int(input('请选择您要做的操作 ： '))
88.            if inp in range(1, len(cls.operate_lst) + 1):
89.                if hasattr(obj, cls.operate_lst[inp - 1]):
90.                    getattr(obj, cls.operate_lst[inp - 1])()
91.            else:
92.                print('\033[31m您选择的操作不存在\033[0m')
93.    else:
94.        print('\033[0;31m%s登录失败\033[0m' % ret['name'])
95.
96.if __name__ == '__main__':
97.    main()
```

上例中，当用户登录成功后，程序来到了第 81 ~ 82 行，首先 hasattr 判断当前模块中是否存在和身份同名的字符串类名。sys.modules[__name__]是返回当前的文件的路径（sys 模块已在第 2 行导入）。如果有符合条件的对象，那么第 82 行的 getattr 就拿到该对象并赋值给 cls 变量。然后第 83 行 cls 加括号并传递 name 参数，等于实例化该类，之后将实例化对象返回并赋值给变量 obj。在第 84 行的 while 循环中，首先利用 for 循环搭配 enumerate 函数循环该对象中的 operate_lst 属性列表，展示可操作的序号。在第 87 行获取用户选择的操作序号，由字符串类型强制转换成 int 类型（这里由于篇幅限制，不做输入的判断）。在第 88 行，判断用户输入的数字范围是否在展示的列表索引范围内。如果不在则提示选择的操作不存在，如果在，那么通过反射，在当前类中查找是否存在索引对应的方法。如果用户的身份是 Manager，输入的是“1”，那么就意味着，用户在做“create_course”的操作。如何让用户的输入和列表内的实际元素对应上呢？首先通过索引查找 cls.operate_lst 中对应的元素，因为序号的起始位置是从 1 开始的，而列表索引是从 0 开始的，所以要减去 1，这样就取出来了。而对象 obj 有该方法。如果 hasattr 返回 True。那么第 90 行的 getattr 就可以执行该方法。

简单来说，该程序包含了两次反射。第一次是在当前作用域中查找跟身份对应的类名，反射成功则类名加括号实例化一个对象。第二次反射是在用户输入操作的序号后，通过序号取出列表中的对应元素，在当前对象中查找是否存在与元素同名的方法，有则执行该方法。

经过这两次反射逻辑，我们解决了代码冗余问题，并且提高了代码的可扩展性。此时如果增加一个 Teacher 角色，只需要在 main.py 中实现一个 Teacher 类，然后创建一个可供操作的属性列表，再实现对应的方法即可。

问题 2：程序的用户体验不好。

上面的例子中，我们为了解决反射问题，在类的属性列表中，都是对应的方法名称。这样在 for 循环的展示中，一是暴露了代码，二是展示内容体验性不好，应该循环展示中文，而不是带下画线的英文（我们的系统默认面向国内用户）。用户不管程序背后做了什么，但是在乎展示的内容和操作是否简单。这里我们修改一些代码，来解决上述问题。

```
import os
import sys
BASE_DIR = os.path.dirname(__file__)     # 以当前文件为起点，获取父级目录

class Student:
    operate_lst = [('查看可选课程', 'show_courses'), ('选择课程', 'select_course'), ('查看所选课程', 'show_selected_course'),
                   ('退出', 'exit')]
    def __init__(self,name):
        self.name = name
        self.courses = []

    def show_courses(self):
        '''查看可选课程'''
        print('查看可选课程')

    def select_course(self):
        '''选择课程'''
        print('选择课程')

    def show_selected_course(self):
        '''查看所选课程'''
        print('查看所选课程')

    def exit(self):
        '''退出'''
        print('退出')

class Manager:
    operate_lst = [('创建课程', 'create_course'), ('创建学生', 'create_student'), ('查看可选课程', 'show_courses'),
                   ('查看所有学生', 'show_students'), ('查看所有学生选课情况', 'show_students_courses'),
                   ('退出', 'exit')]
    def __init__(self,name):
        self.name = name

    def create_course(self):
```

```
        '''创建课程'''
        print('创建课程')

    def create_student(self):
        '''创建学生'''
        print('创建学生')

    def show_courses(self):
        '''查看可选课程'''
        print('查看可选课程')

    def show_students(self):
        '''查看所有学生'''
        print('查看所有学生')

    def show_students_courses(self):
        '''查看所有学生选课情况'''
        print('查看所有学生选课情况')

    def exit(self):
        '''退出'''
        print('退出')
        exit()

class Course:
    def __init__(self,name,price,period):
        self.name = name
        self.price = price
        self.period = period

def login():
    '''登录逻辑，此处是用了单次登录验证，也可以根据自己的需求改成三次登录失败才返回 False'''
    usr = input('username : ')
    pwd = input('password : ')
    with open(os.path.join(BASE_DIR, 'db', 'userinfo')) as f:
        for line in f:
            username,password,ident = line.strip('\n').split('|')
            if username == usr and password == pwd:
                return {'name':usr,'identify':ident,'auth':True}
        else:
            return {'name': usr, 'identify': ident, 'auth': False}

def main():
    '''程序入口'''
    print('\033[0;32m欢迎使用学生选课系统\033[0m')
    ret = login()
```

```
82.     if ret['auth']:
83.         print('\033[0;32m登录成功，欢迎%s，您的身份是%s\033[0m' % (ret['name'], ret['identify']))
84.         if hasattr(sys.modules[__name__], ret['identify']):
85.             cls = getattr(sys.modules[__name__], ret['identify'])
86.         obj = cls(ret['name'])
87.         while True:
88.             for num, opt in enumerate(cls.operate_lst, 1):
89.                 print(num, opt[0])
90.             inp = int(input('请选择您要做的操作 ： '))
91.             if inp in range(1, len(cls.operate_lst) + 1):
92.                 if hasattr(obj, cls.operate_lst[inp - 1][1]):
93.                     getattr(obj, cls.operate_lst[inp - 1][1])()
94.             else:
95.                 print('\033[31m您选择的操作不存在\033[0m')
96.     else:
97.         print('\033[0;31m%s登录失败\033[0m' % ret['name'])
98.
99. if __name__ == '__main__':
100.     main()
```

上例中，我们在每个类的属性列表中，将每个具体的方法起一个“昵称”，也就是要显示的中文，并把它和具体的方法封装成一个元组。这样，第 88 行的 for 循环中展示中文，也就是取元组的索引 0 对应的元素，而在反射时，取元组索引 1 对应的元素（第 92～93 行）。

```
'''
欢迎使用学生选课系统
username : alex
password : 3714
登录成功，欢迎alex，您的身份是Manager
1 创建课程
2 创建学生
3 查看可选课程
4 查看所有学生
5 查看所有学生选课情况
6 退出
请选择您要做的操作 ： 4
查看所有学生
1 创建课程
2 创建学生
3 查看可选课程
4 查看所有学生
5 查看所有学生选课情况
6 退出
```

```
请选择您要做的操作 :  6
退出
'''
```

巧妙地利用元组，从而使显示更加友好，而毫不影响执行过程。结果如上例演示的一样，达到我们的预期。

经过上述优化后，系统更加灵活，代码更加简洁，扩展性得到了提高。

7.4　细节实现

上一节中，我们已经完成了系统的整体搭建。现在我们来为框架填充具体的逻辑代码。

接下来，所有的代码示例，都默认是对应的角色登录，并选择了对应的操作。

7.4.1　管理员之创建课程信息

具体的功能实现应该从哪开始入手呢？首先我们从管理员角色开始入手，因为只有管理员才有创建学生及其他角色创建权限。所以应该先把课程和学生这两个对象创建出来，方便后面的功能实现。

我们从创建课程信息入手。既然是创建课程，就要思考，创建课程都需要哪些信息？比如为老男孩开设 Python 课程，那么课程信息应该包括课程名称、价格、周期这 3 个必要的属性。在上述的示例中，我们创建好了课程类，却暂时没有用到，这里就应该把它用上了。

```
1. # Manager 类中的 create_course 方法
2. def create_course(self):
3.     '''创建课程'''
4.     course_name = input('课程名 : ')
5.     course_price = int(input('课程价格 : '))
6.     course_period = input('课程周期: ')
7.     course_obj = Course(course_name, course_price, course_period)
```

上例中，我们在 Manger 类中完善 create_course 方法。第 4 至 6 行首先获取管理员输入的课程信息。然后在第 7 行中，实例化 Course 类，并传递参数，拿到课程对象。

目前一切简单而又顺利，但是问题来了，我们虽然成功地创建了课程对象，那么该如何保存创建的课程对象呢？保存到内存中吗？程序结束就没了！那么就应该保存到文件中。要将一个对象保存到文件中，我们的第一反应就是使用 pickle 模块来完成。

```
# Manager 类中的 create_course 方法
import os
import pickle
def create_course(self):
    '''创建课程'''
    course_name = input('课程名 : ')
```

```
7.     course_price = int(input('课程价格 : '))
8.     course_period = input('课程周期: ')
9.     course_obj = Course(course_name, course_price, course_period)
10.    with open(os.path.join(BASE_DIR, 'db', 'course_info'), 'ab') as f:
11.        pickle.dump(course_obj, f)
12.    print('\033[0;32m课程创建成功: %s %s %s \033[0m' % (course_obj.name, course_obj.price, course_obj.period))
```

如上例所示，在第 10 行，以追加的方式打开一个文件（追加的方式会检测文件是否存在，存在则追加，不存在则首先创建文件），并将文件句柄赋值给 f。需要注意的是，因为 pickle 将对象序列化为字节流，所以使用“ab”模式。在第 11 行，通过 pickle 模块将实例化的课程对象序列化到文件中。

```
'''
欢迎使用学生选课系统
username : alex
password : 3714
登录成功，欢迎 alex，您的身份是 Manager
1 创建课程
2 创建学生
3 查看可选课程
4 查看所有学生
5 查看所有学生选课情况
6 退出
请选择您要做的操作 :  1
课程名 : Python
课程价格 : 15000
课程周期: 6
课程创建成功: Python 15000 6
1 创建课程
2 创建学生
3 查看可选课程
4 查看所有学生
5 查看所有学生选课情况
6 退出
请选择您要做的操作 :  6
退出
'''
```

演示过程如上例所示。可以看到已经成功地将课程对象序列化到文件中了。

7.4.2 管理员之查看课程信息

创建完课程后，我们就可以着手实现查看课程的功能了。

```
1. # Manager类中的show_courses方法
2. import os
3. import pickle
4. def show_courses(self):
5.     '''查看可选课程'''
6.     print('可选课程如下 ： ')
7.     with open(os.path.join(BASE_DIR, 'db', 'course_info'), 'rb') as f:
8.         num = 0
9.         while True:
10.            try:
11.                num += 1
12.                course_obj = pickle.load(f)
13.                print('\t', num, course_obj.name, course_obj.price, course_obj.period)
14.            except EOFError:
15.                break
16.    print('')
```

上例中，在 Manager 类的 show_courses 方法中，首先在第 6 行打印提示信息。然后第 7 行以二进制的方式读 course_info 文件。第 8 行定义一个 num 变量，用来搭配第 13 行展示每门课程信息的序号。第 9 行的 while 循环开始，紧接着使用 try 语句来捕获异常。在 try 语句中，使用 pickle 模块将课程对象反序列化回来，碰见 except 语句则结束循环。为什么要加 try 语句呢？因为 while 循环 True 的条件永为真，那么开始循环取值打印。当最后一次循环，文件中的课程对象已经取出完毕，也就是说文件成了空文件，但是 while 循环却没有终止，就会报 EOFError 错误，这个错误需要我们手动通过 except 语句捕获，终止 while 循环。

经过一个 while 循环取值，并打印，就展示出了所有的可选课程。

```
'''
欢迎使用学生选课系统
username : alex
password : 3714
登录成功，欢迎alex，您的身份是Manager
1 创建课程
2 创建学生
3 查看可选课程
4 查看所有学生
5 查看所有学生选课情况
6 退出
请选择您要做的操作 ： 1
课程名 ： Python
课程价格 ： 15000
课程周期：6
课程创建成功：Python 15000 6
1 创建课程
```

```
2 创建学生
3 查看可选课程
4 查看所有学生
5 查看所有学生选课情况
6 退出
请选择您要做的操作 ： 6
退出
'''
```

演示结果如上例所示。我们在上一节创建的 Python 课程，已经成功展示出来。

7.4.3 管理员之创建学生信息

创建学生信息的逻辑与创建课程一致，首先要获取学生的姓名、密码。然后通过 Student 类实例化一个学生对象，通过 pickle 模块将对象保存到文件中。

```
1. # Manager 类中的 create_student 方法
2. import os
3. import pickle
4. def create_student(self):
5.     '''创建学生'''
6.     stu_name = input('学生姓名 ： ')
7.     stu_pwd = input('学生密码 ： ')
8.     stu_obj = Student(stu_name)
9.     with open(os.path.join(BASE_DIR, 'db', 'student_info'), 'ab') as f:
10.        pickle.dump(stu_obj, f)
11.    print('\033[0;32m学员账号创建成功：%s 初始密码 ： %s\033[0m' % (stu_obj.name, stu_pwd))
```

上例中，首先获取学生的姓名和密码（第 6 ~ 7 行）。在第 8 行通过 Student 类实例化一个学生对象，通过 pickle.dump 将该对象保存到文件中（第 9 ~ 10 行）。第 11 行打印必要的提示信息。

```
'''
欢迎使用学生选课系统
username : alex
password : 3714
登录成功，欢迎 alex，您的身份是 Manager
1 创建课程
2 创建学生
3 查看可选课程
4 查看所有学生
5 查看所有学生选课情况
6 退出
请选择您要做的操作 ： 2
```

```
学生姓名 ： egon
学生密码 ： 123
学员账号创建成功：egon 初始密码 ：123
1 创建课程
2 创建学生
3 查看可选课程
4 查看所有学生
5 查看所有学生选课情况
6 退出
请选择您要做的操作 ： 6
退出
'''
```

通过上例的演示结果来看，一切非常完美。读者也许已经迫不及待地使用新的学生账号登录试试效果了吧。

```
欢迎使用学生选课系统
username : egon
password : 123
egon 登录失败
```

在重新运行后，出现了如上例中的提示，登录失败！怎么回事？之前创建学生信息时提示已经创建成功了呀？

这里我们需要做些思考，在创建学生信息的时候，我们将学生对象保存到了“student_info”中，而我们在做用户认证校验的时候，操作的是“userinfo”文件，学生信息并没有更新到“userinfo”文件中。所以，我们在创建学生信息的时候还需要将用户名和密码保存到“userinfo”中。

```
1. # Manager 类中的 create_student 方法
2. import os
3. import pickle
4. def create_student(self):
5.     '''创建学生'''
6.     stu_name = input('学生姓名 ： ')
7.     stu_pwd = input('学生密码 ： ')
8.     stu_obj = Student(stu_name)
9.     with open(os.path.join(BASE_DIR, 'db', 'userinfo'), 'a') as f:
10.        f.write('%s|%s|%s\n' % (stu_name, stu_pwd, 'Student'))
11.    with open(os.path.join(BASE_DIR, 'db', 'student_info'), 'ab') as f:
12.        pickle.dump(stu_obj, f)
13.    print('\033[0;32m 学员账号创建成功：%s 初始密码 ：%s\033[0m' % (stu_obj.name, stu_pwd))
```

上例中，我们在获取到学生信息后，在第 9～10 行，按照“userinfo”文件需要的格式，将学生信息保存到文件中。在第 10 行又手动拼接一个身份信息。

身份信息为什么要手动添加，而不是输入获取？当管理员在登录并执行到创建学生的信息时，目的已经很明确了，就是在做创建学生的操作。所以身份可以在写入文件的时候，手动拼接进去。

为什么不将学生信息都保存到一个文件中？这里考虑到我们都是新手，所以在开始登录认证的时候，操作的都是普通文件，读取文件与处理都比较简单。而 pickle 操作文件相对复杂。为了好上手，并且使用多种方式来操作文件，同时对之前章节知识进行回顾，我们没有将学生信息保存到一个文件中。

让我们重新创建学生信息，并实际演示一遍。

```
'''
欢迎使用学生选课系统
username : alex
password : 3714
登录成功，欢迎 alex，您的身份是 Manager
1 创建课程
2 创建学生
3 查看可选课程
4 查看所有学生
5 查看所有学生选课情况
6 退出
请选择您要做的操作 ： 2
学生姓名 ： egon
学生密码 ： 123
学员账号创建成功：egon 初始密码 ：123
1 创建课程
2 创建学生
3 查看可选课程
4 查看所有学生
5 查看所有学生选课情况
6 退出
请选择您要做的操作 ： 6
退出
'''
```

上例的演示过程一切正常。我们再来用新的学生账号登录试试。

```
'''
欢迎使用学生选课系统
username : egon
password : 123
登录成功，欢迎 egon，您的身份是 Student
1 查看可选课程
2 选择课程
3 查看所选课程
```

```
4 退出
请选择您要做的操作 :
'''
```

通过上例的演示来看，并没有什么问题。程序已经成功识别了身份并展示了可选操作的列表。只是暂时我们还无法选择操作，因为学生的功能还没有实现。

7.4.4 管理员之查看学生信息

当学生账号创建完毕，我们就可以来查看学生的信息了。

思路也很简单，创建学生信息是写文件，查看学生信息则是读文件。

```
1. # Manager类中的show_students方法
2. import os
3. import pickle
4. def show_students(self):
5.     '''查看所有学生'''
6.     print('学生如下 : ')
7. with open(os.path.join(BASE_DIR, 'db', 'student_info'), 'rb') as f:
8.     num = 0
9.     while True:
10.        try:
11.num += 1
12.stu_obj = pickle.load(f)
13.print(num, stu_obj.name)
14.except EOFError:
15.break
16.print('')
```

上例中，在 show_students 方法中，第 6 行打印必要的提示信息，第 7 行以读的方式打开文件。第 8 ~ 16 行循环读取学生信息并展示。需要说明的是第 12 行，在使用 pickle.load 将学生信息反序列化回来后，stu_obj 就是一个完整的对象，可以直接调用该对象的方法或属性（第 13 行）。

```
'''
欢迎使用学生选课系统
username : alex
password : 3714
登录成功，欢迎alex，您的身份是Manager
1 创建课程
2 创建学生
3 查看可选课程
4 查看所有学生
5 查看所有学生选课情况
6 退出
请选择您要做的操作 : 2
```

```
学生姓名 ： 张开
学生密码 ： 123
学员账号创建成功：张开 初始密码 ：123
1 创建课程
2 创建学生
3 查看可选课程
4 查看所有学生
5 查看所有学生选课情况
6 退出
请选择您要做的操作 ： 4
学生如下 ：
1 egon
2 张开
'''
```

在上例的演示中，我们首先创建了一个新的学生信息，再去查看所有的学生信息。可以看到有两个学生被展示出来了。

另外，如果用户不小心，在创建完学生信息后，把 Student 类删掉或者注释掉了，那么在执行上例演示的时候，会报如下错误。

```
AttributeError: Can't get attribute 'Student' on <module '__main__' from 'F:/student_elective_sys/main.py'>
```

通过上述错误可以看出，使用 pickle 反序列化时，在反序列化学生对象的时候，依赖实例化该对象的类。也就是说，当前名称空间内必须存在 Student 类，序列化才能成功，否则会报错，这点是需要注意的。

7.4.5 管理员之退出程序

本节我们来实现本系统中最简单的一个功能——退出程序。

```
# Manager 类中的 exit 方法
import sys
def exit(self):
    '''退出'''
    sys.exit('拜拜了您嘞！')
```

退出的主逻辑代码只有一行，或者说只调用了一个 sys.exit 方法。那么 sys.exit 方法内部做了什么呢？简单来说，当 sys.exit 方法被执行时，会引发一个 SystemExit 异常并使解释器退出。在退出之前可以做一些如上例的提示，或者执行一些代码进行一些清理工作。

```
import sys
def clear():
    print('我是清理程序，我被 sys.exit 触发执行啦！')
sys.exit(clear())  # 我是清理程序，我被 sys.exit 触发执行啦!
```

如上例所示，我们在需要解释器结束执行时，就调用 sys.exit 方法，可以在退出之前做一些收尾工作，比如上例中的调用 clear 函数。

7.4.6 问题：“你，还是你吗？”

到目前为止，一切都很顺利，各功能实现也达到了我们的预期，但是，风平浪静下难掩波涛汹涌！让我们仔细地看下列代码并思考问题——你，还是你吗？

```
1. # main.py 中的 main 函数
2. def main():
3.     '''程序入口'''
4.     print('\033[0;32m 欢迎使用学生选课系统\033[0m')
5.     ret = login()
6.     if ret['auth']:
7.         print('\033[0;32m 登录成功，欢迎%s，您的身份是%s\033[0m' % (ret['name'], ret
['identify']))
8.         if hasattr(sys.modules[__name__], ret['identify']):
9.             cls = getattr(sys.modules[__name__], ret['identify'])
10.obj = cls(ret['name'])
```

看着上例的代码片段，我们一起让程序在我们的脑海里“运行”。当用户登录成功后，根据身份信息反射并实例化一个相应的对象。然后执行相应的代码。停，让程序倒退执行一步，“实例化一个对象”，“实例化……”的过程是不是再生成一个新的对象？那么问题来了，生成一个新的对象跟登录的用户有关系吗？没有！既然没有，如果学生 oldboy 登录后，程序在执行到这一步时，就又生成了一个新的 oldboy 对象，那么如果该学生之前已经选过课程或者有其他操作，新的 oldboy 对象都无法使用，虽然这个对象还叫 oldboy，但是此 oldboy（新生成的）非彼 oldboy（文件中的）！那么怎么解决这个“你不是你”的问题呢？

我们可不可以这样：在程序执行到第 9 行，getattr 拿到类名之后，也就是实例化的时候，不直接实例化，而是通过“类名”调用一个方法，通过这个方法去读取文件，查看文件中是否存在该对象，如果存在则把该对象返回，让接下来的程序直接使用文件中存储的对象。

```
import os
import sys
import pickle

# Student 类中的 get_obj 类方法
@classmethod
def get_obj(cls, name):
    with open(os.path.join(BASE_DIR, 'db', 'student_info'), 'rb') as f:
        while True:
            try:
                stu_obj = pickle.load(f)
                if stu_obj.name == name:
                    return stu_obj
            except EOFError:
```

```
15.                 break
16.
17.# Manager类中的get_obj类方法
18.@classmethod
19.def get_obj(cls, name):
20.    return Manager(name)
21.
22.# main.py中的main函数
23.def main():
24.    '''程序入口'''
25.    print('\033[0;32m欢迎使用学生选课系统\033[0m')
26.    ret = login()
27.    if ret['auth']:
28.        print('\033[0;32m登录成功，欢迎%s，您的身份是%s\033[0m' % (ret['name'], ret['identify']))
29.        if hasattr(sys.modules[__name__], ret['identify']):
30.            cls = getattr(sys.modules[__name__], ret['identify'])
31.        obj = cls.get_obj(ret['name'])
32.        while True:
33.            for num, opt in enumerate(cls.operate_lst, 1):
34.                print(num, opt[0])
35.            inp = int(input('请选择您要做的操作 ： '))
36.            if inp in range(1, len(cls.operate_lst) + 1):
37.                if hasattr(obj, cls.operate_lst[inp - 1][1]):
38.                    getattr(obj, cls.operate_lst[inp - 1][1])()
39.            else:
40.                print('\033[31m您选择的操作不存在\033[0m')
41.    else:
42.        print('\033[0;31m%s登录失败\033[0m' % ret['name'])
```

上例中，我们在 Student 类和 Manager 类中各加一个方法 get_obj。这个方法的功能就是读文件，将与登录用户名一致的对象返回。那么，方法一般由对象来调用，而此时在第 30 行获取到的是类名。一般地，类名无法直接调用方法，因为类名调用方法时，self 参数需要手动传递。所以，我们这里用到了一个 classmethod 装饰器（具体参见第 6 章关于 classmethod 装饰器的介绍），将普通的方法装饰成类方法。类方法会自动传递 cls 参数，我们就可以直接通过类调用该 get_obj 方法了。

上例中还有一个很有意思的现象，就是 Student 类和 Manager 类的类方法具体实现不一样。Student 类的类方法经过打开文件，pickle.load 反序列化，if 判断用户名和文件中存的对象名是否一致，一致就返回该对象。而 Manager 类则直接实例化一个对象就返回了。这又是为什么呢？因为在实际开发中，管理员的角色可能只有一个或几个，甚至是直接在后台创建一个管理员的账号就行了，只是利用管理员的高权限来实现功能。我们的系统中也是，预先在“userinfo”文件中存储一个用户密码，身份是管理员。然后利用管理员的身份来创建和查看一些功能信息，并没有像学生角色一样，创建并保存管理员对象。所以学生角色存在的问题在管理员这里不算问题，管理员只要能登录并且能实现具体的功能就可以。而学生角色不一样，学生对象可以有很多，并且可做的操作也不一样，我们必须保证登录的用户是真实存在“student_info”文件中的对象。

通过为 Student 类和 Manager 类各增加一个 get_obj 方法，并通过 classmethod 装饰器将该方法装饰成类方法，就解决了"你不是你"的问题。现在我们可以继续实现具体功能了。

截止到目前，管理员的操作只剩下一个查看学生选课信息功能没有实现，但由于学生角色的功能还没有实现，这个查看学生选课的功能也就无从谈起了。那让我们先来实现学生角色的功能吧。

在此之前，列出我们的目前已有的代码。

```
import os
import sys
import pickle

BASE_DIR = os.path.dirname(__file__)  # 以当前文件为起点，获取父级目录


class Student:
    operate_lst = [('查看可选课程', 'show_courses'), ('选择课程', 'select_course'), ('查看所选课程', 'show_selected_course'),
                   ('退出', 'exit')]

    def __init__(self, name):
        self.name = name
        self.courses = []

    def show_courses(self):
        '''查看可选课程'''
        print('可选课程如下 ： ')
        with open(os.path.join(BASE_DIR, 'db', 'course_info'), 'rb') as f:
            num = 0
            while True:
                try:
                    num += 1
                    course_obj = pickle.load(f)
                    print('\t', num, course_obj.name, course_obj.price, course_obj.period)
                except EOFError:
                    break
        print('')

    def select_course(self):
        '''选择课程'''
        print('选择课程')

    def show_selected_course(self):
        '''查看所选课程'''
        print('查看所选课程')

    def exit(self):
```

```
        '''退出'''
        print('退出')

    @classmethod
    def get_obj(cls, name):
        with open(os.path.join(BASE_DIR, 'db', 'student_info'), 'rb') as f:
            while True:
                try:
                    stu_obj = pickle.load(f)
                    if stu_obj.name == name:
                        return stu_obj
                except EOFError:
                    break


class Manager:
    operate_lst = [('创建课程', 'create_course'), ('创建学生', 'create_student'), ('查看可选课程', 'show_courses'),
                   ('查看所有学生', 'show_students'), ('查看所有学生选课情况', 'show_students_courses'),
                   ('退出', 'exit')]

    def __init__(self, name):
        self.name = name

    def create_course(self):
        '''创建课程'''
        course_name = input('课程名 : ')
        course_price = int(input('课程价格 : '))
        course_period = input('课程周期: ')
        course_obj = Course(course_name, course_price, course_period)
        with open(os.path.join(BASE_DIR, 'db', 'course_info'), 'ab') as f:
            pickle.dump(course_obj, f)
        print('\033[0;32m课程创建成功: %s %s %s \033[0m' % (course_obj.name, course_obj.price, course_obj.period))

    def create_student(self):
        '''创建学生'''
        stu_name = input('学生姓名 :  ')
        stu_pwd = input('学生密码 :  ')
        with open(os.path.join(BASE_DIR, 'db', 'userinfo'), 'a') as f:
            f.write('%s|%s|%s\n' % (stu_name, stu_pwd, 'Student'))
        stu_obj = Student(stu_name)
        with open(os.path.join(BASE_DIR, 'db', 'student_info'), 'ab') as f:
            pickle.dump(stu_obj, f)
        print('\033[0;32m学员账号创建成功: %s 初始密码 : %s\033[0m' % (stu_obj.name, stu_pwd))
```

```

    def show_courses(self):
        '''查看可选课程'''
        print('可选课程如下 ： ')
        with open(os.path.join(BASE_DIR, 'db', 'course_info'), 'rb') as f:
            num = 0
            while True:
                try:
                    num += 1
                    course_obj = pickle.load(f)
                    print('\t', num, course_obj.name, course_obj.price, course_obj.period)
                except EOFError:
                    break
        print('')

    def show_students(self):
        '''查看所有学生'''
        print('学生如下 ： ')
        with open(os.path.join(BASE_DIR, 'db', 'student_info'), 'rb') as f:
            num = 0
            while True:
                try:
                    num += 1
                    stu_obj = pickle.load(f)
                    print(num, stu_obj.name)
                except EOFError:
                    break
            print('')

    def show_students_courses(self):
        '''查看所有学生选课情况'''
        print('查看所有学生选课情况')

    def exit(self):
        '''退出'''
        sys.exit('拜拜了您嘞！ ')

    @classmethod
    def get_obj(cls, name):
        return Manager(name)


class Course:
    def __init__(self, name, price, period):
        self.name = name
        self.price = price
        self.period = period

```

```

def login():
    '''登录逻辑，此处是用了单次登录验证，也可以根据自己的需求改成三次登录失败才返回 False'''
    usr = input('username : ')
    pwd = input('password : ')
    with open(os.path.join(BASE_DIR, 'db', 'userinfo')) as f:
        for line in f:
            username, password, ident = line.strip('\n').split('|')
            if username == usr and password == pwd:
                return {'name': username, 'identify': ident, 'auth': True}
        else:
            return {'name': usr, 'identify': ident, 'auth': False}


def main():
    '''程序入口'''
    print('\033[0;32m欢迎使用学生选课系统\033[0m')
    ret = login()
    if ret['auth']:
        print('\033[0;32m登录成功，欢迎%s，您的身份是%s\033[0m' % (ret['name'], ret['identify']))
        if hasattr(sys.modules[__name__], ret['identify']):
            cls = getattr(sys.modules[__name__], ret['identify'])
        obj = cls.get_obj(ret['name'])  # 调用类方法返回文件中已存在的对象
        while True:
            for num, opt in enumerate(cls.operate_lst, 1):
                print(num, opt[0])
            inp = int(input('请选择您要做的操作 ： '))
            if inp in range(1, len(cls.operate_lst) + 1):
                if hasattr(obj, cls.operate_lst[inp - 1][1]):
                    getattr(obj, cls.operate_lst[inp - 1][1])()
            else:
                print('\033[31m您选择的操作不存在\033[0m')
    else:
        print('\033[0;31m%s登录失败\033[0m' % ret['name'])


if __name__ == '__main__':
    main()
```

可以参考如上示例，完善系统，做一些功能测试，对一些细节如输入校验做优化。增加对系统的熟悉程度，接下来的学习才能更加轻松。

7.4.7 学生之查看可选课程

课程信息在之前的章节中已经由管理员创建完毕了。我们这里只需要拿过来并展示就可以了。去哪里拿？读取“course_info”文件。怎么展示？还记得管理员怎么查看学生或者课程吗？逻辑是一样的。

```
1. # Student 类中的 show_courses 方法
2. import os
3. import pickle
4. def show_courses(self):
5.     '''查看可选课程'''
6.     print('可选课程如下 ： ')
7.     with open(os.path.join(BASE_DIR, 'db', 'course_info'), 'rb') as f:
8.         num = 0
9.         while True:
10.            try:
11.                num += 1
12.                course_obj = pickle.load(f)
13.                print('\t',num,course_obj.name,course_obj.price,course_obj.period)
14.            except EOFError:
15.                break
16.    print('')
```

如上例所示，首先第 6 行打印必要的提示信息增加用户体验。第 7 行以读的方式打开“course_info”文件。然后第 8 ~ 16 行就是 while 循环使用 pickle 反序列化对象，并展示结果。然后 except 捕捉异常终止循环。读者可能疑惑第 16 行为什么打印一个空字符串（暂且先这么实现）。这里是为了在交互中，在循环展示的结果和操作列表中间做隔离，增加用户体验。

让我们赶紧演示一下看看效果吧，重新运行该程序。

```
1. '''
2. 欢迎使用学生选课系统
3. username : oldboy
4. password : 666
5. 登录成功，欢迎 oldboy，您的身份是 Student
6. 1 查看可选课程
7. 2 选择课程
8. 3 查看所选课程
9. 4 退出
10.请选择您要做的操作 ： 1
11.可选课程如下 ：
12.     1 Python 15000 6
13.     2 Linux 14000 6
14.'''
```

如上例所示，我们使用学生账号登录系统，然后选择查看可选课程，结果展示如第 12 ~ 13 行所示的两门课程。这两门课程是我们之前用管理员角色创建好的，这里拿来用就可以了。

7.4.8 学生之选择课程

学生选课可以说最难的一个功能了。难在哪里？

◆ 选课前要不要展示都有哪些可选课程？

◆ 怎么选择课程?

◆ 选择的课程如何保存?

问题已经抛出来了，那么我们就来一一解决这些问题。

怎么展示课程? 我们在上一小节中，已经能够查看都有哪些课程了，这里只需要调用展示课程的方法就行。

怎么选择课程? 当我们能看到都有哪些课程后，可以使用 input 来选择课程，然后设法将对应的课程对象取出来，添加到对象的课程属性列表中。

当选择好课程后，我们可以将新的学生对象更新到“student_info”文件中。

```
import os
import sys
import pickle

# Student 类中 show_courses 方法
def show_courses(self):
    '''查看可选课程'''
    print('可选课程如下 ： ')
    course_obj_lst = []
    with open(os.path.join(BASE_DIR, 'db', 'course_info'), 'rb') as f:
        num = 0
        while True:
            try:
                num += 1
                course_obj = pickle.load(f)
                course_obj_lst.append(course_obj)
                print('\t', num, course_obj.name, course_obj.price, course_obj.period)
            except EOFError:
                break
    print('')
    return course_obj_lst

# Student 类中 select_course 方法
def select_course(self):
    '''选择课程'''
    print('选择课程')
    course_obj_lst = self.show_courses()
    course_num = input('输入选择课程的序号： ').strip()
    if course_num.isdigit():
        course_num = int(course_num)
        if course_num in range(len(course_obj_lst) + 1):
            choose_num = course_obj_lst.pop(course_num - 1)
            self.courses.append(choose_num)
        print('%s 课程选择成功' % choose_num.name)
    with open(os.path.join(BASE_DIR, 'db', 'student_info'), 'rb') as f, \
        open(os.path.join(BASE_DIR, 'db', 'student_info_temp'), 'wb') as f2:
```

```
37.         while True:
38.             try:
39.                 stu_obj = pickle.load(f)
40.                 if stu_obj.name == self.name:
41.                     pickle.dump(self, f2)
42.                 else:
43.                     pickle.dump(stu_obj, f2)
44.             except EOFError:
45.                 break
46.     os.remove(os.path.join(BASE_DIR, 'db', 'student_info'))
47.     os.rename(os.path.join(BASE_DIR, 'db', 'student_info_temp'), os.path.join(BASE_DIR, 'db', 'student_info'))
```

上例中，首先解决第一个问题。我们修改一下 show_courses 方法，第 9 行，定义一个列表，在 while 循环中，每次循环展示的时候，都将课程对象追加到列表中，最后将列表返回。

接下来，在 select_course 方法中，第 26 行打印提示信息。第 27 行调用 show_courses 方法，展示课程信息并将所有的课程对象列表返回并赋值给 course_obj_lst 变量。第 28 行，获取用户选择的课程序号。第 29 行，增加一个简单判断之后，程序执行到了第 30 行，将输入的序号转换为 int 类型。第 31 行，如果用户输入的序号在课程序号的范围内，首先，len(course_obj_lst)获取课程列表的长度，range 后会得到一个范围，因为 range 范围的 start 参数是从 0 开始，所以此时的范围可能是 0 ~ 5，而用户输入的序号是从 1 开始的，范围是 1 ~ 6。所以，range 时要加上 1，才能跟用户输入的序号匹配。第 31 行，如果用户输入的序号在 range 的范围内，则表示选择课程成功。第 32 行将用户选定的那门课程 pop 出来（这里的减 1 跟上面的加 1 一样都是解决序号与索引位置不匹配问题）并添加到学生对象的 courses 属性列表中。第 34 行打印选课成功的提示。

最后来解决怎么保存的问题。首先思考，当一个对象的课程属性被更新了之后，要把该对象更新到原来的文件中，而一个文件又不能同时被以读和写的方式打开。所以，在第 35 ~ 36 行，以读的方式打开“student_info”文件，以写的方式打开一个临时文件“student_info_temp”。while 循环的思路不变，try/except 语句用来控制 while 循环何时结束。第 39 行调用 pickle.load 方法将对象从“student_info”文件中一个个反序列化回来。第 40 行，当每次循环反序列化回来一个对象，通过对象的 name 属性和当前对象的 name 属性作判断，如果一致则说明当前文件中反序列化回来的对象就是我们要更新的对象，我们就把当前的对象（self 保存当前对象的所有信息）保存到临时文件中（原来的对象直接舍弃就好），如果不一致则程序执行第 42 行的 else 语句，说明本次循环从文件中取回来的对象不是当前对象，就直接保存到临时文件中。当循环结束，就意味着对象更新成功。程序继续往下走来到第 46 行，此时的“student_info”文件中保存的是原有对象信息的旧文件，我们把它删掉。然后第 47 行把临时文件名字改成“student_info”，一招“偷梁换柱”解决问题。

现在，让我们看看运行效果如何。

```
'''
欢迎使用学生选课系统
username : oldboy
password : 666
登录成功，欢迎 oldboy，您的身份是 Student
1 查看可选课程
```

```
2 选择课程
3 查看所选课程
4 退出
请选择您要做的操作 :  2
选择课程
可选课程如下 :
     1 Python 15000 6
     2 Linux 14000 6
输入选择课程的序号:  1
Python 课程选择成功
'''
```

通过上例的演示效果来看，选课成功。但是，这里还有问题困扰着我们，比如学生 oldboy 重复选择同样的课程，依然能添加同名的课程。在没有学习数据库的时候，为了不增加难度，暂时只能大致地把逻辑实现就好。

7.4.9 学生之查看可选课程

当学生选完课程之后，就可以通过 show_selected_course 查看自己选择了什么课程。

这里有两个思路，并且都相当简单。

第一个思路是，可以读“student_info”文件，循环展示学生对象的课程属性列表内的课程信息。

```
1. # Student 类中 show_selected_course 方法
2. class Student:
3.         def show_selected_course(self):
4.         '''查看选择的课程'''
5.         with open(os.path.join(BASE_DIR, 'db', 'student_info'), 'rb') as f:
6.             while True:
7.                 try:
8.                     stu_obj = pickle.load(f)
9.                     if self.name == stu_obj.name:
10.                         for index, item in enumerate(stu_obj.courses, 1):
11.                             print(index, item.name, item.price, item.period)
12.                 except EOFError:
13.                     break
14.         print()
```

上例中，第 5 行以读的方式打开文件，在第 6 行的 while 循环中，每次反序列化出来的对象的 name 属性等于当前对象的 name 属性，就说明是我们想要的那个对象。然后我们通过 for 循环该对象的课程属性的列表，拿出一个个课程信息展示就好了。

上例中，主要是展示学生的课程属性列表。那么我们思考一个问题，当前的对象是不是从“student_info”文件中匹配并返回的。我们直接从这个对象中循环课程属性列表不就好了吗？不用绕个大弯特意地再读一遍“student_info”文件。

```
# Student 类中 show_selected_course 方法
def show_selected_course(self):
```

```
    '''查看所选课程'''
    print('选课情况如下 ： ')
    for num, course_obj in enumerate(self.courses, 1):
        print('\t', num, course_obj.name, course_obj.price, course_obj.period)
    print()
```

上例中，我们直接使用 for 循环展示当前对象的课程属性列表，然后打印课程的属性就好了。现在，让我们看看效果如何。

```
'''
欢迎使用学生选课系统
username : oldboy
password : 666
登录成功，欢迎 oldboy，您的身份是 Student
1 查看可选课程
2 选择课程
3 查看所选课程
4 退出
请选择您要做的操作 ： 3
选课情况如下 ：
     1 Python 15000 6
     2 Linux 14000 6
'''
```

上例的演示效果表明达到预期。让我们继续完成后续的功能。

7.4.10　管理员之查看学生选课信息

学生角色的选择课程信息和查看课程信息已实现完毕，是时候来完成这个“遗漏”的功能——管理员角色之查看学生的选课信息。

```
1. # Manager 类中 show_students_courses 方法
2. def show_students_courses(self):
3.     '''查看所有学生选课情况'''
4.     print('学生选课情况如下 ： ')
5.     with open(os.path.join(BASE_DIR, 'db', 'student_info'), 'rb') as f:
6.         num = 0
7.         while True:
8.             try:
9.                 num += 1
10.                stu_obj = pickle.load(f)
11.                print(num, stu_obj.name, stu_obj.courses)
12.            except EOFError:
13.                break
14.    print()
```

上例中，第 5 行以读的方式打开“student_info”文件。在第 7 行的 while 循环中，依然是使用 pickle.load 方法将对象反序列化回来，然后在第 11 行打印对象的 name 属性和课程列表。

```
1. '''
2. 欢迎使用学生选课系统
3. username : alex
4. password : 3714
5. 登录成功，欢迎 alex，您的身份是 Manager
6. 1 创建课程
7. 2 创建学生
8. 3 查看可选课程
9. 4 查看所有学生
10.5 查看所有学生选课情况
11.6 退出
12.请选择您要做的操作 ： 5
13.学生选课情况如下 ：
14.1 oldboy [<__main__.Course object at 0x017C86B0>, <__main__.Course object at 0x01921690>]
15.'''
```

如上例的演示可以看到，基本“没什么问题”，读者可能会问，第 14 行的列表中明显是两个内存地址，怎么可能没问题？这里需要说明的是，从代码层面来说是没问题的。那么怎么解决内存地址这个“问题”呢？

还记得我们在第 6 章讲的字符串格式化三剑客吗？他们之中任意一个就能搞定！

```
class Course:
    def __init__(self, name, price, period):
        self.name = name
        self.price = price
        self.period = period

    def __repr__(self):
        return self.name
```

上例中，我们在 Course 类中添加一个方法“__repr__”，并返回该对象的 name 属性。现在，让我们重新运行程序。

```
'''
欢迎使用学生选课系统
username : alex
password : 3714
登录成功，欢迎 alex，您的身份是 Manager
1 创建课程
2 创建学生
3 查看可选课程
4 查看所有学生
5 查看所有学生选课情况
6 退出
请选择您要做的操作 ： 2
```

```
13.学生姓名 ： 武sir
14.学生密码 ： 888
15.学员账号创建成功：武sir 初始密码 ：888
16.1 创建课程
17.2 创建学生
18.3 查看可选课程
19.4 查看所有学生
20.5 查看所有学生选课情况
21.6 退出
22.请选择您要做的操作 ： 5
23.学生选课情况如下 ：
24.1 oldboy [Python, Linux]
25.2 武sir []
26.'''
```

上例的演示中，为了展示更方便，我们首先添加一个学生（第 12～15 行），在第 22 行的查询中，结果如 24 至 25 行所示。学生 oldboy 选择了两门课程，而学生武 sir 的课程列表为空。

管理员查看学生的选课信息的功能完成，让我们继续开发后续功能。

7.4.11　学生之退出

学生角色的退出，实现思路完全参照管理员的退出就好了。

```
1. # Student类中exit方法
2. def exit(self):
3.     '''退出'''
4.     sys.exit('拜拜了您嘞！')
5. '''
6. 欢迎使用学生选课系统
7. username : oldboy
8. password : 666
9. 登录成功，欢迎oldboy，您的身份是Student
10.1 查看可选课程
11.2 选择课程
12.3 查看所选课程
13.4 退出
14.请选择您要做的操作 ： 4
15.拜拜了您嘞！
16.'''
```

上例中，我们在实现退出功能的时候，同样调用 sys.exit 方法就好（第 4 行）。演示结果如第 6～15 行所示。学生退出功能实现完毕。

截止到目前，我们所有细节功能都实现完毕。

7.5 系统优化

现在，是时候让我们对程序做个全面的检查了。

```
import os
import sys
import pickle

BASE_DIR = os.path.dirname(__file__)  # 以当前文件为起点，获取父级目录


class Student:
    operate_lst = [('查看可选课程', 'show_courses'), ('选择课程', 'select_course'), ('查看所选课程', 'show_selected_course'),
                   ('退出', 'exit')]

    def __init__(self, name):
        self.name = name
        self.courses = []

    def show_courses(self):
        '''查看可选课程'''
        print('可选课程如下 : ')
        course_obj_lst = []
        with open(os.path.join(BASE_DIR, 'db', 'course_info'), 'rb') as f:
            num = 0
            while True:
                try:
                    num += 1
                    course_obj = pickle.load(f)
                    course_obj_lst.append(course_obj)
                    print('\t', num, course_obj.name, course_obj.price, course_obj.period)
                except EOFError:
                    break
        print('')
        return course_obj_lst

    def select_course(self):
        '''选择课程'''
        print('选择课程')
        course_obj_lst = self.show_courses()
        course_num = input('输入选择课程的序号: ').strip()
        if course_num.isdigit():
            course_num = int(course_num)
            if course_num in range(len(course_obj_lst) + 1):
                choose_num = course_obj_lst.pop(course_num - 1)
```

```
                self.courses.append(choose_num)
                print('%s 课程选择成功' % choose_num.name)
        with open(os.path.join(BASE_DIR, 'db', 'student_info'), 'rb') as f, \
            open(os.path.join(BASE_DIR, 'db', 'student_info_temp'), 'wb') as f2:
            while True:
                try:
                    stu_obj = pickle.load(f)
                    if stu_obj.name == self.name:
                        pickle.dump(self, f2)
                    else:
                        pickle.dump(stu_obj, f2)
                except EOFError:
                    break
        os.remove(os.path.join(BASE_DIR, 'db', 'student_info'))
        os.rename(os.path.join(BASE_DIR, 'db', 'student_info_temp'), os.path.join(BASE_DIR, 'db', 'student_info'))

    def show_selected_course(self):
        '''查看所选课程'''
        print('选课情况如下 ： ')
        for num, course_obj in enumerate(self.courses, 1):
            print('\t', num, course_obj.name, course_obj.price, course_obj.period)
        print()


    def exit(self):
        '''退出'''
        sys.exit('拜拜了您嘞！ ')

    @classmethod
    def get_obj(cls, name):
        with open(os.path.join(BASE_DIR, 'db', 'student_info'), 'rb') as f:
            while True:
                try:
                    stu_obj = pickle.load(f)
                    if stu_obj.name == name:
                        return stu_obj
                except EOFError:
                    break


class Manager:
    operate_lst = [('创建课程', 'create_course'), ('创建学生', 'create_student'), ('查看可选课程', 'show_courses'),
                   ('查看所有学生', 'show_students'), ('查看所有学生选课情况', 'show_students_courses'),
```

```
                      ('退出', 'exit')]

    def __init__(self, name):
        self.name = name

    def create_course(self):
        '''创建课程'''
        course_name = input('课程名 : ')
        course_price = int(input('课程价格 : '))
        course_period = input('课程周期: ')
        course_obj = Course(course_name, course_price, course_period)
        with open(os.path.join(BASE_DIR, 'db', 'course_info'), 'ab') as f:
            pickle.dump(course_obj, f)
        print('\033[0;32m课程创建成功: %s %s %s \033[0m' % (course_obj.name, course_obj.price, course_obj.period))

    def create_student(self):
        '''创建学生'''
        stu_name = input('学生姓名 : ')
        stu_pwd = input('学生密码 : ')
        with open(os.path.join(BASE_DIR, 'db', 'userinfo'), 'a') as f:
            f.write('%s|%s|%s\n' % (stu_name, stu_pwd, 'Student'))
        stu_obj = Student(stu_name)
        with open(os.path.join(BASE_DIR, 'db', 'student_info'), 'ab') as f:
            pickle.dump(stu_obj, f)
        print('\033[0;32m学员账号创建成功: %s 初始密码 : %s\033[0m' % (stu_obj.name, stu_pwd))

    def show_courses(self):
        '''查看可选课程'''
        print('可选课程如下 : ')
        with open(os.path.join(BASE_DIR, 'db', 'course_info'), 'rb') as f:
            num = 0
            while True:
                try:
                    num += 1
                    course_obj = pickle.load(f)
                    print('\t', num, course_obj.name, course_obj.price, course_obj.period)
                except EOFError:
                    break
        print('')

    def show_students(self):
        '''查看所有学生'''
        print('学生如下 : ')
        with open(os.path.join(BASE_DIR, 'db', 'student_info'), 'rb') as f:
```

```
            num = 0
            while True:
                try:
                    num += 1
                    stu_obj = pickle.load(f)
                    print(num, stu_obj.name)
                except EOFError:
                    break
            print('')

    def show_students_courses(self):
        '''查看所有学生选课情况'''
        print('学生选课情况如下 ： ')
        with open(os.path.join(BASE_DIR, 'db', 'student_info'), 'rb') as f:
            num = 0
            while True:
                try:
                    num += 1
                    stu_obj = pickle.load(f)
                    print(num, stu_obj.name, stu_obj.courses)
                except EOFError:
                    break
        print()

    def exit(self):
        '''退出'''
        sys.exit('拜拜了您嘞！ ')

    @classmethod
    def get_obj(cls, name):
        return Manager(name)


class Course:
    def __init__(self, name, price, period):
        self.name = name
        self.price = price
        self.period = period

    def __repr__(self):
        return self.name


def login():
    '''登录逻辑，此处是用了单次登录验证，也可以根据自己的需求改成三次登录失败才返回 False'''
    usr = input('username : ')
    pwd = input('password : ')
    with open(os.path.join(BASE_DIR, 'db', 'userinfo')) as f:
```

```
        for line in f:
            username, password, ident = line.strip('\n').split('|')
            if username == usr and password == pwd:
                return {'name': username, 'identify': ident, 'auth': True}
        else:
            return {'name': usr, 'identify': ident, 'auth': False}


def main():
    '''程序入口'''
    print('\033[0;32m欢迎使用学生选课系统\033[0m')
    ret = login()
    if ret['auth']:
        print('\033[0;32m登录成功，欢迎%s，您的身份是%s\033[0' % (ret['name'], ret['identify']))
        if hasattr(sys.modules[__name__], ret['identify']):
            cls = getattr(sys.modules[__name__], ret['identify'])
        obj = cls.get_obj(ret['name'])  # 调用类方法返回文件中已存在的对象
        while True:
            for num, opt in enumerate(cls.operate_lst, 1):
                print(num, opt[0])
            inp = int(input('请选择您要做的操作 ： '))
            if inp in range(1, len(cls.operate_lst) + 1):
                if hasattr(obj, cls.operate_lst[inp - 1][1]):
                    getattr(obj, cls.operate_lst[inp - 1][1])()
            else:
                print('\033[31m您选择的操作不存在\033[0m')
    else:
        print('\033[0;31m%s登录失败\033[0m' % ret['name'])


if __name__ == '__main__':
    main()
```

上例展示了我们目前为止所有的代码。再整体回顾一下系统需求，就会发现，有很多地方是需要优化的。

7.5.1 查看课程信息功能优化

我们先看一下学生角色和管理员角色查看课程信息的代码片段。

```
# Student类中的show_courses方法
def show_courses(self):
    '''查看可选课程'''
    print('可选课程如下 ： ')
    course_obj_lst = []
    with open(os.path.join(BASE_DIR, 'db', 'course_info'), 'rb') as f:
```

```
        num = 0
        while True:
            try:
                num += 1
                course_obj = pickle.load(f)
                course_obj_lst.append(course_obj)
                print('\t', num, course_obj.name, course_obj.price, course_obj.period)
            except EOFError:
                break
    print('')
    return course_obj_lst
# Manager类中的show_courses方法
    def show_courses(self):
        '''查看可选课程'''
        print('可选课程如下 ： ')
        with open(os.path.join(BASE_DIR, 'db', 'course_info'), 'rb') as f:
            num = 0
            while True:
                try:
                    num += 1
                    course_obj = pickle.load(f)
                    print('\t', num, course_obj.name, course_obj.price, course_obj.period)
                except EOFError:
                    break
        print('')
```

上例中，我们仔细观察两个查看课程信息的代码，其实差别不大，整体思路一致。只是在 Student 类中多了一个返回课程列表的操作。其实这个功能放到 Manager 类中也没问题。那么怎么优化呢？

让我们分析一下，管理员和学生都是人类，能否抽象出一个父类，在父类中实现查看课程的方法呢？

```
import os
import pickle

class Person:
    def show_courses(self):
        '''查看可选课程'''
        print('可选课程如下 ： ')
        course_obj_lst = []
        with open(os.path.join(BASE_DIR, 'db', 'course_info'), 'rb') as f:
            num = 0
            while True:
                try:
                    num += 1
                    course_obj = pickle.load(f)
                    course_obj_lst.append(course_obj)
                    print('\t', num, course_obj.name, course_obj.price, course_obj.period)
```

```
17.             except EOFError:
18.                 break
19.         print('')
20.         return course_obj_lst
21.
22.class Student(Person): pass
23.class Manager(Person): pass
```

如上例所示，我们在 main.py 中创建一个 Person 类，在 Person 类中实现查看课程信息的方法（第 4～20 行）。然后 Student 类和 Manager 类继承 Person 类就行了。当各自对象在调用 show_courses 方法时，会自动去父类中查找。

7.5.2 退出功能优化

相对于课程信息的优化，用户也许对退出功能早已“虎视眈眈”了。因为 Student 类和 Manager 类中的 exit 方法完全一致。所以，退出功能也需要优化。

```
import os
import pickle

class Person:
    def exit(self):
        '''退出'''
        sys.exit('拜拜了您嘞！')
class Student(Person): pass
class Manager(Person): pass
```

上例中，我们把退出功能在 Person 类中实现，然后两个子类继承 Person 类就可以了。

7.5.3 文件路径的优化

每次对文件的读写我们都利用 os.path.join 方法拼接出路径，这样很麻烦。而且，如果文件路径有变动，也不便于修改。我们需要对文件路径做优化。

首先更新一下目录。

```
# 斜杠结尾的为目录，扩展名为.py 的是 py 文件，没有扩展名的为数据文件
student_elective_sys\
    ├ db\
    │   ├ course_info                # 存放课程信息
    │   ├ student_info               # 存放学生信息
    │   └ userinfo                   # 存放用户信息
    ├ conf\
    │   └ settings.py                # 配置文件
    └ main.py                        # 主逻辑文件
```

然后在 main.py 文件同级目录中创建一个名为“conf”的目录，并在该目录内创建一个“settings.py”

文件，用来存储配置信息。我们将文件的路径在该文件内拼接。

```
import os
BASE_DIR = os.path.dirname(os.path.dirname(__file__))
STUDENT_INFO = os.path.join(BASE_DIR, 'db', 'student_info')
STUDENT_INFO_TEMP = os.path.join(BASE_DIR, 'db', 'student_info_temp')
COURSE_INFO = os.path.join(BASE_DIR, 'db', 'course_info')
USER_INFO = os.path.join(BASE_DIR, 'db', 'userinfo')
```

如上例所示，所有的文件路径都可以在配置文件中拼接好并赋值给对应的常量，在 main.py 中可以直接调用。当有变动的时候，在配置文件中修改，main.py 文件无须改动就可以生效。除了文件路径之外，配置文件中还可以有其他配置项，这里就不一一列举了。

最后在 main.py 中导入该 settings.py 文件。

```
1. from conf import settings
2. with open(settings.COURSE_INFO, 'rb') as f: pass
3. with open(settings.COURSE_INFO, 'ab') as f: pass
4. with open(settings.STUDENT_INFO, 'rb') as f: pass
```

如上例所示，在 main.py 中，使用配置文件之前，需要导入 settings.py 文件（第 1 行）。然后在相应的地方直接使用 settings 点对应的常量名即可（第 2～4 行）。

7.5.4　文件操作优化

既然文件路径配置完毕，我们继续把跟文件相关的操作优化完毕。现在的代码现状是很多功能都操作同一个文件，这在实际开发中并不是一个正确的编程思路。我们应该把文件处理的操作封装成方法，然后在有文件处理的需求时，直接调用该方法即可。对于本系统中关于序列化操作的功能，我们可以做一些针对性的优化。

```
class Person:
    def dump_obj(self, obj=None, file_path=None, mode=None, content=None):
        '''序列化对象到文件'''
        with open(file_path, mode) as f:
            if content:
                f.write(content)
            else:
                pickle.dump(obj, f)

    def load_obj(self, file_path=None, mode=None):
        '''反序列化对象'''
        with open(file_path, mode) as f:
            while True:
                try:
                    obj = pickle.load(f)
                    yield obj
                except EOFError:
                    break
```

上例中，我们在 Person 类中，实现两个关于操作文件的方法。第 2 ~ 8 行，dump_obj 方法，当具体功能模块在调用该方法时，可以传递需要序列化的对象、序列化到什么文件、mode 模式是什么、有没有其他操作。在第 5 行，当创建学生的功能在调用该方法时，将用户信息写入“userinfo”是普通的写入操作，而将学生对象写入“student_info”是序列化操作，两者有本质的区别。所以可以利用 content 参数和 obj 参数来判断到底是什么在对文件做什么操作。普通的写入，写入的字符串传递一个 content 参数，序列化的时候，就把序列化的对象传递给 obj 参数，而 content 参数则为 None。if 条件不成立，通过 else 做序列化操作。

第 10 ~ 18 行，当 load_obj 方法被调用时，只需要告诉 load_obj 方法，要从哪个文件反序列化对象，模式是什么就可以了（甚至模式都可以固定）。然后在第 16 行，利用上 yield，提高效率。

在相应的功能模块调用上例两个方法时，根据需要传递参数就可以了。

```
1. def select_course(self):
2.     '''选择课程'''
3.     print('选择课程')
4.     course_obj_lst = self.show_courses()
5.     course_num = input('输入选择课程的序号： ').strip()
6.     if course_num.isdigit():
7.         course_num = int(course_num)
8.         if course_num in range(len(course_obj_lst) + 1):
9.             choose_num = course_obj_lst.pop(course_num - 1)
10.            self.courses.append(choose_num)
11.            print('%s 课程选择成功' % choose_num.name)
12.    with open(settings.STUDENT_INFO_TEMP, 'wb') as f:
13.        for item in self.load_obj(file_path=settings.STUDENT_INFO, mode='rb'):
14.            if item.name == self.name:
15.                pickle.dump(self, f)
16.            else:
17.                pickle.dump(item, f)
18.    os.remove(settings.STUDENT_INFO)
19.    os.rename(settings.STUDENT_INFO_TEMP, settings.STUDENT_INFO)
```

如上例所示，第 12 ~ 17 行。我们重新设计了一下代码，第 12 行，首先打开一个临时的文件。第 13 行，for 循环 self.load_obj 方法（有了 yield，它的本质是个生成器函数），传递必要的参数，每个 item 就是一个学生对象，通过判断对象的 name 属性，来判断是否是需要更新的学生对象。这相对于之前的 while 循环节省了代码量又优化了逻辑，而且使用 yield 又提高了效率。

其他功能模块关于文件操作的优化会在后面展示。

7.5.5 交互体验的优化

在学习 Python 的基础阶段，我们在代码练习时，用得最多就是输入输出的交互，想在千篇一律的控制台中一眼发现想看到的那条结果，可以说不太容易。针对这个情况，我们在代码通过各种手段来优化，包括控制台输出加颜色、打印一个空行做隔离等。这里我们再次增加、完善一些小技巧，让交互更加友好。让我们来看两个代码片段。

比如向用户展示可操作的列表时，在每个序号前面加上一个“*”号。

```
1. # main.py 中的 main 函数
2. for num, opt in enumerate(cls.operate_lst, 1):
3.     print(chr(42), num, opt[0])
4. '''
5. 欢迎使用学生选课系统
6. username : alex
7. password : 3714
8. 登录成功，欢迎 alex，您的身份是 Manager
9. * 1 创建课程
10.* 2 创建学生
11.* 3 查看可选课程
12.* 4 查看所有学生
13.* 5 查看所有学生选课情况
14.* 6 退出
15.'''
```

如上例演示效果所示，在第3行的打印中特意使用 chr 函数获取星号。在增加辨识度的情况下，又回顾了内置函数，一举两得。

在展示结果中加上“\t”来与其他的交互区分。“\t”为4个缩进。

```
# Manager 中的 show_students_courses 方法
def show_students_courses(self):
    '''查看所有学生选课情况'''
    print('学生选课情况如下 ： ')
    for index, item in enumerate(self.load_obj(file_path=settings.STUDENT_INFO, mode='rb'), 1):
        print('\t', index, item.name, item.courses)
'''
欢迎使用学生选课系统
username : alex
password : 3714
登录成功，欢迎 alex，您的身份是 Manager
* 1 创建课程
* 2 创建学生
* 3 查看可选课程
* 4 查看所有学生
* 5 查看所有学生选课情况
* 6 退出
请选择您要做的操作 ： 3
可选课程如下 ：
    1 python 15000 6
    2 Go 15000 5
'''
```

上例中，第 6 行，在展示结果之前，都加上“\t”与后续的交互区分开。

除此之外，在优化文件操作时，也删除了之前功能中的一些打印，比如打印空字符串或者打印一个空格（都是为了与后续的交互区分开）。

7.5.6 优化后的代码示例

经过一番优化后，现在将最终的代码展示如下。

```
import os
import sys
import pickle
from conf import settings

class Person:
    def show_courses(self):
        '''查看可选课程'''
        print('可选课程如下 ： ')
        course_obj_lst = []
        for index, item in enumerate(self.load_obj(settings.COURSE_INFO, 'rb'), 1):
            print('\t', index, item.name, item.price, item.period)
            course_obj_lst.append(item)
        return course_obj_lst

    def exit(self):
        '''退出'''
        sys.exit('拜拜了您嘞！ ')

    def dump_obj(self, obj=None, file_path=None, mode=None, content=None):
        '''序列化对象到文件'''
        with open(file_path, mode) as f:
            if content:
                f.write(content)
            else:
                pickle.dump(obj, f)

    def load_obj(self, file_path=None, mode=None):
        '''将对象从文件中反序列化回来'''
        with open(file_path, mode) as f:
            while True:
                try:
                    obj = pickle.load(f)
                    yield obj
                except EOFError:
                    break

class Student(Person):
```

```
    operate_lst = [('查看可选课程', 'show_courses'), ('选择课程', 'select_course'), ('查看所选课程', 'show_selected_course'),
                   ('退出', 'exit')]

    def __init__(self, name):
        self.name = name
        self.courses = []

    def select_course(self):
        '''选择课程'''
        print('选择课程')
        course_obj_lst = self.show_courses()
        course_num = input('输入选择课程的序号： ').strip()
        if course_num.isdigit():
            course_num = int(course_num)
            if course_num in range(len(course_obj_lst) + 1):
                choose_num = course_obj_lst.pop(course_num - 1)
                self.courses.append(choose_num)
                print('%s 课程选择成功\n' % choose_num.name)
        with open(settings.STUDENT_INFO_TEMP, 'wb') as f:
            for item in self.load_obj(file_path=settings.STUDENT_INFO, mode='rb'):
                if item.name == self.name:
                    pickle.dump(self, f)
                else:
                    pickle.dump(item, f)
        os.remove(settings.STUDENT_INFO)
        os.rename(settings.STUDENT_INFO_TEMP, settings.STUDENT_INFO)

    def show_selected_course(self):
        '''查看所选课程'''
        print('选课情况如下 ： ')
        for num, course_obj in enumerate(self.courses, 1):
            print('\t', num, course_obj.name, course_obj.price, course_obj.period)

    @classmethod
    def get_obj(cls, name):
        for item in Person().load_obj(settings.STUDENT_INFO, 'rb'):
            if name == item.name:
                return item

class Manager(Person):
    operate_lst = [('创建课程', 'create_course'), ('创建学生', 'create_student'), ('查看可选课程', 'show_courses'),
                   ('查看所有学生', 'show_students'), ('查看所有学生选课情况', 'show_students_courses'),
                   ('退出', 'exit')]
```

```

    def __init__(self, name):
        self.name = name

    def create_course(self):
        '''创建课程'''
        course_name = input('课程名 ：')
        course_price = int(input('课程价格 ：'))
        course_period = input('课程周期：')
        course_obj = Course(course_name, course_price, course_period)
        self.dump_obj(obj=course_obj, file_path=settings.COURSE_INFO, mode='ab')
        print('\033[0;32m课程创建成功：%s %s %s \033[0m' % (course_obj.name, course_obj.price, course_obj.period))

    def create_student(self):
        '''创建学生'''
        stu_name = input('学生姓名 ： ')
        stu_pwd = input('学生密码 ： ')
        content = '%s|%s|%s\n' % (stu_name, stu_pwd, 'Student')
        self.dump_obj(obj=None, file_path=settings.USER_INFO, mode='a', content=content)
        stu_obj = Student(stu_name)
        self.dump_obj(obj=stu_obj, file_path=settings.STUDENT_INFO, mode='ab')
        print('\033[0;32m学员账号创建成功：%s 初始密码 ：%s\033[0m' % (stu_obj.name, stu_pwd))

    def show_students(self):
        '''查看所有学生'''
        print('学生如下 ： ')
        for index, item in enumerate(self.load_obj(file_path=settings.STUDENT_INFO, mode='rb'), 1):
            print('\t', index, item.name)

    def show_students_courses(self):
        '''查看所有学生选课情况'''
        print('学生选课情况如下 ： ')
        for index, item in enumerate(self.load_obj(file_path=settings.STUDENT_INFO, mode='rb'), 1):
            print('\t', index, item.name, item.courses)

    @classmethod
    def get_obj(cls, name):
        return Manager(name)

class Course:
    def __init__(self, name, price, period):
        self.name = name
```

```
        self.price = price
        self.period = period

    def __repr__(self):
        return self.name

def login():
    '''登录逻辑，此处是用了单次登录验证，也可以根据自己的需求改成三次登录失败才返回 False'''
    usr = input('username : ')
    pwd = input('password : ')
    with open(settings.USER_INFO) as f:
        for line in f:
            username, password, ident = line.strip().split('|')
            if username == usr and password == pwd:
                return {'name': username, 'identify': ident, 'auth': True}
        else:
            return {'name': usr, 'identify': ident, 'auth': False}
def main():
    '''程序入口'''
    print('\033[0;32m 欢迎使用学生选课系统\033[0m')
    ret = login()
    if ret['auth']:
        print('\033[0;32m 登录成功，欢迎%s，您的身份是%s\033[0m' % (ret['name'], ret['identify']))
        if hasattr(sys.modules[__name__], ret['identify']):
            cls = getattr(sys.modules[__name__], ret['identify'])
        obj = cls.get_obj(ret['name'])  # 调用类方法返回文件中已存在的对象
        while True:
            for num, opt in enumerate(cls.operate_lst, 1):
                print(chr(42), num, opt[0])
            inp = int(input('请选择您要做的操作 ： '))
            if inp in range(1, len(cls.operate_lst) + 1):
                if hasattr(obj, cls.operate_lst[inp - 1][1]):
                    getattr(obj, cls.operate_lst[inp - 1][1])()
            else:
                print('\033[31m 您选择的操作不存在\033[0m')
    else:
        print('\033[0;31m%s 登录失败\033[0m' % ret['name'])

if __name__ == '__main__':
    main()
```

正如上例所示，这是我们最终版本的代码。读者可以参考这个示例完善自己的代码了。

让我们最后再运行测试一次，先从管理员角色开始。

```
'''
欢迎使用学生选课系统
```

```
username : alex
password : 3714
登录成功，欢迎alex，您的身份是Manager
* 1 创建课程
* 2 创建学生
* 3 查看可选课程
* 4 查看所有学生
* 5 查看所有学生选课情况
* 6 退出
请选择您要做的操作 ： 1
课程名 : python
课程价格 : 15000
课程周期：6
课程创建成功：python 15000 6
* 1 创建课程
* 2 创建学生
* 3 查看可选课程
* 4 查看所有学生
* 5 查看所有学生选课情况
* 6 退出
请选择您要做的操作 ： 2
学生姓名 ： oldboy
学生密码 ： 666
学员账号创建成功：oldboy 初始密码 : 666
* 1 创建课程
* 2 创建学生
* 3 查看可选课程
* 4 查看所有学生
* 5 查看所有学生选课情况
* 6 退出
请选择您要做的操作 ： 3
可选课程如下 :
        1 python 15000 6
* 1 创建课程
* 2 创建学生
* 3 查看可选课程
* 4 查看所有学生
* 5 查看所有学生选课情况
* 6 退出
请选择您要做的操作 ： 4
```

```
学生如下 :
      1 oldboy
* 1 创建课程
* 2 创建学生
* 3 查看可选课程
* 4 查看所有学生
* 5 查看所有学生选课情况
* 6 退出
请选择您要做的操作 :  5
学生选课情况如下 :
      1 oldboy []
* 1 创建课程
* 2 创建学生
* 3 查看可选课程
* 4 查看所有学生
* 5 查看所有学生选课情况
* 6 退出
请选择您要做的操作 :  6
拜拜了您嘞!
'''
```

如上例演示所示，每个功能都准确地达到了预期。接下来我们来测试一下学生登录。

```
'''
欢迎使用学生选课系统
username : oldboy
password : 666
登录成功，欢迎 oldboy，您的身份是 Student
* 1 查看可选课程
* 2 选择课程
* 3 查看所选课程
* 4 退出
请选择您要做的操作 :  1
可选课程如下 :
      1 python 15000 6
      2 java 14000 6
* 1 查看可选课程
* 2 选择课程
* 3 查看所选课程
* 4 退出
请选择您要做的操作 :  2
选择课程
```

```
可选课程如下 :
    1 python 15000 6
    2 java 14000 6
输入选择课程的序号: 2
java 课程选择成功

* 1 查看可选课程
* 2 选择课程
* 3 查看所选课程
* 4 退出
请选择您要做的操作 : 3
选课情况如下 :
    1 python 15000 6
    2 java 14000 6
* 1 查看可选课程
* 2 选择课程
* 3 查看所选课程
* 4 退出
请选择您要做的操作 : 4
拜拜了您嘞!
'''
```

如上例所示，学生端展示也没有问题。那么本系统暂时开发至此。让我们来做一些总结。

7.6 总结

1. 不足

本系统还有很多不足之处。一些细节处理还不够，一些知识点的讲解还不够深入。比如说在功能的开发中，对于交互的处理，只是简单地加了一些 if 判断，但这还不够。

学生选课功能的开发，还有很多有待提高的地方，因为还有很多考虑到了却没有实现的功能，例如，用户的输入超出范围的处理，重复选课的处理等。一些功能有待完善，例如创建的学员已存在该怎么处理等。因为我们目前还没有学习数据库，所以我们对于数据处理略显粗糙。如果使用数据库，可能解决上述问题只需要简单的两三行代码，而现在要完成却需要用 20 行甚至更多的代码。

2. 收获

能学习到这里就是最大的收获！坚持学习的品质本就难能可贵。

在本系统中，我们尽可能多地应用一些知识点。这是一次知识的回顾、串联。可能之前有些地方看得懵懵懂懂，但经过大量的练习、思考，慢慢地就变得明朗了。这也是本书列举大量示例并进行讲解的原因。

Python 这门语言本就是优美、简洁的，我们学到这里，仅是掌握了 Python 的基础部分。这里并不意味着结束，学习的步伐才刚刚开始。最后，让我们在一首小诗的“禅意”中小憩片刻，为后面的学习积蓄力量。

```
Python 3.5.4 (v3.5.4:3f56838, Aug  8 2017, 02:07:06) [MSC v.1900 32 bit (Intel)] on win32
Type "help", "copyright", "credits" or "license" for more information.
>>> import this
The Zen of Python, by Tim Peters

Beautiful is better than ugly.
Explicit is better than implicit.
Simple is better than complex.
Complex is better than complicated.
Flat is better than nested.
Sparse is better than dense.
Readability counts.
Special cases aren't special enough to break the rules.
Although practicality beats purity.
Errors should never pass silently.
Unless explicitly silenced.
In the face of ambiguity, refuse the temptation to guess.
There should be one-- and preferably only one --obvious way to do it.
Although that way may not be obvious at first unless you're Dutch.
Now is better than never.
Although never is often better than *right* now.
If the implementation is hard to explain, it's a bad idea.
If the implementation is easy to explain, it may be a good idea.
Namespaces are one honking great idea -- let's do more of those!
```